化学史简明教程

第 2 版

张德生　徐汪华　编著

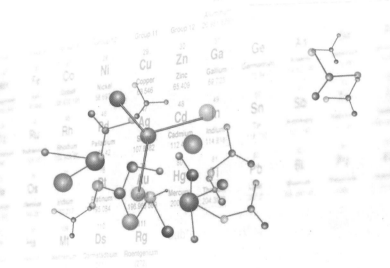

中国科学技术大学出版社

内 容 简 介

本书介绍了古代化学史、近代化学史与现代化学史上的主要事件,例如化学的原始形式——炼金术,玻意耳把化学确立为一门科学,燃素学说的兴衰,拉瓦锡发动化学革命,原子-分子论的建立,生命力论的破产,有机结构理论的建立,第一次国际化学会议的召开,元素周期律的发现,原子大门的打开,原子结构理论的建立,现代化学键理论与分子结构,现代化学史上几个重要成果,等等。同时还介绍了一些化学家的生平事迹,以及他们的历史贡献。书中还有许多动人的小故事,可以丰富中学化学课堂教学内容,提高中学生学习化学的兴趣。

本书针对师范院校化学和化学教育专业学生编写,可作为中学化学教师与中学生的参考书,也可供对化学感兴趣的读者阅读。

图书在版编目(CIP)数据

化学史简明教程/张德生,徐汪华编著. —2 版. —合肥:中国科学技术大学出版社,2017.8(2023.8 重印)

ISBN 978-7-312-04280-5

Ⅰ. 化⋯ Ⅱ. ①张⋯ ②徐⋯ Ⅲ. 化学史—世界—教材 Ⅳ. O6-091

中国版本图书馆 CIP 数据核字(2017)第 171697 号

出版	中国科学技术大学出版社
	安徽省合肥市金寨路 96 号,230026
	http://press.ustc.edu.cn
	https://zgkxjsdxcbs.tmall.com
印刷	合肥市宏基印刷有限公司
发行	中国科学技术大学出版社
经销	全国新华书店
开本	710 mm×1000 mm 1/16
印张	16.25
字数	336 千
版次	2009 年 4 月第 1 版 2017 年 8 月第 2 版
印次	2023 年 8 月第 10 次印刷
定价	35.00 元

第 2 版前言

《化学史简明教程》第 1 版于 2009 年 4 月出版,至今已销售 1 万多册。读者主要是师范院校化学系本科生、专科生,中学化学教师以及对化学有兴趣的普通读者。省内外不少师范院校将本书作为化学史课程的教材,很多中学化学教师,特别是初中化学教师也将本书作为备课的重要参考书。从读者反馈的信息来看,大多数读者对该书是肯定的,说了许多赞扬的话,但也指出了不足之处,主要是缺少现代化学史部分,希望能够补充。当时考虑化学史课程一般只有 30 多个学时,内容多了怕讲不完;另外,师范院校学生毕业以后主要是当中学教师,而中学化学内容主要是近代化学知识,针对这些情况,第 1 版主要介绍古代、近代化学史知识,没有详细编写现代化学史知识,显得有点不完整。

随着教学改革的深入,现代科学技术更多地应用到教学上,教师很少在黑板上写板书了,上课使用电子课件,加快了教学节奏,每一节课的容量也增多了。因此这次再版时,听取读者的意见,除了对前面古代、近代化学史部分做必要的修改补充外,主要增加了第四章"现代化学的发展"。现代化学史内容庞杂,人多事多,我们只选编了一些影响大的化学家与重要事件,并注意多写一些中国化学家的故事。第四章主要内容有:原子大门的打开,原子结构模型的建立与发展,化学键电子理论的形成,量子化学的诞生与发展,分子轨道理论和杂化轨道理论的建立与应用。另外还介绍了现代化学史上的几个重要成果,如合成氨,侯德榜联合制碱法,伍德沃德合成维生素 B_{12},中国科学家第一次用人工方法合成结晶牛胰岛素,等等。特别值得一提的是,1951 年 6 月在法国留学成才的杨承宗博士要回国时,约里奥·居里(著名的居里夫人的女婿)让其带口信给新中国领导人:"要反对原子弹,你们必须自己拥有原子弹。"这是个鲜为人知的故事。这个富有哲理的口信,对新中国领导人下决心发展自己的核武器起了非常重要的积极作用。

还是傅鹰先生说得好:"化学可以给人以知识,化学史可以给人以智慧。"我们诚恳地希望与读者一道共同努力,使本书内容不断完善,也希望本书能得到更多老师和学生的喜爱。

作 者

2017 年 3 月

前　言

　　化学作为自然科学中的一门重要学科,主要研究物质的组成、结构和性质,以及物质在原子和分子水平上的变化规律及变化过程中的能量关系。它是人类认识自然、征服自然、改造自然的重要武器。可以说,从人类学会使用火,掌握了火的强大自然力时,就开始了最早的化学实践活动。随着社会的不断发展,化学现在已经深入到人类生活的各个领域,并在国民经济中起着越来越大的作用。化学发展的历史,就是科学发现、技术发明的历史,就是唯物主义战胜唯心主义、辩证法战胜形而上学的历史。化学来源于生产又反过来促进生产的发展。化学与其他科学技术一样,本身也是一种生产力。它可以直接应用到生产活动中去,促进生产力的飞跃,推动社会的进步。化学是一门实验科学,化学离不开实验,化学实验一直是化学工作者认识物质、改变物质的重要手段。正是由于化学发展与生产紧密相关,因此,化学归根结底是由从事化学实验的广大工人、化学工作者和科研人员创造出来的。从化学的历史进程中,我们可以清楚地看到,化学的每项成就都是时代的产物,都是集体劳动与集体智慧的结晶;化学每项重大发明都有其历史的必然性,都是在那个时期人民群众所提供的物质、技术、生活条件的基础上取得的,因此,从事物质生产的广大劳动群众是推动科学技术进步的真正动力。同时,也应当看到,在化学发展历史上,有许多杰出的科学家做出了不可磨灭的贡献,他们那种勤奋好学、不畏艰险的毅力,治学严谨的科学态度,破除迷信、敢想敢做的创新精神,对我们是一种很大的鞭策,其成功和失败的经验教训可供我们借鉴。凡是有所作为的化学家,都是百折不回、不辞劳苦、勇于献身科学的人。历史证明,只有那些在崎岖道路上不畏艰难险阻、勇于攀登的人,才能登上科学的顶峰,而那种怕花力气,企图投机取巧、侥幸取胜的人,从来都是一事无成的。

　　我国著名的化学家傅鹰先生说过:“化学可以给人以知识,化学史可以给人以智慧。”学习化学发展史,了解化学史上雄伟悲壮的重大事件,可以使我们确立正确的自然观、科学观,树立历史唯物主义,掌握辩证唯物主义方法,批判唯心主义世界观与形而上学的方法论。同时,通过学习化学史,可以了解为化学发展做出过贡献的化学家的生平事迹,尊重他们的劳动、智慧和成果,学习他们勤于观察、善于思考以及重视科学实验的精神;学习他们分析问题与解决问题的正确思想和方法;学习他们在困难面前百折不挠的顽强毅力;学习他们在科学道路上那种坦率无私、团结友爱、互相帮助的精神。

　　古人说得好:"以铜为镜,可以正衣冠;以史为镜,可以知兴替;以人为镜,可以明得失。"作为一个化学教育工作者,应该了解化学的历史和现状,了解历史上化学家的人品和研究方法,了解化学发展的动力和原因,以便增长知识,陶冶情操,强化意识,做一个受学生欢迎的化学教师。

　　化学史是师范院校化学系学生的必修课,要当好一名中学化学教师,没有化学史知识是不行的。常发现一些化学教师给学生上化学课时,照本宣讲,语言干瘪,不能引起学生对化学的兴趣,致使一些中学生认为化学难学,不愿意学习化学,不愿意报考化学化工专业,不愿意将来从事化学工作。一名中学化学教师要具备一些化学史知识,在课堂上讲一些化学的小故事、小知识,才能提高学生学习化学的兴趣。目前国内化学史方面的教材较少,缺乏好的、针对性强的教材,中学化学知识主要是近代化学知识,因此古代、近代史化学知识对于师范院校化学系学生有针对性,最适合。

　　我依据多年的教学经验编写了这本《化学史简明教程》,主要是化学古近代史知识,想弥补这方面国内教材的欠缺。考虑到师范院校化学史教学课时较少,本书分为三章:第一章为古代和中古时代化学的萌芽时期,主要介绍古代实用化学、炼金术和医药化学等;第二章为近代化学的孕育和建立时期,主要内容有玻意耳的科学元素说、燃素学说的兴衰、拉瓦锡科学燃烧氧化理论的建立、道尔顿的科学原子学说、阿伏伽德罗的分子论、第一次国际化学会议等;第三章为近代化学发展时期,主要内容有近代有机化学的建立、新元素的发现、元素周期律的发现、近代物理化学的建立与近代化学传入中国等。后两章是学习的重点。

　　本书可作为师范院校化学史教材,教学课时为 36 学时,也可以作为中学化学教师的教学参考书和中学生的课外读物。

　　由于本人水平所限,书中难免有不当之处,敬请读者批评指正。

张德生

2008 年 10 月

目　　录

第一章 古代和中古时代化学萌芽

这一时期历史很长,有数十万年(50 万年前～17 世纪中叶)历史,但化学萌芽主要还是在公元前 2 世纪到公元 17 世纪中叶。这里我们主要介绍古代中国的实用化学。

第一节 早期的实用化学

人类在与自然进行长期斗争中,由不自觉到自觉地运用化学手段,制造生产劳动工具,认识自然,改造自然。

一、火的利用——古代化学的开端

火是大自然的一种现象,火山爆发、雷轰电击、陨石落地都会引发森林大火,在熊熊的大火面前,动物相望而逃。人类在实践中,不仅认识到火在黑暗中给人以光明,在寒冷中给人以温暖,还认识到火烧过的食物更可口,火还能驱赶野兽,保护人类的安全,于是人类把野火种引到家里,使火为人类服务。火的使用使人类最后脱离动物界,火的使用是人类支配自然的伟大开端,火的使用也是古老化学的开端。人类是什么时候开始用火的呢?据我国考古工作者发现,50 万年前的"北京人"已经普遍使用火了。在北京周口店龙骨山北坡猿人的洞穴中,发现了很厚的灰层,最厚处约有六尺,其中还有被烧过的兽骨和石块,兽骨由于燃烧而呈现黑、灰、黄、绿、蓝等色,石块有的被熏黑,有的被烧裂,还有的石块(石灰石质)已被烧成了石灰。在灰层中还发现了木炭,而这些灰层不是散布在整个地层,而是在一定部位,一堆一堆地分布着,这证明了"北京人"是有意识地在用火。

引进野火,要受到自然条件的限制,并且要有人来保护火种,使火不熄灭。以后随着火的使用越来越广泛,人们在实践中发现了钻木取火、摩擦生火。恩格斯对摩擦生火评价极高:"人类对自然界的第一个伟大胜利。""就世界性的解放作用而言,摩擦生火还是超过蒸汽机,因为摩擦生火是人第一次支配了一种自然力,从而最终把人同动物分开。"在熊熊的烈火中,人们利用黏土烧制陶器,由矿石烧出金属,化学方法与化学手段伴随着人类社会由野蛮走向文明。

火是物质燃烧时表现出来的一种化学现象,是物质发生激烈氧化的一种化学运动。火为实现一系列化学变化提供了条件。因此可以说,化学使人类脱离了动物界。

世界上各个古民族都有拜火的活动,现代的奥林匹克运动会,还要进行圣火传递,圣火是不能用火柴、打火机点燃的,而要用聚光镜从太阳那里采集。我国1990年亚运会的圣火就是在青藏高原用聚光镜采集的。

关于火是如何来到人间的,有不同的传说。西方传说人类产生以后,至高无上的天神宙斯害怕人类得到火,他会失去对人类的统治,就下令不准把火传到人间。一位同情人类并有正义感的神——普罗米修斯看到人间因没有火而备受苦难,特别是老弱病残,每当冬天到来时,冰天雪地,狂风呼叫,他们蜷缩在山洞里,再加上饥饿和疾病,有很多人死去。普罗米修斯想把火送到人间去,但宙斯对天火看管得很严,他还严令宣称:谁胆敢把火送给人间,将把他处以极刑。普罗米修斯经过观察发现太阳神巡天时,有时注意力并不集中。于是,普罗米修斯准备好了一条用松香浸过的桐木棒,藏在太阳神巡天的路上,趁太阳神不注意,将木棒插入太阳车,引燃木棒,然后迅速飞到人间,给人类带来了光明和温暖。人类感谢普罗米修斯,把他当做"火神"来敬仰和崇拜!

宙斯得知普罗米修斯偷走天火,大怒,下令逮捕普罗米修斯。宙斯派"强力"和"暴力"两个仆人追杀普罗米修斯,十分不幸,当普罗米修斯跑到高加索山时,身陷罗网,被"强力"和"暴力"抓住了。他们把普罗米修斯锁在高加索山的悬崖上,不让他睡觉,不让他弯曲和活动四肢,逼他服罪,向宙斯投降,并且要把"圣火"从人间收回去。但是普罗米修斯并没有屈服,而是坚定地告诉宙斯:"圣火属于人民!"宙斯被激怒了,他暴跳如雷,又派了一只巨鹰每天去啄食普罗米修斯的肝脏,但是被吃掉的肝脏随即会再长出来。他还让"强力"和"暴力"对普罗米修斯严加看守。普罗米修斯被宙斯抓捕和残害的事传到人间,人们怀念他、同情他,想尽办法去解救他。有一位名叫赫拉克勒斯的英雄,他勇武善战,曾射杀南山猛虎,还曾杀死过吃人的巨蟒。赫拉克勒斯受乡亲们的委托,骑着骏马,背着弓箭,腰挎宝剑,跋山涉水,到高加索山去救助普罗米修斯。他驻马山巅,看到巨鹰正在啄食普罗米修斯的肝脏,气愤极了,弯弓搭箭,一箭射死了巨鹰。接着砍断了铁锁,使普罗米修斯获得了自由。宙斯看到普罗米修斯被赫拉克勒斯救走了,大怒,马上派"强力"和"暴力"追杀他们。"强力"和"暴力"驾着黑风,从天而下,赫拉克勒斯连发两箭,射死了"强力"和"暴力"。普罗米修斯也振奋神威,大吼一声,惊天动地,驱散了黑风。宙斯想再派"残暴"领兵继续追杀普罗米修斯和赫拉克勒斯,此时,赫拉克勒斯向天上再发一箭,正中天枢,天摇晃起来,普罗米修斯用烧焦的坚硬的桐木棒向天门打去,天门被打得粉碎,天宫震动,宙斯再也不敢出头了,他只好和"残暴"在一起,保护他那摇摇欲坠的统治。此后,普罗米修斯就留在了人间,为人们播撒火种,驱走黑暗和寒冷,给人类带来光明与温暖。

中国的传说主要有两个：一个说法是女娲用神火炼石补天,炼出五彩石补天以后,就把神火留在了人间；另一个更为普遍的传说,则是燧人氏钻木取火的故事。开始,人们把天雷引起的火种引进山洞,点烧成一堆,让老人们不断地往火堆中加木柴,看护好火堆不灭。但一旦燃料不足或看护不当,火堆就会熄灭。在中国北方一个原始的部落中,有位叫燧人氏的人,此人魁伟健壮,乐于助人,在部落里威望很高。在一个冰封雪飘的冬天,燧人氏的部落又断火了,人们蜷缩在山洞的角落里,老人和孩子饥肠辘辘,十分困苦。燧人氏想:应当先弄点吃的东西,让人们吃饱也许能挡挡寒气。他带了几个青年人拿起石头木杆枪走出山洞前去捕猎。他们遇到一只觅食的獾,燧人氏奋力用石枪刺去,可惜没刺中,枪尖刺到石头上,冒出几个火星。"火!""火!"燧人氏的同伴喊着,但几个火星转瞬即逝,无法引燃。燧人氏等人继续艰难地向山的深处走去,在一丛小树下,燧人氏发现了一只野山羊,他立即像猛虎一样扑过去,抓住了山羊。几个伙伴将野羊的四蹄绑好,中间穿上一个干木棒,两人抬着,回洞而去。野山羊挣扎着,在木棒中间滑来滑去。山路崎岖,他们吱吱呀呀地抬着山羊,走了几里山道,回到洞中。燧人氏抽出木棒,他的手无意中摸到木棒中间因抬山羊来回滑动过的地方。"啊!"热得烫手。燧人氏想,也许两个东西磨来磨去就会有火一样的热。他马上找来一个大骨针,把干木棒架在两块石头上,骨针对准木棒中间,用力顶住,燧人氏用他那双有力的大手来回搓动骨针,过了一会儿,钻眼处冒烟了,燧人氏搓动得更快了；又过了一会儿,钻眼处出现了火星,进而出现了微弱的火苗。"成功了!""成功了!"燧人氏赶紧让他的伙伴抱来碎草和干柴,点燃了火堆。就这样,燧人氏发明了钻木取火的方法,他还把这种方法传给各部落的人们,给人类带来了光明。后来,燧人氏还总结了用石头互相撞击产生火星进而引燃易燃物的方法,开拓了用火石、火镰、火绒取火的方法。古人把燧人氏发明的火石、火镰、火绒称为"三件宝"。

二、陶瓷器和玻璃器的发明与使用

我国大约在公元前8000~前6000年的新石器时代早期,就发明与使用陶器了。人类早期生活的器皿有木制的,也有用枝条编制的。古人为了使其耐火且致密无缝,往往又在木制器皿外面抹上一层湿黏土。在使用中,有时器皿被火烧了,木制部分烧掉了,黏土部分却变得很硬,仍可以使用,进而人们便发现成形的黏土不需要内衬木制容器就可以烧制出器皿。于是人们将黏土捣碎,用水调和,揉捏成各种形状,在太阳底下晒干,然后放入火中烘烧,便得到了原始的陶器。

我国陶器的烧制,历史十分悠久,早在商代以前就有了,主要是红陶与黑陶。到商周时代,已经懂得用釉,出现了白陶和彩陶。普通的红陶、灰陶改造成白陶是一大进步,在中国,早在殷代就完成了。白陶壳薄,质地优良,造型美观,外形洁白。在当时,白陶是很珍贵的,从现在挖掘出土的红陶、灰陶和白陶的比率推算,当时白陶仅占2%左右,而且多出土于较大的墓葬中,这说明,穷人是用不起白陶的。随后人们发明了釉陶,在陶坯上涂一层釉,釉是含有较多 CaO、K_2O 之类的碱性物质,像石灰、草木灰,在 1 200 ℃ 高温下,熔融后与坯体相互作用,形成光滑明亮的玻璃层。郑州二里岗出土的敷釉陶尊,质地坚硬,色泽鲜明,叩之有金属声,已达到很高水平。如果烧结温度低于 1 000 ℃,则很难烧出如此好的陶器。研究表明,到秦代,制陶业的规模已十分惊人,作为世界八大奇迹之一的秦兵马俑,其烧制技术十分高超,平均高 1.8 米左右的兵俑和高 1.7 米、长 2.3 米的马俑,没有大型炉灶和均匀的温度控制是无法烧成的。另外,秦始皇修建阿房宫所用砖瓦之多是举世罕见的,自秦以后,烧制砖瓦构成了中华建筑的基础,所以至今仍有"秦砖汉瓦"之说。汉代时制陶业有一个较大进步,从陶向瓷逐步发展,到魏晋时代已经出现了青瓷。

唐代的瓷器质地已相当出色,出现了"薄如纸,白如玉,明如镜,声如磬"的高质量瓷器。唐代以及宋代的陶瓷已大量出口,考古证明,在埃及、伊朗、朝鲜、日本等地,都曾发现过唐宋时代的中国陶瓷。明代郑和七下西洋时,瓷器是他的船队主要的货物,作为礼物也作为货物进行交换。20 世纪 80 年代,在我国南海的海域,发现了一艘中国宋代沉船,从中打捞上几千件优质宋代瓷器。总之,中国优质陶瓷的生产,反映了中国人民早已掌握了化学化工技术。

世界其他地区,像古埃及、西南亚、印度、波斯及希腊的劳动人民,也与我们的祖先一样,创造了灿烂的古代文明,除了发明陶器外,还发明了玻璃。古埃及人很早就掌握了制造玻璃的技术,人们从公元前 1000 年的墓葬和干尸墓葬中发现了许多玻璃器皿。古代的玻璃几乎都带颜色,透明度不高。

无论是修筑宫殿的砖瓦,还是建长城的白灰和巨砖,以及玻璃的发明、瓷釉的配制,日用器皿的成形,都成了人类文明不可分割的一部分,有人把这种文明叫"化学文明"。确实,没有化学和化学工艺的进步,人类文明也就无法进步。陶器、瓷器、玻璃器的发明与使用,是人们采用物理方法与化学方法的伟大成果。

三、早期的金属知识

1. 金

金在自然界中主要以游离状态存在,在一些江河的沙床中可以找到。我们的祖先早就懂得"沙里淘金"。由于金的黄色光泽易于察觉,所以,金是人类发现的第一种金属。金质地软,有极高的延展性,很容易加工。从古埃及人的坟墓中,发现了公元前 2000 年用黄金制作的装饰品,还有金丝的刺绣。我国河南辉县玻璃阁殷代墓葬里边发现了金叶,还发现一块重 1 两多的金块,还有厚度仅有 0.01 毫米的金箔。战国时期楚国已经用黄金作为货币,当时人们已经掌握了鎏金技术,就是将金的汞溶液一起涂在铜器表面上,再经烘烤,汞蒸发后,金留在器皿表面上,这种技术说明人们已经了解了金、汞以及合金的某些物理、化学性质。1968 年,在河北满城西汉中山靖王刘胜夫妻墓中,出土了鎏金的长信宫灯,还出土了著名的金缕玉衣,是用很细的金丝编织而成的,金丝的直径仅为 0.14 毫米。这些都说明了在当时金的加工已经达到相当高的水平。

2. 银

金属银在自然界中大部分以化合物状态存在,它的发现比金晚。一般认为公元前 3000 年～前 2000 年,古埃及人首先采集到银。自然界中还存在银与金、汞、铜、铂的合金,自然界的金中含有少量的银。古埃及人曾把天然的金银合金当成一种单独的金属,我国古代则把这种合金称为琥珀金。最初,由于银比金少,因此银比黄金贵,公元前 1780 年～前 1580 年的古埃及王朝,法典中规定银的价格是金的两倍。

后来人们学会冶炼取银,并把银制成装饰品,我国成都出土的战国时期的铠甲上就有银制的饰物,长沙出土的楚国漆器上也有银制饰物。

3. 铜

(1) 红铜

纯净的铜呈紫红色,故称为红铜。人类最早加工成工具的金属就是红铜。铜可以用锤敲打的方法加工,由于人们有了制陶的经验,可以用高温将铜熔化,再倒入特制的容器中进行铸造。我国 1957 年、1959 年两次在甘肃省武威县皇娘娘台距今 4 000 多年的墓葬中,先后出土了铜器 20 多件,有铜刀、铜锥、铜环等。这说明了我们祖先不但认识了铜,还能加工铜、冶炼铜。

(2) 青铜

青铜是劳动人民有意识地将铜与锡或者铜与铅相互配合熔铸而成的合金。因为以铜为主,锡、铅为次,合金颜色呈青色,故名青铜。青铜是合金,熔点比纯铜要低。纯铜熔点为 1 083 ℃,而含有 15% 锡的青铜熔点降到 960 ℃;含 25% 锡的青铜,熔点为 800 ℃。熔点低了容易熔化铸造。另外,青铜的硬度比纯铜高,因此青铜铸造的工具比纯铜的工具坚硬、锋利。青铜器逐渐代替了石器、木器、骨器、红铜器。青铜生产工具的出现,对生产力的发展起到了划时代的作用。

我国的青铜器时代开始于夏、商、周。1959 年河南省偃师二里头商初的宫殿遗址中,发现距今 3 600 年的炼铜坩埚片、铜渣,还出土了许多青铜器。经分析,青铜器中含铜 92%、锡 7%。到商代中期,我国的铸造青铜器技术水平已经相当高。1939 年在河南安阳出土的商代后母戊鼎(旧称司母戊鼎,图 1.1),重达 875 千克,带耳,高 133 厘米,长 110 厘米,宽 78 厘米,是世界上最大的青铜器。1974 年 9 月在郑州张塞南出土两件商代大铜鼎,其中一件重 84.25 千克,另一件重 62.25 千克,经分析,其中含 17% 的铅与 3.5% 的锡。

图 1.1　商代后母戊鼎

青铜的冶炼要经过采矿、冶炼、制范、熔铸四个主要工序。当时用的主要矿石是孔雀石$[Cu(OH)_2CuCO_3]$，制造方法主要是铸造。我国青铜的冶炼和铸造水平居世界第一，这是举世公认的。西安出土的秦始皇的铜车马和兵马俑并称为"世界奇迹"。

古埃及大约在公元前3000年进入青铜器时代。在古埃及第一王朝的墓中，曾发现青铜制作的刀、锯、斧、锄、锥等工具。

（3）黄铜

黄铜是铜和锌的合金，也是劳动人民制得的合金。锌在自然界中主要是以闪锌矿(ZnS)与菱锌矿$(ZnCO_3)$存在的，我国古代叫炉甘石。黄铜是把红铜与炉甘石、木炭一起烧炼时，还原出的锌铜合金。由于这种合金外观类似黄金，所以有人用黄铜冒充黄金骗人。黄铜比较贵重，可以作衣冠上的饰带，等级次于金、银而贵于铜。唐代已经用黄铜作货币，唐代奖励有功人"黄金"300斤或200斤（1斤＝500克），其实不是黄金而是黄铜。在铜的冶金史和化学史上，我们的祖先还有一项重大的发明，就是胆水浸铜法，这项发明是水法冶金技术的起源。胆水浸铜法是指金属铁与胆水$(CuSO_4$溶液$)$相互作用，铁置换出其中的铜，$Fe+CuSO_4 \longrightarrow FeSO_4 + Cu$。西汉的《淮南万毕术》已有记载指出："白青得铁，即化为铜。"白青又叫空青、石青，即碱式碳酸铜。

4. 铁（钢）

游离的金属铁在地壳中找不到。由于铁矿石的熔点相当高（1 500 ℃以上），还原铁比还原铜困难，因此人们发现与使用铁比较晚。人类最早发现并使用的铁，是从太空落下来的陨石中得到的。从天上落下来的陨石，有的全部是铁，有的是铁与少数镍、钴的混合物。我国1972年在河北省台西村出土一把铁刃青铜钺，其上的铁刃就是用陨铁加工的。在古埃及的坟墓中也发现用陨铁（又叫天石）制成的小斧。

世界上许多民族都先后掌握了炼铁的技术。一般认为埃及、巴比伦、亚述（今伊拉克、叙利亚一带）等古国，在公元前1500年已经有了冶铁业。我国大约在战国时期发明炼铁，用铁来制造工具。早期炼铁，大多采用"固体还原法"。把铁矿石和木炭一层一层地放入炼炉中，点火熔烧，在650～1 000 ℃时，炭不完全燃烧，产生CO使铁矿中氧化铁还原成铁。

我国考古工作者挖掘出一件稀世珍宝，它不是金、银、玉，而是春秋时代越王勾践的宝剑。宝剑擦拭以后，锋利无比，表面毫无锈蚀。在地下埋藏两千年的宝剑，至今如此完好，这说明中国古代炼铁技术十分高超。传说，越王请著名工匠欧冶子为他炼剑，欧冶子采集上品矿石、炭，在深山中设炉锤炼，宝剑三年不成，十分发愁。他的妻子为了帮助他，把指甲、头发都剪下，投入炉中，宝剑则成，欧冶子炼成宝剑有三口：一口叫龙渊，一口叫泰阿，另一口叫工布。炼成宝剑以后，献给越王，此后欧冶子夫妻二人，入山修炼，成了剑仙。当然，其中有些只是传说，不过，用人的头发、指甲与铁合炼，可使铁中增加磷、氮、碳的成分，也有一定道理。后来吴越争霸，吴王知道越王炼成了宝剑，就四处查访欧冶子，后来找到了欧冶子的师弟干将，吴王责令干将给他炼剑。干将和他的妻子莫邪，一起在深山中造炉炼剑，他们派人"采五山之铁精，六合之金英"，用500人运矿石、烧炭、鼓风，一直炼了三年，仍没炼成。莫邪对干将说："当年师兄炼剑，是师嫂用女人的头发、指甲投入炉中，帮助师兄炼成，师嫂能做的我也能做到。"莫邪沐浴焚香，站在炉前，让童工们大力鼓风，在风大火旺之时，莫邪毅然投入炉中。最后干将炼成了两把宝剑：一把是阳剑，叫干将；另一把是阴剑，就叫莫邪。剑成以后，干将把阴剑献给了吴王，自佩阳剑。

5. 汞（水银）

天然的汞很稀少，大多数汞是通过燃烧丹砂（HgS）得到的，人们很早就知道汞的一些性质，如银似水，容易挥发，并易碎成流珠。秦始皇得天下之后，在建造自己陵墓时，灌入了大量的汞。

四、酿造、染料与油漆

1. 酿造

我国是酿酒很早的国家，相传在夏禹时就有一个叫仪狄的人开始造酒。《战国策》中说："昔者，帝女令仪狄作酒而美，进之禹。禹饮而甘之，曰：'后世必有以酒亡其国者。'遂疏仪狄，而绝其酒。"另外一种流传更广的说法，认为是杜康造酒，曹孟德长江赋诗《短歌行》，就说："何以解忧，唯有杜康。"在其他史书典籍中，也多处提到杜康造酒的事。传说，杜康是现在河南一带人，曾到河北、山西一带游学，走到太行山时，看到一群猴子饮用石凹中的一种粉红色液体，他走近一看，原来石凹深处，积下一层落果，约有一尺多厚，落果时间一长，发酵成酒。杜康受到启发以后，精心钻研，终于先制成了果酒，后来又制成粮食酒。

其实酒绝不会是一两个人发明的，而是劳动人民在长期生产实践中创造发明出来的。从化学观点讲，碳水化合物经过发酵都能变成酒。在原始社会，劳动人民把收下的麦、黍堆积在外，被雨水淋湿，部分发芽、发酵，就可变成酒。我国出土了4 000多年以前原始社会的大量陶制盛酒器皿。在商、周时代，奴隶主酿酒成风。商纣王还搞"酒池肉林"。在埃及和西欧，也从古代时起就以谷物和水果为原料发酵酿酒，古埃及曾在3 000多年前就造出了麦酒。埃及和古罗马还有远近闻名的葡萄酒。我国原无葡萄，汉武帝时期张骞两次出使西域，将中亚的葡萄引入我国，汉武帝令人种于上林苑中，从此各地遂开始种植，并以葡萄酿酒。

值得一提的是，我们的祖先在酿酒技术上有一项重要的发明，就是用麴造酒，麴就是含有淀粉的谷粒，蒸煮和碎裂之后，经过自然界的微生物酶菌生物化学作用后发酵成麴。再利用麴与更多谷物制得酒，这种方法既经济又有效。在酿酒的同时，人们利用发酵原理，从谷物中酿造出醋作调料，还制成了酱与酱精（酱油）。麴的使用，开了生物化学的先河。

西方的造酒技术比中国晚很多年，用麴技术大约在清代才传到西方，但由于西方人注意改进和定量研究,所以他们也造出了很多名酒。

2. 染料

随着人们的衣着需要,发展了丝、麻纺织业,各种纺织业的染色技术也相应地发展起来。我国商代养蚕纺丝已相当发达。在周代人们已经知道染色要经过煮、暴、染几个步骤,用青、黄、赤、白、黑五色染丝帛制衣,以区分身份等级,而且有专门的"染人"负责染丝帛。所用的染色原料是经过化学加工而提炼出来的植物性染料,如蓝靛染蓝、茜草染绛等。到秦汉,染色成为一个单独的手工业部门。1972 年长沙马王堆一号西汉墓中出土的织物中,有彩色印花纱与多次套染的织物,据分析共有 36 种之多。古埃及生产亚麻布,做衣料时染成红、黄、绿等色,所用的染料也大多数是植物性染料。

3. 油漆

油漆是我国古代的一项重要发明,将漆树汁经处理后涂在物体表面上,在漆酶和热的作用下,形成一层高聚物薄膜,即漆膜。夏禹时代就有了漆器,春秋时已重视漆树的栽培,战国时就用漆彩涂饰车辆、兵器、日用几案、乐器、棺椁。我国古代还将桐油与漆混合使用,桐油是干性植物油,也能产生高聚物薄膜,将油与漆合用,是个技术创举。考古还发现,我国古代还用密陀僧(PbO)或土子(含 MnO_2)和蛋清分别作为漆与桐油高聚物薄膜的催干剂。我国的漆器汉代传到亚洲一些国家,17～18世纪又传到欧洲。

五、造纸术的发明与发展

造纸术与火药术、罗盘针、印刷术,是我国古代科学的四大发明,是中国人民对世界科学文化发展做出的卓越贡献。作为造纸原料的植物纤维素,是一种天然的高分子,为了制得较纯的纤维素,必须使用化学和机械方法,除去其他杂质,使纤维素大分子帚化,制成纸浆,再抄造、干燥。因此纸的发明是化学方法的重要成就。

关于纸的发明,过去都认为是公元 2 世纪时东汉宦官蔡伦于公元 105 年发明的,但考古又有了新的发现。1933 年新疆汉烽燧台遗址出土了公元前 1 世纪的西汉麻纸。1957 年又在西安市郊的灞桥出土了公元前 2 世纪西汉初期的古纸。研究发现,这种纸主要以麻为原料,质地比较粗糙,不便书写。近年考古,发现了汉宣帝(公元前 73 年)时的麻纸,还有其他一些更古老的纸张。这些事实说明,早在西汉时期我国劳动人民就已经发明了造纸术。而东汉的蔡伦在前人基础上,改进了技术,组织生产了品质优良的纸。

蔡伦,又叫蔡敬仲,出生在当时的桂阳,就是现在的湖南省耒阳市。此人是一位务实的人,平时不多言、不多语,但工作起来十分认真。蔡伦年长以后,入宫做了汉和帝的太监,深得和帝的赏识,所以命他监制皇帝的一切御用器物。当时上传下达的奏章圣旨越来越多,民间文人书写的东西也越来越多,迫切需要改进书写工具。皇帝选中了蔡伦,封他为侯,让他监制造纸,他把所有民间造纸的方法收集起来,认真研究整理,并进行了大胆的实验与革新,约在公元 100 年至 105 年,新的造纸方法终于问世了。他造的纸柔软、白净,使用方便,价钱便宜,受到人们的欢迎,所以《后汉书·蔡伦传》中说:"天下皆称蔡侯纸。"蔡伦造纸的方法主要是在原料上改进,除采用破布、碎麻、旧渔网以外,还配以适当的树皮,使造纸原料来源大大扩展了,他把原料进行认真切碎、淘洗、沤泡,搅拌均匀以后,用氢氧化钙(石灰)作碱液,进行认真烹煮。这种碱液经过烹煮,不仅可以除去色素、油脂,还可以软化净化原料纤维,这是蔡伦造纸术的关键一环,也是一项重大发明。烹煮过的纤维精细、白净、分散度高。形成纸浆后再用细网捞取成纸膜,就形成了一张张的白纸。

造纸术于 3 世纪由我国传到朝鲜,10 世纪由朝鲜传到日本,8 世纪经中亚传到阿拉伯,16 世纪传到欧洲。

六、火药的发明、使用与外传

人类最早使用的火药是黑火药,它是我国劳动人民在 1 000 多年前发明的,它的发明,闻名于世,在化学史上占有重要的地位。黑火药主要是硝酸钾、硫黄、木炭三者的混合物,这种混合物为什么叫"黑火药"呢?因为这种混合物极易燃,见火则燃;称为"药",主要因为硝石、硫黄是重要的药材。《本草纲目》中说,火药能治疮癣、杀虫、辟湿气、治瘟疫,更重要的原因是火药的发明来自制丹配药的实践中,因此称为"火药"。

黑火药的爆炸反应式为

$$2KNO_3 + 3C + S = N_2 \uparrow + 3CO_2 \uparrow + K_2S + 169 \text{ 千卡}$$

黑火药很容易制备,民间流传:"一硫二硝三木炭"。人们为什么把这三种物质作为火药的成分呢?木炭,人们早就使用来冶炼金属,它是很好的燃料。硫黄对皮肤病有特别的疗效,另外"硫黄,能化金、银、铜、铁,奇物",即硫能与铜、铁等金属化合。硫含有猛毒,着火易飞很难"擒制",人们采取了所谓的"伏火法",即将硫与其他易燃物混合加热或燃烧,使药性发生变化。硝的引进是制取火药的关键,最早的硝是古老墙脚下的土硝,将硝石在木炭上一放,即出现焰火。

中国火药,是炼丹家在无意中发明的。他们原想炼制长生不老药,药没有炼成,却发明了火药,有人写诗道:有心栽花花不发,无心插柳柳成荫,未能炼就长生药,一声爆炸惊煞人!

传说,炼丹家魏伯阳在山中炼丹,他的丹鼎用青铜所铸,高大气派。一次,他将硝石、硫黄、木炭和马兜铃等药物配合好,放入丹鼎之中,希望能炼出长生药,实现多年的夙愿。魏伯阳盖上鼎盖,拜舞了天地日月,开始烧炼。开始是文火,过了一会儿,用风箱鼓起风来,用大火炼,丹鼎很快就热了起来。他想加一些木柴,于是回屋取早已准备好的椴木劈柴,正当他抱着劈柴回丹房时,一个事件突然发生了:轰隆一声,丹鼎爆炸,鼎盖穿过屋顶飞得不知去向,鼎身也被炸裂了。这件事发生在公元 2 世纪,这是人类历史上第一次火药爆炸。魏伯阳在《周易参同契》中,描述了这种"飞龟舞蛇,愈见乖张"的情况。这说明,炼丹家从实际经验中懂得,通过一定的配方,在烧炼中就会发生爆炸。

中国炼丹家发明火药一事,在著名丹经《真元妙道要略》中有更详细的描述:"有以硫黄、雄黄合硝石并密烧之,焰起烧手面及烬屋舍者。"并且说硝石与三黄(硫黄、雌黄、雄黄)合烧,"立见祸事",即会出现爆炸,造成事故。唐代成书的《丹房镜源》对火药已有很明确的记载,名字叫"炭伏火硝石法",还有《孙真丹经》记有"伏火硫黄法",这些记载对用硝、硫、炭三者配火药,已经基本清楚。

火药一发明,很快就发挥了它的积极作用,特别是在军事上的应用。三国时,火烧赤壁,孙刘联军打败曹操大军。诸葛亮征南,七擒孟获时,用火药对付藤甲兵。火药开始仅用于放火燃烧,到北宋末年,人们创造了"霹雳炮""震天雷"等爆炸性较强的武器,"霹雳炮"一炸,声如霹雳,杀伤力较大。公元1126年李纲就用霹雳炮击退金兵对开封的围攻,"震天雷"是一种铁大炮。公元1132年创造出火枪,公元1259年创造出了"突火枪"。

我国的火药除了用在军事上以外,主要用于礼仪、庆典以及民间节日、婚丧嫁娶的庆祝方面,如烟花、爆竹、起花、合子等,更多的是用于宫廷百戏中。

大约在南宋,公元1225～1248年中国火药才由商人经印度传入阿拉伯国家。欧洲人到13世纪后期通过翻译阿拉伯人的书籍才知道火药。而火药武器是通过战争西传的。据史书记载,公元1260年,元世祖忽必烈的军队在与叙利亚的战争中,被叙利亚人击溃,阿拉伯人缴获了包括火箭、毒火罐、火炮、震天雷等在内的火药武器,从而掌握了火药的制造与使用。

第二节　古代物质观

在地球上有数不清的物质,有高山、大海、江河、原野、花草树木、矿物岩石、飞禽走兽,还有各种自然现象:寒暑交替,日夜循环,夏雨冬雪,鸣雷闪电,大地震撼,火山爆发,植物生长,动物繁衍……古代的人们对于这一切当然感到非常奇怪,开始时,在他们眼里这一切都是杂乱无章、各不相干的,但是在长期的生活劳动中,经常接触它们、利用它们、改造它们,便逐步对它们有了更多的了解。譬如它们的数量、形状、大小、软硬、颜色等等,并且慢慢又懂得了按性质把它们分类。例如,有些东西很重,有些东西很轻;有些物质溶于水,有些不溶于水;有些可燃烧,有些不怕火。再进一步注意到物质可以相互转化:木头油脂点燃可以产生熊熊大火,冒出浓烟;泥土煅烧后可以变得像石头一样坚硬;果汁发酵后可以变成甜酒,也可以变成酸醋;植物从泥土里生长出来,长成了树木、庄稼,木头燃烧后又变成了灰、变成了土;绿色的矿物与木炭一起熔烧,可以得到红亮的铜块,铜在阴湿的环境中又慢慢生成铜绿。人们经过观察、比较、分析、归纳，便开始思考这千千万万的物质是从哪里来的，人们在生产实践中积累了相当多的关于物质性质及其转变的知识，并且在实践中不断运用物质的变化来制造工具、制造器物，当发展到一定阶段时，便从感性上升到理性，产生了物质性质是可变的思想，并力图去寻求物质各种不同的性质及其变化的统一本质。因此，在理论上提出了以下问题：

（1）物质是由什么构成的？它是否可以无限地分割下去？

（2）万物是否由少数基本物质组成？

为了回答上面的问题，便产生了化学基本理论的萌芽，而为了正确地回答，就必然要和宗教与唯心论发生冲突，开展唯物论对唯心论的激烈斗争。有人猜想这无数种物质是不是由少数几种甚至一种基本物质组合演化出来的；有人想象，这么多的物质可以按性质分门别类，那么似乎性质是最主要、最根本的东西，是组合成各种物质的原性物质，这样便慢慢地形成了当时的物质观、自然观。

一、中国古代物质观

早在公元前 2000 年左右，大约在夏代，人们总结了在生产斗争和生活实践中积累起来的大量的感性知识，对金、木、水、火、土等物质形态的重要性及其相互联系，取得了较多的知识，随着认识的深化，大约至商周之交时期，形成了最早的朴素唯物主义自然观，产生了五行说。五行就是水、火、木、土、金。人们把五行看成是构成万物的基本材料。初始时，人们在长期生活中认识到这 5 种物质是制造生产工具必不可少的东西。人类对水、火的迫切需要是一刻也离不开的，所以孟子有语："民非水火不生活，昏夜扣人之门户求水火，无不与者。"至于草木，它们是粮食、燃料的来源，并且是制作农具、车舟的材料；至于土，农作物皆生于其中，陶器是用土做的，并且还有赖于水、火；青铜不仅来自矿石，而且有赖于木炭与火的作用。因此，逐步总结了"天生五材，民并用之，废一不可"的见解。

五行学说后来又与阴阳学说相结合，形成了"阴阳五行"学说。阴阳学说产生于战国时代，老子《道德经》中有"万物负阴抱阳"一语，阴阳是玄学理论的开始。阴阳这两个概念也是人们从生产斗争与生活实践中提出的，当时，人们遇到大量的既相互对立又相互联系的自然现象和社会现象，例如男-女、湿-干、冷-热、软-硬……从这些常见的现象中，抽取出阴阳这两个基本的概念，用以说明世界上充满矛盾，并在矛盾中发展。阴阳是既对立又统一的两个方面，正是这两种性质支配着千变万化的物质世界，这就是我国古代朴素唯物主义的辩证法。阴阳五行学说，不仅巩固了人们对世界物质性的认识，还进一步触及物质的变化规律，这更有力地批判了唯心论的天命论。人们对阴阳五行说的见解也是不断深入的。开始有"五行常胜"论，就是：水能灭火，故水能胜火；火能熔金，故火能胜金；金做刀可断木，故金胜木；木可开土，故木胜土；筑土可挡水，故土胜水。这种看法的确反映了部分事实，但有片面性，墨家则进一步指出"五行毋（无）常胜，说在宜（多）"，火铄金，火多也，金靡炭,金多也,就是说,用炭火熔金,火大则金熔,若金多则炭虽耗尽而不能熔金。这个浅显的例子表明五行相遇,谁胜谁,不是绝对的,而是相对的、有条件的。这一观点就是朴素的辩证思想。

古代物质观的另一部分是关于物质结构的问题。人们在认识物质的过程中,很自然地提出这样的问题:物质是无限可分的,还是分割到一定程度就不能再分了? 战国时代是奴隶社会向封建社会转化的时期,百家争鸣,学派众多,思想活跃,积极辩证。法家韩非提出:"凡物之有形者,易裁也,易割也,何以论之?"这是说有形的物质都有长短大小,都可以分割。名家公孙龙(善于辩论,提出过白马非马的论点),他认为:"一尺之棰,日取其半,万世不竭。"(《庄子·天下》)这个论断是指物质是无限可分的。另一位名家惠施则认为:"至小无内,谓之小一。"就是说,最小的、不能再分的物是无内的,这就是"小一"。墨家提出了"端"的概念,认为"端",体之无序而最前者也,"端,是无间也",这句话意思是:"端"是物质不能再分的最小单位,"端"无法再间断,物质到了没有一半的时候,就不能再进一步研开它了,在这种情况下就叫做"端"。由此可见,墨家的"端"具有原子论的雏形。

以上派别都在说明物质是否无限可分,但都没有指出在分割物质时是否保留被分物质的固有性质,所以都有一定的片面性。

二、印度古代物质观

古代印度大约在公元前4世纪,有一种唯物主义哲学,叫"顺世论",认为万物是由地、水、火、风与以太5种元素构成的,进而讲到构成这5种元素的单位是极其微小的、大小相等的、永恒存在的"原子",这些原子可以形成单体、复体、三体以及万物。这里提出了朴素的原子论。印度是佛教的发源地,在那里能提出这样的唯物主义观点是十分难能可贵的。

三、希腊古代物质观

公元前500年左右,泰勒斯提出,水是万物之源。阿那克西来尼则认为,空气是万物之源。赫拉克利特则认为,火是万物之源。

阿那克萨克拉提出"种子说",已经很接近原子论的思想了。他认为,自然万物都是由数目无限多、体积无限小的"种子"构成的,"种子"是看不到、摸不着的,但是构成万物的基础。他为了证明"种子说",还举出了两个例子:其一,在人们把墨水滴入水中以后,墨水的种子就会自动分散到水中。其二,当人们走进花丛中,会嗅到一阵阵花香,但花并没有在人的鼻子中,为什么会嗅到花香呢? 这是因为花的种子飞到人鼻中的缘故。

公元前4世纪,希腊的杰出哲学家德谟克利特提出关于原子的学说,形成了欧洲最早的朴素唯物主义原子论。他认为:宇宙万物是由最微小、坚硬、不可入的物质粒子所构成的,这种粒子叫做"原子"。原子在性质上相同,但在形状、大小上却是多种多样的,万物之所以不同,就是由于万物本身的原子在数目、形状和排列上有所不同。他还认为:原子总在不断运动,互相碰撞而形成世界及其中的事物,日月星辰也是由原子构成的。他甚至认为人的灵魂也是由原子构成的,只不过构成灵魂的原子比较光滑精细,一旦这些光滑精细的原子聚积起来,就形成了灵魂,分散开来灵魂就消失,聪明人的灵魂原子就更为光滑精细。德谟克利特的原子论破坏了对神的敬仰,动摇了古希腊奴隶主的精神支柱,引起了统治者的恐惧与仇恨,便力图禁止、消灭原子学说。

德谟克利特的原子论是难能可贵的,在当时条件下,无法用实验证明,但却被人们接受了,这种学说,到 19 世纪初,在新的历史条件下,发展成为近代的科学原子论。

以后,亚里士多德提出了四元素学说(图 1.2),在古希腊流行很广。他认为物体的原始物性是冷、热、干、湿,这 4 种物性两两相结合形成 4 种元素,即土、水、气和火,4 种元素按不同比例,就可以形成各式各样的物质。他还认为水是湿和冷相结合的产物;火是热与干结合的产物;土是冷与干结合的产物;气是热与湿结合生成的。这种认为性质结合形成元素的观点称为"原性论"。亚里士多德的观点对后世影响很大,在中世纪被奉为经典,也是炼金术士的理论基础,认为改变物性就可改变物质。

图 1.2　四元素学说

第三节　"化学"名词的起源

在古代,劳动人民经过长期生产、生活实践,已经了解了不少化学知识,知道了一些化学物质。像金、银、铜、铁、锡、锌、铅、汞以及它们的一些氧化物,并且还知道了铁、铜的硫酸盐,砷、汞的硫化物,一些由植物得出的产物,像木炭、酒精、醋、染料,等等。还掌握了一些化学的基本操作,像金属的冶炼,合金的加工,金、银的提纯,金属(如铅)在醋中溶解,还有蒸馏、升华,等等。但这些知识都是经验性的,还没有系统地总结归纳,上升为理论。一般都认为,"化学"这一名称起源于古埃及的亚历山大里亚城,这个城在尼罗河口,是亚历山大大帝在公元前 331 年建立的。这个城的文化本质上是希腊文化,亚历山大里亚有一座谢拉比斯神庙、两个图书馆和一个博物馆,其中一个图书馆藏书有 70 多万册。这个城里,一方面存在着古埃及的冶金、染色、玻璃制造的工艺技术,另一方面有古希腊的哲学思想,这两个方面的结合,导致了"化学"概念的产生。

"化学"这个词最早见于罗马皇帝戴可里先(Diocletian)在公元 296 年发布的一张告示,告示中命令焚毁埃及关于 Chemeia 的书。意思就是下命令焚毁亚历山大里亚关于制造金银的书,这是世界上第一次出现"化学"这一名词。从这个告示中,也证明亚历山大里亚城是"化学"的起源地。埃及亚历山大里亚的希腊文著作是现在所知最早的化学著作,其中有许多在希腊文字典中查不到的技术符号与术语。它们往往用奇怪的名称、符号来掩盖原意。希腊文化学著作中第一次出现了有趣的实用化学知识以及许多化学装置图,其中实验操作有熔化、焙烧、溶解、过滤、结晶、升华、蒸馏等,加热的方法有用活火、灯、沙浴、水浴等。

在英语中,化学单词是 chemistry,由 chem is try 得来,其中 chem 是化学的简写,try 表示尝试。有意思的是,chemistry 很形象地说明了化学的本质就是尝试、实验。

在中文里是什么时候使用"化学"名词的呢?我国的近代化学知识是从西方传来的。我国最早介绍西方化学知识的书,是英国传教士合信(Benjamin Hobson,1816~1893)所写的《博物新编》,这本书 1855 年出版,但书中没有"化学"这两个字。英国传教士韦廉臣(Alexander Williamson)在 1856 年出版的《格物探原》中,用到了"化学"这两个字,其文曰:"读化学一书,可悉其事。"这是中文里最早出现的"化学"名词。但我国一些学者反对帝国主义侵略,开始不愿意接受这个名词,1906年在北京出版了曾宗巩编译的《质学课本》,想用"质学"代替"化学"一词,但未成功。以后"化学"这个名词才被大家接受,在我国传播开来。

第四节 化学的原始形式——炼金(丹)术

大约在公元前 3 世纪到 16 世纪,中外各国都先后兴起了炼金术,我国叫炼丹术,它是近代化学的前身,恩格斯把它称为化学的原始形式。

炼金(丹)术是在封建社会发展到一定阶段,生产力有了相当发展的条件下产生的。一方面是统治阶级想找到长生不死的方法,企图炼制出服了可以不死的仙丹;另一方面是一些人想把廉价的金属变成贵重的金银,想"点石成金",达到发财致富的目的。在这样的条件下产生了炼丹术、炼金术。

一、中国炼丹术的产生和发展

1. 炼丹术的起因与发展

炼丹术或曰"炼金术",是企图从普通药物中炼制出长生不老药——金丹的方法。中国是炼丹术出现最早的国家,其历史渊源可以追溯到战国末期,燕齐等国出现了神仙说,说东海蓬莱岛上有神仙居住。中国有一个传说,在夏代,有一个穷困的小国,国王的名字叫后羿。他勇猛善射,臂力无穷,他的妻子长得很美,名叫嫦娥。一次,后羿从西王母那里得到一颗长生不死的灵药,后羿当时没吃,把它交给嫦娥收藏。嫦娥出于好奇,就把灵药偷吃了,吃完以后,觉得身心畅快,清爽无比,就飞升到月宫里,成了仙人,当了月亮上广寒宫的主人。尽管她肉体成仙,长生不死,却失去了和后羿的爱情,再也不能过上人世间的幸福生活,陪伴她的只有一只兔子。因此有人作诗说:"嫦娥应悔偷灵药,碧海青天夜夜心。"

秦始皇统一六国后,想长生不死,永久做皇帝。他派道士徐福去海上找神仙,寻求"长生不死药"。徐福是知道找不到不死药的,故要求带去500对童男童女,并带上各类粮食、瓜果的种子,从山东蓬莱泛舟出海,船队在茫茫大海中航行了许多天,历尽艰难险阻。他们没有看到海上的"仙山",最后,在一片荒岛上登陆,这个岛就是现在的日本岛。登陆后,徐福派人四处察访,根本找不到什么仙人。不过,发现该海岛确实是一个很好的地方,土地肥沃,林木繁茂。因为没找到长生不死之药,徐福不敢回大陆向秦始皇交差,只好在日本岛上定居下来,他又让带去的500童男和500童女互相婚配,生儿育女,繁衍后代。近年来,日本的考古学家和历史工作者对徐福泛海去东洋的事,十分有兴趣,他们和我国学者共同发起,成立了"徐福研究会",共同研究这段历史。日方的研究者,曾到日本徐福村的遗址考察,还曾发现了秦始皇赐给徐福的金印,说明秦始皇派徐福泛海求长生不死药确有其事。

秦朝时,只是求"仙丹",而不是制造"仙丹"。到了公元2世纪的汉武帝时,就开始炼仙丹了。宫廷中召集了不少方士从事炼丹,一些王侯也豢养了不少炼丹家,都想长生不死。其中最有名的方士叫李少军,他曾对武帝刘彻说:"祠灶则致物(招致鬼魂),致物丹砂可化黄金,黄金成,以为饮食器则益寿,益寿而海中蓬莱仙者可见,见之则封禅(祭天地),则不死,黄帝是也。"汉武帝听信了这些话,遂命方士建丹炉,以丹砂(HgS)等为原料,配合其他药材,炼制金丹(黄金)。

到了东汉以后,炼丹术进一步发展,并且与道教相结合,披上一层更为神秘的宗教外衣。现在所能看到的世界上现存最早的一部炼丹著作是东汉人魏伯阳的《周易参同契》。魏伯阳又叫魏翱,道号叫云牙子,是古会稽上虞人,就是现在的浙江省上虞县,他可能生活在公元2世纪,他是一位炼丹家,是炼丹家的鼻祖。传说他有高超的道术,还曾收徒弟,传授炼丹术和长生术。《周易参同契》书名的理解如下:周易,是西周初期作为卜卦用的一些词句。《易经》是周朝的一本书,书里的思想具有辩证的观点。"参"同"三",指易经理论、道家哲学、炼丹术方法,"契"就是书。《周易参同契》就是论"周易"三道同一的书。这本书就是把卜卦与道家哲学结合在一起,作为炼丹的理论基础。由于炼丹的目的是要得到长生不老药,因此是保密的,是用不少隐语写的。例如书上说:"河上姹女,灵而最神,得火则飞,不见埃尘,鬼隐龙匿,莫知所存,将欲制之,黄芽为根。"这段文字,实际上说的是一个化学过程,"河上姹女",就是汞,黄芽就是硫黄,意思是汞易挥发,加热就会升华飞走,如果让它固定下来,就应当用硫与它化合,生成硫化汞($Hg+S=HgS$)。

　　传说魏伯阳曾与他的 3 个学生一同到山里炼丹,丹炼成以后,他要试一试学生的心意诚不诚。他先将炼好的丹给同来的一条狗吃了一点,狗吃了丹后就死了。魏伯阳说,丹没有炼成无面目回去见人,于是就吃下丹药死过去了。3 个学生看到这种情况,怎么办呢? 大家商量说:"炼丹求长生耳,服之而死,焉用此为?"2 个学生决定不吃了。一个姓虞的学生坚持要追随老师,吃了丹也死了。等那 2 个心不诚的学生走了以后,魏伯阳活转过来,把真的神丹分给了虞生和狗吃,于是师徒二人带着狗一起成了长生不老的神仙。

　　《周易参同契》中,有很多宝贵的化学知识,这应当说是炼丹家的意外收获。例如谈到白色的胡粉(碱式碳酸铅)能还原为铅时说:"胡粉投火中,色坏为铅。"就是说胡粉经火烧后,不但色变,而且质也变了,还原为铅。描写金的化学稳定性时说:"金入于猛火,色不夺金光。"由此可知,《周易参同契》不但是炼丹书,而且也是一本化学书。

图 1.3　中国古代炼丹图

　　到了晋朝,炼丹术进一步发展(图 1.3)。在我国炼丹术发展史上,最著名的方士要算晋朝的葛洪了。葛洪(大约公元 281～361 年),别号抱朴子,意为朴实人,丹阳句容人,精于医药。葛洪写了许多关于炼丹术与医药方面的书,流传下来的有 13 篇。其中《金丹》《黄白》《仙药》3 篇,较集中地论述了炼金银及丹药的方法,这本书可以说是集汉魏以来炼丹术之大成。葛洪为了炼制长生不老药,曾查阅了许多文献资料,并进行了炼丹的实验,描述了

一些炼丹设备与丹方,完成了许多化学转变。他的《抱朴子》一书上含有不少化学知识,例如书上说:"丹砂烧之成水银,积变,又还成丹砂。"就是说,硫化汞经加热分解成汞,汞又能与硫化合成硫化汞,后一种硫化汞是无机合成的,不同于天然的硫化汞。对于铅的化学性质,《抱朴子》也有生动的叙述:"铅性白也,而赤之以为丹,丹性赤也,而白之以为铅。"可见作者已知道铅能变为铅丹(Pb_3O_4),而后者又能分解成铅,说明他已知道化学变化的可逆性。还有"以曾青涂铁,铁赤色如铜"的现象,曾青是蓝铜矿[$Cu(OH)_2 \cdot 2CuCO_3$]或孔雀石[$Cu(OH)_2 \cdot CuCO_3$],这就是铁置换铜的现象。《抱朴子》还介绍了硝石、矾石、雄黄(As_2S_2)、雌黄(As_2S_3)与醋的利用等化学知识。

　　炼丹术到唐代也得到一定程度的发展,但到了宋代以后,就开始走下坡路了,最后让位给"本草医学"。

2. 炼丹术的理论

　　金丹为什么能炼成? 贱金属何以能变成金银? 除了神仙思想外,我国古代对

金石物质自然变化的认识中,还流行着这样一种见解:天然金石随着时间的推移会自然地朝着更加精美完善的方向提高自己,我们称之为"金石自然进化论"。方士们认为,有些物质可以逐步完成向黄金的转变,甚至可以生成自然的仙丹,只是需要的时间相当漫长而已。《土宿真君本草》载:"铁受太阳之气,始生之初卤矿焉,一百年而成磁石,二百年孕而成铁,又二百年不经采炼而成铜,铜复化为白金,白金化为黄金,故铁与金银同一根源也。"

丹家们认为:在丹鼎中靠着其他药物的作用,依照着天地阴阳造化的原理,辅之以水火相济的促进,再加上祈祝、仙人护佑与符箓的作用,就可以加快这个变化过程,修炼得金丹。因此人工修炼丹砂,或合炼铅汞,一年就可得龙虎还丹,而在自然界则要 4 300 年才行。用这种炼丹方法,他们认为可以加快水银、铅、铜等转变成黄金。这些就是炼金术的指导思想。

基于这样的见解,他们把丹炉设计成一个小宇宙,顶上开九窍,象征九星,中间开十二门,象征十二生辰,下面开八达,象征八风。从上到下,分三层,象征天、人、风,还画上一些象征阴阳二十四节气的符,药物配料也往往模仿自然。

丹家们经过反复烧炼、修炼,确实炼出了不少的"金丹",但却未得到真正的黄金,而仅得到一些无机物而已,例如,三仙丹是 HgO,黄丹是 PbO,赤丹是 Pb_3O_4,丹砂是 HgS。这些东西如何能吃? 吃了能长生不老吗?

3. 丹家为什么认为吃金丹能长生不老

这种想法主要来自黄金的强抗蚀性。魏伯阳说:"金入于猛火,色不夺金光,自开辟以来,日月不亏明,金不失其重。"黄金是万世不朽的,所以认为人吃黄金可以长生不老。魏伯阳还说:"巨胜(胡麻)尚延年,还丹可入口;金性不败朽,故为万物宝,术士取食之,寿命得长久。"葛洪也指出:"夫金丹之为物,烧之愈久变化愈妙,黄金入火百炼不消,埋之毕天不朽。服此二物炼人身体,故能令人不老不死。""服金者寿如金,服玉者寿如玉。"这是炼丹家的基本思想。这种思想是建立在天真的机械类比基础上的,根本不能类比,金之不朽与人之不死是性质上完全不同的两种事情,何况丹家炼出之金,都是徒有其表的伪金或无机物,有的还是毒物,服之会使人丧生。唐代六个皇帝——太宗、宪宗、穆宗、敬宗、武宗、宣宗,都是因为服用丹药而身亡的。一代明君唐太宗李世民因服用印度和尚的"延年药"而病死,清雍正皇帝也是吃丹中毒而死的。

葛洪的《抱朴子·金丹篇》中有关于"九转金丹"的叙述:

    一转金丹,服之,三年得仙　　　二转金丹,服之,二年得仙

    三转金丹,服之,一年得仙　　　四转金丹,服之,半年得仙

    五转金丹,服之,百日得仙　　　六转金丹,服之,四十日得仙

    七转金丹,服之,三十日得仙　　　八转金丹,服之,十日得仙

    九转金丹,服之,三日得仙

大诗人李白也相信丹药,还亲自炼丹。"安得不死药,高飞向蓬瀛。""九转但能

生羽翼,双凫忽去定何依。"他由于吃丹而慢性中毒,由脓胸病发展成腐肋疾,62 岁病死在安徽当涂附近长江的一条船中。

4. 炼丹的方法

炼丹首先要有一个山明水秀的地方,一般是深山老林,没有人干扰,环境优美;在那里盖上房子,三四人即可。房子里建坛,坛上置丹炉,丹炉上放丹鼎,准备木炭、药材,还有华池等用具。炼丹方法有 2 种:

(1) 火法炼丹

主要是带有冶金性质的无水加热法。火法大致包括煅、炼、炙、熔、抽、飞、伏等方法。煅就是长时间高温加热;炼就是干燥物质的加热;炙就是局部烘烤;熔即熔化;抽即蒸馏;飞又叫升,即升华;伏就是加热使药物变性。例如,Hg 中加入 S,加热形成 HgS。炼丹术最多研究的是丹砂(红色 HgS),就是用火法,红色硫化汞一经加热就分解成汞,汞与硫黄化合成黑色硫化汞,再加热使它升华,又恢复到红色硫化汞的原状,就得到比较纯的 HgS,称为"神丹"。他们为了"九转还丹",把对汞的化学实验做了一遍又一遍,因此他们对这种变化是非常熟悉的。红色硫化汞有天然与人造两种,天然产的叫丹砂(湖南辰州产的叫辰砂),人造的称为银朱或灵砂。人造红色硫化汞可能是人类最早用化学合成法制成的产品之一,这是炼丹术在化学上的一大成就。对铅及其化合物的研究也是用火法。我国劳动人民在汉代以前已经在制造化妆用胡粉,即碱式碳酸铅。把胡粉放入火中烧,可制得铅。有了铅,再与汞加热可以制铅汞齐,还可以制备黄丹。对于硫黄、砒霜(As_2O_3)具有"猛毒"的金石药,在使用前,要先用灼烧的方法"伏"(驯服)一下,使它们失去或减轻原有的毒性,也就是用火法。

$$天然丹砂(红色) \xrightarrow{\triangle} 汞,S \xrightarrow{\triangle} HgS(黑色) \xrightarrow{升华} Hg,S \xrightarrow{冷却} HgS(红色,神丹)$$

(2) 水法炼丹

水法炼丹处理药物的方法大约有:化、淋、封、煮、熬、养、酿、点、浇、渍以及过滤再结晶等。化,就是溶解;淋,就是用水溶解出固体的一部分;封,就是封闭反应物,长期静置或埋在地下;煮,就是在大量的水中加热;熬,就是在有水的条件下长时间高温加热;养,就是长时间低温加热;酿,就是长时间静置在潮湿或含有 CO_2 的空气中;点,就是用少量药剂使大量物质发生变化;浇,就是倾出溶液,让它冷却;渍,就是用冷水从容器外部降温。用水法制备药物,首先要准备华池,就是盛有浓醋的溶解槽,醋中投入硝石和其他药物。在华池中可溶解金石药。水法炼丹的另一发现是水溶液中的金属置换作用,例如铁可以置换出铜。他们也想用这种方法把贱金属转化为黄金、白银。

5. 炼丹术所用的药物与工具同化学的产生有密切关系

炼丹术为化学提供了不少药物与工具。药物方面,据不完全统计,共有 60 多种。

元素:汞、硫、碳、锡、铅、铜、金、银等。

氧化物：三仙丹(HgO)、黄丹(PbO)、赤丹(Pb_3O_4)、砒霜(As_2O_3)、石英(SiO_2)、紫石英(含 MnO_2)、石灰(CaO)、磁石(Fe_3O_4)等。

硫化物：丹砂(HgS)、雄黄(As_2S_2)、雌黄(As_2S_3)等。

氯化物：盐($NaCl$)、硇砂(NH_4Cl)、轻粉(Hg_2Cl_2)、水银霜($HgCl_2$)、卤碱($MgCl_2$)等。

硝酸盐：硝石(KNO_3 或 $NaNO_3$)。

硫酸盐：胆矾($CuSO_4 \cdot 5H_2O$)、绿矾($FeSO_4 \cdot 7H_2O$)、寒水石($CuSO_4 \cdot 2H_2O$)、朴硝($Na_2SO_4 \cdot 2H_2O$)、明矾石[$K_2SO_4 \cdot Al_2(SO_4)_3 \cdot 2Al_2O_3 \cdot 6H_2O$]等。

碳酸盐：石碱(Na_2CO_3)、灰霜(K_2CO_3)、白垩($CaCO_3$)、石曾[$Cu(OH)_2 \cdot 2CuCO_3$]、空青[$Cu(OH)_2 \cdot CuCO_3$]、铅白[$Pb(OH)_2 \cdot 2PbCO_3$]、炉甘石($ZnCO_3$)等。

硼酸盐：硼砂($Na_2B_4O_7$)。

硅酸盐：云母[白色，$H_2KAl_3(SiO_4)_3$]、滑石[$H_2Mg_3(SiO_3)_4$]、阳起石[$Ca(Mg,Fe)_3(SiO_3)_4$]、长石($K_2O \cdot Al_2O_3 \cdot 6SiO_2$)、石灰木($H_4Mg_3Si_2O_7$)、白玉($Na_2O \cdot Al_2O_3 \cdot 4SiO_2$)等。

合金：瑜石(铜锌合金)、白金(白铜，铜镍合金)、各种金属的汞剂等。

混合的石质：高岭土(SiO_2、Al_2O_3 等)、禹余粮(含褐铁矿和黏土的沙砾)、石中黄子(夹有黄色黏土的沙砾)等。

有机溶剂：醋(CH_3COOH)、酒(CH_3CH_2OH)。

炼丹家所用的工具有十多种，如丹炉、丹鼎、水海、石榴罐、抽汞、华池、研磨器、绢筛、马尾罗等。丹炉就是丹灶，安置在反应室；丹鼎，又叫"神室""丹合"，有的像葫芦，有的像坩埚，有的用金属制成，有的用瓷制成；水海，是丹鼎盛水的器皿。这些工具与后来的化学实验中的器皿是相似的。

二、阿拉伯炼金术的产生与发展

中国的炼丹术在公元 7～9 世纪传到阿拉伯，从而促进了阿拉伯炼金术的发展。早在公元 2 世纪西汉时期，中国就开始与中亚、伊朗(波斯，古称安息)发生了经济与文化的交流(张骞通西域)。到了唐代这种交流得到进一步的发展，交流是沿着陆上与海上两条"丝绸之路"进行的。唐僧西天取经、舞剧《丝路花雨》均反映这个时期的交流。炼丹术后来又由阿拉伯传到欧洲。可是在 20 世纪初期，一些西方学者并不认为中国的炼丹术是通过阿拉伯传到欧洲的，直到 20 世纪 30 年代，经过中西方一些学者认真研究，才澄清问题，认定了中国炼丹术通过阿拉伯传到欧洲的事实。英国科学史家李约瑟说："整个化学最重要的根源之一(即使不是唯一，也是最重要的根源)是地地道道从中国传出来的。"可见，我们中华民族在化学这门学科上，同其他学科技术领域一样，都曾经为人类的文明做出伟大贡献。

公元 8～10 世纪,阿拉伯的炼金家代表人物是贾比尔·伊木·海扬,又叫贾伯,是一位著名的医生,他提出金属可以相互转化以及四元素相克的理论,指出水银是"童女",可以起死回生,又能将铜、铁、铅变为黄金,因此经常用硫黄、汞、丹砂等作原料,这与我国丹家相似。他知道了无机酸的配方与制备。他写道:"先取一份胆铜、两份硝石、十份矾土在蒸馏瓶中将混合物加热到通红,则液体从混合物中抽出,这样的溶液有很好的溶解作用。"这显然是指硝酸。他通过蒸馏明矾而得到硫酸,将盐酸与硝酸混合得到"王水",他还制备出有机酸——酒石酸。他描述了人工制取辰砂的方法:"取圆玻璃器,放入一些汞,复取黏土瓦罐,里面盛黄色的硫粉,将容器置于瓦罐中上,用硫填至其边缘,封闭瓦罐空隙,以文火将瓦罐在炉上过夜,此后就发现汞变为红色岩石。"即辰砂(HgS)。贾伯认为炼金家要注重实验,他说:"谁不做实验与研究,则他任何时候都一事无成……术士们感到高兴的不是因为有了大批材料,而是因为得到了完善的实验方法。"这说明在化学发展的早期,人们就知道了化学实验的重要性,化学是一门实验性科学。

比贾伯晚些时候的一个叫拉泽(al Razis)的术士,把矿物分为 6 类:① 金属类;② 精素:硫黄、砷、水银、硇砂;③ 石类:白铁矿等;④ 矾类;⑤ 硼砂类:硼砂、苛性碱、草木灰;⑥ 盐类:食盐、硝石等。拉泽对金属的嬗变持怀疑态度,他认为不能用贱金属造出真金,得到的仅是伪金。

三、欧洲的炼金术

公元十一二世纪,西欧学者从阿拉伯文化遗产中学得了炼金术,英国的翻译家罗伯特翻译阿拉伯出版的《炼金术的内容》一书。炼金术从阿拉伯传到欧洲,马上被欧洲封建统治者所利用与操纵,当时欧洲正处于封建割据时期,运输困难,但与东方贸易频繁,因而十分需要黄金,于是封建贵族就想拿炼金术为自己发财致富服务。当时,欧洲正由实物地租向货币地租发展,商品经济滋长,统治者为发财致富,拼命地聚集黄金。以炼金术代替化学研究,把研究物质变化的广泛命题变为一个狭隘的命题:变贱金属为贵金属。它与劳动人民的劳动生产实践相脱节,使化学走偏了方向。他们在宫廷和教会中升起炉火,驱使炼金术士日夜守护在炉旁,汗流浃背,像中世纪的矿工一样,满身油灰,为封建统治者炼制黄金。欧洲推行炼金术是想得到更多的黄金,中国则是为了得到长生不死的"仙丹"。欧洲从事炼金的大多是僧侣,不像中国的术士兼懂医学。欧洲的炼金术,把亚里士多德的"原性论"作为指导理论,他们拿着各种贱金属和其他物质,进行溶解、燃烧、升华、蒸馏……妄图改变贱金属的色泽、密度、延展性等性质,使之变为黄金。他们经过无数次失败,认为必须要有物质的第五种性质——神秘的"哲人石",才能炼出黄金。他们认为有了"哲人石"就可以将普通的金属点化成金银。于是大批术士去寻求制造"哲人石","哲人石"是什么呢?英国重要的炼金家罗哲·培根(Roger Bacon)认为:"炼金术是制备某些灵药的科学,把这些灵药用在金属或不完善的物体上时,能使后者立即变成完美物（黄金）。"这种"灵药"就是"哲人石"，有了"哲人石"，就可以点石成金，把不值钱的贱金属转变成昂贵的黄金，从而使炼金者转瞬之间变成亿万富翁。"哲人石"究竟是什么东西，谁也不知道，也无人制得，也不可能制得。中外炼金家苦苦追求，延续了2 000多年，实验无数，但都没有制出"哲人石"。

培根认为汞、硫是原始物，汞是金属之父，硫是金属之母，黄金则是由纯汞及纯硫制成的。我们知道这根本不是黄金而是硫化汞。培根的一个弟子，法国人吕律，被英王爱德华一世聘入造币厂中去点石成金，他曾扬言："假如海是汞做成的，我将使之变成黄金。"英国亨利六世豢养的炼金术士竟有3 000多人。有的炼金术士炼不出黄金，就面临入狱与死刑的威胁，没有办法，只好用骗人的方法。一种方法是在中空的铁棒中填满金粉，用蜡封住，用这种铁棒去搅拌坩埚中的原料，蜡熔化了，金粉掉下去，就看到黄金了；另一种方法是取一个一半铁一半金的钉子，用墨水涂黑，然后浸入一种液体中搅拌，洗掉黑色后，浸入液体那部分就看到黄金了；还有一种方法，是取一个用银和金制的硬币，浸在硝酸中，当银溶解后，就出现金子了。现在英国的大英博物馆中还保存着这样的硬币。

点石成金要用"哲人石"的方法，后来又传回到中国，清代蒲松龄写的《聊斋志异》中，就有葛洪的学生点石成金的故事：长安儒生贾子龙，贫穷潦倒，破衣旧帽，经常断炊。偶尔出游，见到一个客人，气宇轩昂，风姿潇洒。相识后，知道对方叫真生，两人一见如故，成了好朋友。贾子龙经过准备，约真生到家中饮酒，但因家贫，酒菜不多，真生又豪饮不停，饮了一会儿，酒就没有了。贾子龙感到很尴尬，正想再去沽点酒。此时，真生好像看出了他的意思，说道："贾兄且慢，我为您变一戏法儿，来助酒兴。"说完以后，从腰中拿出一个玉制大杯，然后在大杯中倒入一点酒为引子，一会儿，大杯的酒就涨满了，然后再用小杯从大杯里往外舀酒，一会儿，酒壶满了，酒杯也都满了，大玉杯里的酒还不见少。两人又继续畅饮，尽欢而散。贾子龙确实很穷，常说人穷志短，他见真生有变酒的能力，就要求真生把这种方法教给他。真生说："这是仙家道术，不能传人，贾兄样样都好，但俗根未断，贪心还很强，所以更不能学这个。"贾子龙自嘲地说："哪是贪心，皆因一个穷字！"贾子龙虽穷，但对真生还是真心实意的，经常招饮，互为知己。一次贾子龙愁钱，囊中羞涩，没有办法去打酒买菜招待真生。真生对他说："贾兄莫愁，我有办法。"然后从口袋中拿出一块小黑石头，在院子里找到一小片瓦，用黑石对准瓦片，口中念咒，用力轻轻一磨，瓦片就变成了黄金。贾子龙看呆了，问真生是怎么回事。真生说："实不相瞒，我原是炼丹大师葛洪的徒弟，学成以后随老师入山做了仙人，转眼之间已经有一千多年了。大师在山中食松柏子，饮清泉水，与仙鹤神鹿为伴，不愿再回到人间，是我俗心不死，前些年向大师告假，特意来人间一走。这块小黑石是大师给我的'点金石'，也叫'哲人石'，只要念着大师教的咒语，轻轻在石上一点，石头就可变成黄金，这块小黄金就送给贾兄，用来沽酒买菜。"就这样，贾子龙与真生成了最要好的朋友，每当贾子龙没钱时，真生就用"哲人石"给他点些黄金。

今天我们知道,用化学的方法根本不可能把一种元素转化成另一种元素,铅、汞是不可能用化学方法变成黄金的。金属元素的人工嬗变,只有在今天认识了原子结构后,才能实现。1941年,美国哈佛大学用加速器加速中子,用中子轰击Hg核,才制得金核,实现千百年人们的美梦——"点石成金",但用这种方法制得的黄金太贵了:

$$_{80}^{196}Hg+_{0}^{1}n \longrightarrow _{80}^{197}Hg \longrightarrow _{79}^{197}Au+e^+$$

炼金术由于没有科学基础,屡遭失败,逐渐使炼丹(金)术士感到绝望,也遭到科学的摒弃。到了15世纪,随着资本主义生产关系的建立和近代自然科学的兴起,炼金术便逐步走了下坡路,新的资产阶级需要发展社会的物质生产,开矿、冶金,来积累实际的财富,他们求助于资本、机器和化学,而不是靠什么"哲人石"来发展资本主义。因此炼金术遭到新生的资产阶级的反对而消亡,以后,化学在两个领域内出现了新局面:其一,在冶金领域内,开辟了新的方向——冶金化学;其二,在医药化学领域中产生了医药化学。而炼金术士则日益成为人们嘲笑的对象。

四、炼金术的历史评价

炼金术的目的是荒诞的,所依据的理论大部分是唯心主义的和迷信的。它在历史上流行了1 000多年之后,终于走向了灭亡。但它在化学历史上也有一些积极作用:

1. 积累了许多化学知识

经过众多炼丹(金)术士的辛勤劳动,做过无数次化学实验,他们了解了60多种金属与金属氧化物,发现了许多新物质,像酒精、醋、无机酸等,观察与记载了许多化学反应的现象,制备了许多无机物。

2. 总结出许多化学实验的操作经验,制造了许多化学实验器皿

例如,知道了溶解、过滤、升华、蒸馏、水浴、沙浴……

3. 阐述了万物皆可互变的自然辩证观点

术士们想把贱金属转化成金、银是不可能的,但是他们提出物质是可以转化的观点是正确的,例如,汞可以变成HgS。葛洪说:"变化者,乃天地之自然也,何嫌金、银不可异物乎。"

当然炼金术也有消极作用:阻碍了化学向正确方向发展。炼金术研究金属嬗变,脱离生产实际,方向不对,把化学引入了歧途,阻碍了化学的发展。

第五节　医药化学与冶金化学

在中国与阿拉伯,冶金术士一般也都是医药家,中国的葛洪就是一个著名的医

生,丹家孙思邈(581～682),兼通医学,著有《千金方》。而欧洲的术士大多数是僧侣,一般不懂得医学,一些人由于长期没有炼得黄金,就放弃炼金,转而从事医药活动或从事冶金活动,推动了医药化学和冶金化学的发展。

一、中国本草医学中的化学知识

中国医药学是一个伟大宝库,蕴藏着许多珍贵的科学遗产。它的发展与化学是分不开的,因为在本草医学中有丰富的化学知识。

中国的本草学源远流长,古来就有"神农尝百草,一日而遇七十毒"的传说,反映了原始社会人们寻找食物和发现药物的艰难过程。鲁迅先生说过:"许多历史的教训都是用极大的牺牲换来的。譬如吃东西吧,某种是毒物不能吃,我们好像全习惯了,很平常了,不过,这一定是以前有多少人吃死过,才知道的。"

公元前 5 世纪到 2 世纪(战国时)成书的《山海经》中,已经记载有动物、植物、矿物药物有 120 多种。秦汉时,本草医药有了新发展,马王堆一号汉墓中出土了不少中草药,中山靖王刘胜墓中,还保存了一批精致的医药器具。东汉早期的医药简牍上已经列举了 100 种药物,其中植物药 63 种,动物药 12 种,矿物药 16 种,其他 9 种。三国时,华佗已经使用了麻沸散。

汉代最著名的《本草经》一书,记载了 365 种药物。其中植物药 252 种,动物药 67 种,矿物药 46 种。在矿物药中有铁、硫黄、汞、代赭石(Fe_2O_3)、铅丹、石灰、磁石(Fe_3O_4)、石胆($CuSO_4$)、硼砂($Na_2B_4O_7 \cdot 10H_2O$)、矾石[$AlK(SO_4)_2 \cdot 12H_2O$]、云母、紫石英(CaF_2)等。对元素及其化合物性质也有正确的叙述。例如,"丹砂能化为汞""水银……主治疗瘘痂白秃……杀金银铜锡毒,熔化还原为丹"。水银能治疥疮,汞与一些金属能生成汞齐,加热生成氧化汞。"石胆……能化铁为铜。"这是置换反应。

南北朝时的《本草经集注》,记载的药物达 730 种,指出胡粉(碱式碳酸铅)是用铅而不是用锡制成的。

唐代的《新修本草》是世界上最早的一本药典,是集体写作而成的。记载药物 844 种,其中无机物 109 种,包括不少化学内容。例如硇砂(NH_4Cl)不但可做药而且可作金属焊接剂,叫"汗药"。

宋代《大观本草》,记载药物 1 746 种,其中无机物 253 种,新增加的有水银粉(Hg_2Cl_2)、密罗僧(PbO)等。

明朝,本草学的发展进入了一个新的阶段,著名医药家李时珍(1518～1592,图1.4)的巨著《本草纲目》对我国古代本草学做了一次历史性总结,作者是在贫苦环境中长大的民间医生。《本草纲目》中载药 1 892 种,其中无机物 266 种,还有不少人造无机物,如轻粉(Hg_2Cl_2)、黄矾(可能为 $Fe_2(SO_4)_3$)。关于轻粉记载有下列制法:"升炼轻粉法:用水银一两,白矾二两,食盐一两,同研,不见星,铺于器内,以小乌盆抚之,筛灶灰,盐水和,封固盆口,以炭烧热二炷香,打开,则粉成矣,其白如雪,

轻盈可爱,一两汞可得轻粉八钱。"这是个卓越的无机合成反应。近代有人依其法做了模拟实验,结果甚佳。反应式如下:

$$Hg+KAl(SO_4)_2+NaCl+O_2 \longrightarrow K_2SO_4+Na_2SO_4+Al_2O_3+Hg_2Cl_2$$

李时珍研究了古代炼丹术著作,吸取了其中关于药物性质及制法的有价值部分,同时批判了炼丹术的虚伪性,他指出:"葛洪《抱朴子》言,食黄金不亚于金液……皆能化仙,岂知血肉之躯,水谷为赖,可能堪此金石重坠之物久在肠胃乎?求生而丧生,可谓愚矣!"《红楼梦》中的尤二姐就是吞金而死的,宋朝的一代名妓李师师也是吞金而死的。

图 1.4 李时珍

本草学中还有不少有机物知识。古人基于长期实践,认识到一些有机药物的特性,因此在炮制过程中作了明确的规定。这些规定从化学原理上来分析很多是合理的,例如五味子、茜草、知母等不能用铁器处理,只能用铜器处理或竹刀处理。这说明他们已经知道了铁与五味子、茜草、知母会起化学反应而变质。

二、欧洲医药化学兴起

十五六世纪,在西欧与中欧一些国家,资本主义生产方式开始萌芽或发展,资本主义生产关系的发展,动摇了封建制度的基础,新的生产关系的建立与发展,促使与这一基础相应的上层建筑也随之萌芽与发展。这意味着思想体系和科学文化变革。

十五六世纪欧洲化学界,最著名的代表人物是帕拉塞斯(P. A. Paracelsus,1493~1541),他是一个职业医生。在他以前,欧洲医药界一直把两大名医加仑(Galen)和维森那的学说奉为不可侵犯的权威。这两个人的理论基础是亚里士多德的四元素说,只注重物质的药理性质,而不注重药物的化学性质,因而后来医生沿用他们的医方治病时,常在药性上发生混乱。而帕拉塞斯代表新生的资产阶级利益,批判炼金术,认为炼金术的目的是狂妄与空幻的,他说:"化学的目的并不是为了制造金银,而是为了制造药剂。"他对加仑和维森那的理论深恶痛绝,1527 年他在医学学校讲课时曾当众烧毁了加仑与维森那的著作。他呼吁医生要专门研究化学,把化学知识用于医疗实践中,化学研究的目的不在于点金,而应当是制药。因此他被称为医药化学家。与亚里士多德的四元素说不同,他提出了三元素说,认为万物是由盐、硫、汞三元素以不同比例构成的。盐不挥发,是不易燃烧的元素,汞是挥发的元素,硫是易燃烧的元素。某一种物质中这 3 种元素成分的多寡不同,就决定了该物质的性质。在医疗中,他大胆使用无机药物。帕拉塞斯为了制造与提纯化学药物,从事了许多化学实验,完成了许多无机物之间的转变,他的著作中有比炼金术士更高明的化学知识。他知道二氧化硫的漂白作用,描述了铁粉与硫酸作用时会放出气体,他用 alcohol 表示酒精,他建议在化学操作时采用质量,"因为质量是不会骗人的"。帕拉塞斯死后,他的学生按照他的学说继续工作,用药之猛烈,甚至比帕拉塞斯有过之而无不及,结果常使一些垂危病人过早地离开了人间。

在这期间,另一位代表人物是医生兼化学家海尔蒙特(van Helmont,1577～1644)。海尔蒙特在理论上没有否认帕拉塞斯的三元素说,然而他认为物质的最基本元素是水,其次是空气。于是他又回到古希腊和古代中国哲学家的观点上了。为了证明他的观点,他说几乎所有物质灼烧分解后,总是析出水的。他做了历史上闻名的柳枝实验,他在一个瓦罐中放入 200 磅烘干土,栽上了一棵重 5 磅的柳树苗,将瓦罐盖上顶棚,防止灰尘落进去,只用水灌溉。经过 5 年以后,柳树与每年落叶的总质量是 169 磅,而将泥土重新烘干,其质量只比以前少了 2 盎司,因此海尔蒙特认为柳树增加的质量来源于水,从而认为万物都是由水形成的。现在我们知道,柳树是吸收了水、CO_2 进行光合作用才长大的,这个柳枝实验并不能证明他的想法。不过,他却是定量实验的倡导者,他广泛地应用天平,清楚地表述了物质不灭定律。他清楚地认识到,当银溶解于硝酸时,银并没有消灭,而是藏在透明的溶液中,就像盐包含在水溶液中一样,还可以恢复成原来的样子。溶解的铜可以被铁沉淀下来,铁取代铜的地位,同样,铜可以把银沉淀出来。他说:"无中不能生有。"海尔蒙特还知道了许多有关气体的知识。他认为火焰是点着的烟,烟也是气体。他还做了这样的实验:在水面上倒扣一个玻璃杯,在杯中空气里点燃一支蜡烛,水面上升,火焰就熄灭了,这是由于消耗掉一部分空气,水才被吸上来。气体"gas"这个词是他首先从希腊文字中创造出来的。海尔蒙特非常勤奋,埋头工作,"不论白天黑夜,完全投入到化学实验操作中",这使得"他的邻居都不认识他,他不从事其他实际事务,也从来不到户外活动"。他在学术上很有地位,很受人们尊敬,享有伟大声誉。玻意耳总是把他当成权威,他对玻意耳影响很大。

三、冶金化学

与帕拉塞斯同时代的,有一个在意大利接受教育的叫阿格里柯拉(G. Agricola,1494～1555)的德国医生,由于他生活的地方在冶矿附近,因此,他对开矿、冶金以及有关的化学知识有浓厚的兴趣。他查阅了古代有关冶矿学的文献,写成了一部巨著《论金属》,此书共 12 卷。其中第 9 卷讲述矿石溶解法,介绍熔矿炉以及矿石制炼法;第 10 卷专讲贵金属及非金属的分离法,介绍金属分离及精炼银的技术;第 11 卷讲述金、银从铜、铁中分离出来的方法;第 12 卷讲述盐、碱、明矾、矾石、硫、沥青及玻璃的制法。这 4 卷都与化学有关,讲述了许多化学知识与化学操作,对金、银、铜、铁、锡、铅、汞、锑、铋等金属的制备、提纯和分离过程,也作了清晰的描述。

《论金属》一书大体上摆脱了炼金术的束缚。作者的贡献在于较全面地从文献和实际调查两方面对欧洲手工业冶矿生产作了系统的叙述,书中阐述了许多化学知识。

我们中国古代也有不少介绍生产技术、农产品化学加工、开矿冶金方面的书。例如先秦时的《管子》《考工记》。公元 6 世纪,农学家贾思勰所著的《齐民要术》、宋代沈括的《梦溪笔谈》、明朝宋应星的《天工开物》,这几部书中都有大量的化学知识,这说明我们的祖先在冶金化学上也做出了重要贡献。

医药化学、冶金化学是从炼金术中派生出来的实用化学,虽然批判了炼金术,但又未完全脱离炼金术,还与神秘的宗教联系着。研究医药化学与冶金化学的人们,在研究矿物药剂的性质与疗效过程和制备新药剂的过程中,研究了各种无机物的分离与提纯,进行了大量无机合成实验,摸清了它们的很多性质,并把无机物进行了分类,而且在研究中也消除了很多炼金术的神秘色彩,从而大大丰富了化学知识。他们的呼吁与努力工作,的确使得许多医生由研究炼金术转向研究医药化学,推动了化学研究向着为医疗实践的方向发展。冶金理论的发展也推动了化学为生产实践服务,而不是为少数人造"神丹"服务。医药化学、冶金化学的研究比把化学研究禁锢在炼金术中显然是一个很大的进步,但我们也看到,在 16 世纪以前,炼金术是在化学研究中占主导地位的,因此,大家把这段在化学发展史上的历史时期称为炼金术时期,这是化学的原始形式时期。

第六节　中国未能单独进入近代化学时期的原因

从上面的介绍我们可以大概知道,在古代的实用化学时期,在化学的原始形式——炼金术时期,我们中华民族都不落后,并且在很多方面比西方民族还先进,像四大发明、炼丹术都是由我国传入西方的。但是,我国的炼丹术没有发展成为近代化学,而西方却在炼金术后,把化学发展为近代化学而建立了近代化学的理论,推动了化学的发展。

为什么中国没有单独进入近代化学时期而建立近代化学理论呢? 这是一个值得深思的问题,也是一个复杂的问题。对于这个中国学术界正在研究的问题,目前主要有以下几种观点:

1. 我国当时社会条件的限制

我国社会长期停滞在封建社会的生产关系上,科学知识和生产技术发展比较慢。而西方在 15~16 世纪已进入资本主义萌芽时期,资本主义生产关系已经建立,需要科学技术飞快发展来适应新的生产关系(图 1.5)。

2. 我国封建社会中,哲学落后,思想保守

战国末年,我国把朴素的基本物质说的五行,发展成为与天文、地理相结合的阴阳五行学说,以后就把五行学说神秘化了。到了汉朝,董仲舒与刘向把神化的五行学说到处应用,以至人的命运、政治的变化等都掺杂了五行说。到宋代,产生了程朱理学,提出了"天不变,道也不变"的理论,对古代炼金术坚信不疑,死抱不放。由于长期封建社会的统治,三纲五常束缚了人的思想,因此构造性自然观未确立地位。

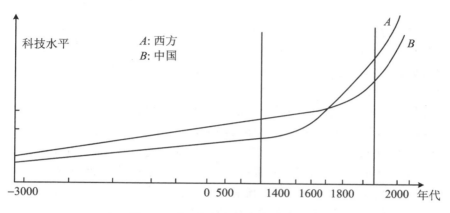

图 1.5 中国与西方科学发展示意图

3. 我国炼丹者所用的器具是土制的或金属的

我国炼丹者所用的器具不像阿拉伯、西欧用的是玻璃的、透明的,可以看到里面的反应情况,也就是说工具也影响了发展,导致我国炼丹术有发明而少进步,能创造而缺乏改进。

4. 不重视实验

四大发明与生产、国家统一有关,有实用意义。而那些不以实用为目的,而是为了证明科学理论的实验,在中国古代科学史上,就只能放在一个可有可无的位置上,特别是受控实验很少有人想过、做过。

讲一个明代理学家王阳明"格竹子"的故事。当时读书人认为"格物、致和、穷理"为最主要的使命。一次,王阳明在浙江的一个姓钱的朋友家"格竹子",坐在亭子中,看竹子,想竹子,三昼夜,也没有收获,结果病倒了。病好后又去静观了七天,仍一无所获。关于竹子的道理,他说:"天下之物如何格得。"他劝人把眼光放在内心上。"其格物之功只能在身心上做。"而与此同时,在西方世界,达·芬奇一边在画着蒙娜丽莎的迷人微笑,一边在解剖死尸,并制作出各种精巧的机械;麦哲伦率领的船队完成了最早的环球旅行。他们认为:"科学如果不是从实验中产生,并以一种清晰的实验来结束,便是毫无用处的、充满谬误的。"化学是一门实验科学,不做受控实验,当然不能发展。

5. 炼丹时不知道收集气体、度量气体

有人会说炼丹家不也在做实验吗?是的,他们在做实验,但不是在研究实验,只是重复前人的实验,对炼丹中产生的气体置之不理,没有新的发现。例如,硫酸铁等硫酸盐加热会产生三氧化二硫气体,此物溶于水即得硫酸。有了硫酸,就有发现硝酸、盐酸的机会。可惜炼丹家始终不知道收集三氧化二硫气体。

6. 技术不是开放性的

中国人的技术是保守、保密的。1 000多年来,炼丹家谨守秘密,不公开不交流,基本上是父传子,子传孙,传男不传女,传子不传婿,丈夫不告诉妻子,妻子不告诉丈夫。炼丹家葛洪讲了一个故事:汉代有个叫程伟的人,特别喜欢炼金术,到处求师拜友学习炼金术。由于其心术不正,没有学到真传。而他的妻子方氏倒得到炼金家的秘传。程伟在家中炼金,失败了一次又一次,总炼不成。一次方氏去看程伟炼金,看到程伟正在炼金,锅里放着水银等,就是炼不出黄金。方氏对他说:"我想替你试一试。"说完从口袋中拿出药来,一点一点投入锅中,口中念念有词,过了一顿饭时间,练成一锅黄金。程伟大惊,说:"炼金的秘方原来在你这里,为什么不早告诉我!"方氏说:"得到这个秘方须有缘分,学成学不成是命中注定的。"以后程伟就经常诱说方氏,劝她交出秘方,还买好吃好穿的讨好方氏,但方氏就是不告诉他秘方。讨好不行,程伟就虐待和毒打方氏。方氏说:"炼金之道,只能传给品德高尚的人,不能传给你这样口是心非、没有道德的人。"程伟一而再,再而三地逼迫妻子,方氏忍受不了他的暴虐,后来发了狂病,最后死掉了。

7. 我国古代对知识分子极不重视

我国古代极不重视知识分子,"乞七、兵八、儒九",用科举制度来束缚知识分子,轻视科学文化,因此阻碍了自然科学的发展。而西方国家对有贡献的科学家极其尊重,把重大的科学成果看成是国家的光荣,把有贡献的科学家当成国宝,而我国古代不是这样的,知识分子经常被迫害。

思 考 题

1. 中国古代物质观的主要内容是什么?

A. 阴阳五行　　　　　　　B. 物质是无限分割的

2. 古希腊的德谟克利特的原子论的内容是什么?

3. "化学"一词起源于何时何地? 中文"化学"是什么时候产生的?

4. 中国古代炼丹术的理论是什么? 使用的方法有哪些?

5. 炼金术在历史上的作用是什么? 如何评价?

6. 试论述中国化学未能单独进入近代化学时期的原因是什么,谈谈你的看法。

第二章　近代化学的建立

从 17 世纪后半叶到 20 世纪初期是近代化学建立与发展时期,可分为前后两个时期:前期从 17 世纪末到 19 世纪中期,后期从 19 世纪中期到 20 世纪初期。前期是近代化学孕育与建立时期,从 1661 年玻意耳提出科学化学元素概念,经燃素学说,到拉瓦锡的科学燃烧学说即氧化理论的建立、道尔顿的科学原子学说的创立、阿伏伽德罗分子学说、1860 年第一次国际化学会议大论战,近代化学的基本理论原子-分子论确定,近代化学建立;而后期是近代化学发展成熟时期。

第一节　科学化学元素概念的建立

17 世纪后半叶到 18 世纪末,这 100 多年的历史时期中,开始是玻意耳批判炼金术,为化学元素提出了科学概念;继之,化学又借助于燃素学说从炼金术中解放出来,成为一门科学。以后,人们对多种气体性质的了解以及对空气复杂性的认识,使人们弄清了燃烧现象的本质,从而批判了燃素学说,提出正确的氧化理论,为近代化学的产生做好了思想上与实践上的准备。

17 世纪后期,在欧洲,由于资产阶级的兴起,资本主义生产关系逐渐建立,资产阶级民主革命先后在欧洲各国取得胜利,在那时,资产阶级是先进的阶级,代表先进的生产关系。它推动了生产力的迅猛发展,使工业和科学技术有了广阔的前景,机器生产逐渐代替了手工操作。随着冶金、化工生产和科学实验向广度和深度进军,积累了大量关于物质转化的新知识,打开了人们的眼界,促进了人们对物质世界认识的飞跃。在化学领域中,17 世纪中叶英国的资产阶级早期活动家玻意耳对一系列的实验进行了总结,为化学元素做出了科学的定义,为使化学发展成为真正的科学做出了重大的贡献,为人们研究万物的组成指明了方向。对此恩格斯给予了高度的评价:"玻意耳把化学确立为科学。"

一、玻意耳的生平

1634 年的一天,在爱尔兰的一个庄园学校里,十几个蒙童在宽敞的教室里听老师讲课,老师是那一带最有学问的尼斯科。尼斯科用标准的英语,滔滔不绝地讲

图 2.1　玻意耳

解大自然给人类带来的幸福和安宁,他在讲课过程中,突然问道:"你们谁知道,我们的自然母亲是由什么组成的?"正当其他学生睁大眼睛,茫然无知时,一个清脆的声音答道:"原子!"尼斯科老师感到十分惊讶,因为,古老的原子论,只有在古希腊的典籍中才能读到,一般人只知道上帝创造了世界。尼斯科老师用惊奇而又喜悦的目光看着回答问题的学生,那个小学生坐在前排,一头金色卷发,深邃的蓝眼睛忽闪着,衣冠整洁,皮肤白皙。这个小学生不是别人,就是后来成了著名化学家的玻意耳。

玻意耳(R. Boyle,1627～1691,图 2.1)1627 年出生在英国一个贵族家庭,他的父亲是公爵,他家住在查理德庄园,家中广有田园和牧场,马匹成群,还有一个规模宏大的果园。玻意耳因家中富有,从小受到过良好的教育。但是,他的家庭也很不幸,1644 年,玻意耳 17 岁时,英国发生了一场战争。战争中,老玻意耳不幸中箭身亡。父亲阵亡的消息传到家里,他的家人十分悲痛,受刺激最大的就是 17 岁的小玻意耳。也许正是因为这件事的刺激,玻意耳后来成了一个专心学问、不问政治的人。他受到的教育很充分,曾到瑞士、意大利、法国等地求学。他一生勤奋地从事于对自然科学的探讨,而不追求安闲奢华的生活。他的科学活动领域十分广阔,涉及物理学、化学、生物学、医学、哲学、神学等方面。他在学术研究中受英国哲学家培根(Bacon)影响很深,他推崇培根的名言:"知识就是力量,力量就是知识。"但知识从何而来? 他更欣赏培根的另一段话:"一个哲学家,不应该像蜘蛛一样,把理性花在阴谋诡计上;他应该像蜜蜂一样搜集事实,靠理想把它们酿成蜜。"他也受到海尔蒙特的很大影响,所以他一生坚持化学实验活动,十分鄙视那些不做实验的空谈者。玻意耳在瑞典和意大利进行访学和深造时,接触到世界第一流的化学家,看到他们都有自己独立的私人实验室,在实验室中,自己可以决定做任何科学实验,对此他十分羡慕。所以在他父亲去世,他继承了多塞特郡的斯塔桥(Stal Bridge)领地以后,就将那里一座豪华住宅改建成实验室,1645 年,玻意耳的综合实验室建成。由于他经常做化学实验,才能得出科学化学元素理论,批判了炼金家的"水、火、气、土"四元素说和医药家的"汞、硫、盐"三元素说,把化学确立为一门科学。那时候,英国许多对自然有兴趣的人时常在伦敦集会,研究、讨论自然科学,这种学术聚会当时称为"无形学院"(Invisible College),广泛开展学术活动,这是世界上的第一个科学团体,也就是英国皇家学会的前身。

二、玻意耳的名著《怀疑派化学家》

《怀疑派化学家》(*The Sceptical Chemistry*)一书,1661 年出版。我们知道,在

玻意耳时代,化学还被炼金家控制,不把化学研究当成一门科学,只想以化学手段来炼成"仙丹""点石成金",化学理论还深深地禁锢在经院哲学中,这种哲学对化学科学的束缚表现在把亚里士多德的逍遥派哲学奉为圣典,认为"冷、热、干、湿"是物体的主要性质,这些性质两两结合形成了"土、火、水、气"四元素,再由这4种元素组成其他物质,就是原性论。继炼丹家而起的医药化学家又提出"汞、硫、盐"三元素说,这两个理论本质上差不多。玻意耳的《怀疑派化学家》一书给这两种哲学理论予以毁灭性的打击。《怀疑派化学家》最初的出版是匿名的,后来经过多版后,才将玻意耳的大名写上。这本书相当冗长,但是很容易读懂,其中穿插了一些幽默的语句,使该书更有生气。该书是以对话形式写成的,例如,他把炼丹家比成船队的船员,出海回来以后带回家的不仅仅有金、银和象牙,而且还有猿猴与孔雀。因为炼丹家的理论"像孔雀开屏一样,既不可靠也无用处,又像猿猴,表面看来似乎有道理,但实际是荒谬的"。书中讲道,在一个炎热的夏天,4个哲学家在一棵大树下争论起来,一个代表怀疑派化学家即玻意耳本人,另一个代表逍遥派哲学家,第三个代表医药化学家,第四个是保持中立的哲学家。4个哲学家展开了激烈的辩论,最后怀疑派化学家把逍遥派哲学家和医药化学家的谬论驳得体无完肤。由此可知,玻意耳是坚决批判炼金术的,批判"四元素"学说与"三元素"学说的。

《怀疑派化学家》一书在化学史上有着极其重要的意义,我们从以下三方面来说明。

1. 玻意耳把化学确立为一门科学

玻意耳认识到,化学值得为其自身的目的去进行研究,而不仅仅是从属于医学或炼金术的。虽然玻意耳本人受到炼金术的影响,甚至很崇拜医药化学家海尔蒙特,但他认为化学应该从炼金术中解放出来,从医药学中分离出来,成为一门独立的科学,化学的任务应该是阐明化学过程和物质构造。

2. 玻意耳把严密的实验方法引入化学中

玻意耳认为,实验与观察的方法才是形成科学思维的基础,化学必须依靠实验来确定自己的基本定律。玻意耳写道:"化学家们至今遵循着过分狭隘的原则,这种原则不要求特别广阔的视野,他们把自己的任务看做是制造药物,提取和转化金属。我却完全从另外一种观点来看待化学,我不是作为医生,也不是作为炼金家,而是作为哲学家来看待它的……如果人们关心真正的科学成就,较之个人利益为重,如果把自己的精力全部献给了做实验,收集并观察事实,那么就很容易证明,他们在世界上建立了伟大的功勋。"他又说:"空谈无济于事,实验决定一切。"——这是关于科学的至理名言。玻意耳精于实验,敏于观察,他常对助手们说:"要想做好实验,就应当注意观察,不能放过任何现象。"玻意耳自己也带头做各种实验,由于他注意观察,曾发现许多重要的化学现象。他做过许多实验,像物质燃烧实验、金属焙烧实验、酸碱中和实验、产生沉淀实验。他还重做过海尔蒙特的柳枝实验,不过他不是用柳枝,而是用长得很快的蔬菜。他在1654年发明了抽气机,做了许多减压实验。

3. 玻意耳为化学元素下了科学的定义

通过实验证明,逍遥派哲学家亚里士多德的"四元素"学说以及医药化学家的"三元素"学说都是不对的。他认为,世界上物质千千万万,具有各种特性的物质绝不可能仅是由"气、火、水、土"4 种元素组成的。他否认医药化学家认为物体在火的作用下,所产生的都是元素。例如重金属焙烧后得到的灰比金属本身还重,说明金属煅烧后绝不是留下什么"土"元素;煅烧砂子、纯碱与石灰石时,物质并没有分解成元素,而是得到玻璃。他还做了分解物质的许多实验,都未得到"汞、硫、盐",因此否定了"三元素"学说。

玻意耳关于元素的科学定义是这样叙述的:"我所指的元素,是在化学分析中不能再分解的物质。""元素是不能由其他物质构成的原始的简单的物质,是完全纯净的物质。""元素是具有一定确定的、实在的、可觉察到的实物,它们应该是用一般化学方法不能再分解为更简单的东西的实物。"玻意耳是把化学分析的终点当做化学元素,并认为元素用化学方法不能再分解,这就比四元素说高明得多。玻意耳认为,像金、银、铁、硫等都是元素,但由于时代的局限,他把水、空气等也看成了元素,因为作为化合物的水当时还无法分解,作为混合物的空气当时也难以分离。

科学元素概念的提出,使化学变成了科学。

另外,玻意耳还认为每种元素都是由同一种微粒构成的,这种微粒的性质是不可改变的,在化学反应过程中,这种微粒本身是没有变化的。他举黄金为例:"把一点金子放在王水里,不久它溶解了。如果把溶液蒸干,就得到一种黄色的新物质,这是金微粒和王水结合的产物;如果在溶液里加一点锌,容器底部就会沉淀出一层金粉,这就是起初溶解进去的黄金。总之,金微粒与王水结合的产物,会暂时改变自己的形态,金微粒有 3 个基本特征:大小、形态和运动。"但他不认为微粒有"质量"这个特性,这是他的致命伤,这个问题后来由道尔顿提出,建立了科学原子学说。

总的来说,玻意耳《怀疑派化学家》一书的出版,从理论上解决了当时化学所面临的一系列问题,吹散了化学天空中的乌云,把化学引上了康庄大道。《怀疑派化学家》一书的出版,标志着化学一个新时代的开始。

三、玻意耳在其他方面的成就

1. 玻意耳气体定律

玻意耳发现,在等温条件下,空气的压力与体积成反比。1660 年发表《关于空气的重量及其表现的新物理力学实验》《关于空气弹性及其重量学说的辩论》等论文,提出了以下定律:$p=K/V$ 或 $pV=K$。现在称之为玻意耳气体定律。

2. 玻意耳发现了指示剂

一天,玻意耳到实验室去,看到园丁把一篮美丽的深紫色紫罗兰放在一个角落里。玻意耳很喜欢紫罗兰,就拿了一束向实验室走去。当时实验室里正在做"矾类"(重金属硫酸盐)的蒸馏实验,以取得"矾油"——浓硫酸。玻意耳刚把门打开,缕缕烟雾从玻璃接收器里冒出来,散在桌子周围。他帮助手倒完硫酸后,从桌子上拿起那束紫罗兰,准备到自己的工作室去。这时,他发现紫罗兰微微冒烟,"可惜呀可惜,好好的一束花,弄上酸雾了,应当冲洗一下!"玻意耳自言自语地说。他把花放进装水的杯子里,自己则坐到窗前拿了本书随意翻看。过了一会儿,玻意耳偶然一回头,一个奇异的现象出现了,原来的紫罗兰变了颜色,花都变成了红色,紫罗兰成了"红罗兰"。这简直是奇迹!敏感的玻意耳没有放过这个奇异的现象,他想:也许酸性物质对花的颜色有影响。玻意耳立即和他的助手一起,采集各种不同颜色植物的花、叶,分别捣碎,放在酸、碱中试验,从而发现了许多奇异的变色现象。其中,从石蕊中提取的紫色素对酸、碱的反应最有意思,因为这种色素和酸反应能变成红色,和碱作用能变成蓝色。玻意耳想,这下可有办法了,如想判断某种液体是酸的还是碱的,只要用紫色石蕊一试就行了,变红则为酸,变蓝则为碱。玻意耳把这种溶液命名为指示剂。为了方便,他把吸水纸浸泡在石蕊的紫色液体中,然后晾干备用。事实证明,这种晾干的用石蕊溶液浸泡过的吸水纸,用于试验酸碱十分方便。后来,人们就把这种试纸称为"玻意耳石蕊试纸",简称"石蕊试纸",这种试纸一直传用至今。

3. 玻意耳还有一个重要发明,那就是制成了著名的"玻意耳墨水"

有一次,玻意耳在他的实验室中进行植物色素的实验:他先用水把捣碎的五倍子长时间浸泡,提取浸液,然后把这种浸液与铁盐作用,立即变成深黑色的液体,这种液体非常稳定,长期不变色、不沉淀、不怕热、不怕光,玻意耳就用这种液体作书写墨水。后来,人们就把这种墨水称为"玻意耳墨水",这种墨水用了一个多世纪。

4. 玻意耳还是照相原理的奠基人

玻意耳在进行银盐实验时发现,白色的硝酸银、碘化银,暴露在空气中或遇光照就会变成黑色,这一发现为以后把硝酸银、氯化银、溴化银用于照相术,做出了贡献。

5. 玻意耳晚年制备与研究了元素磷

玻意耳还发现了化学元素磷,这是他独立做出来的。在玻意耳时代,有许多化学家对磷进行探索,例如,玻意耳的一个朋友布兰德,看到尿呈金黄色,就认为尿中含有黄金。他对尿进行蒸馏,结果没有得到黄金,倒成了历史上第一个从人尿中提炼出磷的人,因为磷能自燃、发光,所以,布兰德在发现磷以后,感到十分惊异,曾跪倒在地,向上帝祈祷,感谢上帝赐给他的"冷火"。磷的发现,大大方便了人们引火,同时可以解释古老坟墓中"鬼火"的现象,有重大意义。但布兰德很保密,不公布发现的磷的情况。但玻意耳经自己独立研究,也把磷制备出来了,而且研究了磷的重要性质,包括磷的氧化燃烧,磷酸和磷化氢的生成和性质等。

四、玻意耳的金属焙烧实验

1673 年，玻意耳发表他的《使火与焰稳定并可称重的新实验》(*New Experiments to Make Fire and Flame Stable and Ponderable*)，其中描述在空气中焙烧金属，其质量增加的实验。玻意耳发现 8 两重的一块锡在敞口烧瓶中加热，质量增加到10 两。他把锡放在曲颈甑中后，称重，封住口后再加热，但由于空气膨胀把甑爆裂了（可能那个曲颈甑质量比较差），"发出炮鸣般的声音"。于是，他换了另一个曲颈甑，在敞口曲颈甑中放入 8 两锡，加热一会，想尽可能把里面的空气赶出来以后，再封瓶口，继续加热焙烧锡。等到锡变成灰时停止加热，然后冷却，拔去封口，"啪"一声，玻意耳听到外边空气冲进去，再称重，增加 2 两。他下了结论说："增加的 2 两质量是火对金属作用而得到的。"他推断火有质量。玻意耳认为火是由一种叫"火微粒"的物质组成的，火微粒穿过玻璃壁被金属吸收，因此煅灰比金属重。玻意耳在这个实验中使用了天平，把定量实验手段带进了化学之中。

玻意耳这个把金属放在曲颈甑中焙烧的实验做得非常好，很可惜这个好的实验没能得到好的结果。如果玻意耳能在焙烧前称量，在焙烧后没有去掉封口前再称量一次，就可能有重大的发现。当时有一个化学家谢吕宾写信给玻意耳，问他在打开瓶之前称量没有，玻意耳在回信中作了一个惊人的陈述，说他曾经在打开瓶之前称重了，也得到了质量增加的结果。这是怎么回事？我们现在认为可能是这样造成的：玻意耳先把锡放在冷瓶中称量，以后又敞口加热赶空气，因为他担心瓶会破裂，想尽可能多地赶出空气，因为加热时间比较长，部分锡已经与空气中氧气化合成氧化锡，再封口煅烧，后来就在打开封口前称量，当然也会比开始的质量有所增加。

这个金属焙烧实验对后来拉瓦锡发现科学燃烧理论和发现物质不灭定律，都有很大的启示作用。

玻意耳在化学上有三大贡献：把化学确立为一门科学；把严密的实验方法引入化学；给化学元素下了一个科学的定义。因此，玻意耳被称为近代化学的奠基者。

思 考 题

1. 玻意耳的名著《怀疑派化学家》是哪一年出版的？为什么玻意耳自称怀疑派化学家？

2. 玻意耳在化学上的主要贡献是什么？

3. 玻意耳焙烧金属的实验内容是什么？他是如何解释实验结果的？

第二节　燃素学说的兴衰

人类对火及燃烧现象的实践经验,至少也有 50 万年的历史,自从人们使用火以来,人们对火和燃烧现象的认识便不断加深。开始,人们把火看成是构成万物的本原物质之一。火能促进物质的转化,似乎火能化育万物,炼金术士们看到既然火能使物质千变万化,因而企图用火来把其他金属变成黄金。总之,在古代人看来,火是一切事物中最积极、最活跃、最能动、最容易变化的东西,整个世界在烈火中永恒不息地变动着。随着生产力的发展,人们更加迫切地要求弄清火及燃烧现象的本质,而炼金术的神话和经院哲学的空谈根本无法解答与燃烧有关的问题。17 世纪末到拉瓦锡提出燃烧的氧化学说前的 100 多年间,欧洲曾流行着一种"燃素学说",而且占统治地位。

一、17 世纪末人们对燃烧现象的各种解释

(1) 15 世纪,意大利人达·芬奇(Leonardo da Vinci,1452～1519)就曾注意到,在燃烧时,若无新鲜空气补充,则燃烧不能继续进行,也就是说燃烧需要空气。

(2) 1630 年,法国医生雷伊(Jean Rey)注意到,金属铅和锡经火煅烧以后质量都有所增加,他认为这是因为空气凝结到了铅、锡中的缘故,就像干燥的沙土吸收了水分变得更重一样。

(3) 英国医生梅猷(Mayou)做过很多燃烧实验。在 1674 年曾发表不少对燃烧本质的论述,他的认识在当时可算是颇为先进的。

他曾把一支蜡烛和一块樟脑放在一块浮在水面的木板上,点燃起来,然后用大玻璃罩扣上。他发现罩里的木板慢慢升高,说明罩内空气在减少;他又把一只小老鼠放在玻璃罩里来做实验,发现罩里的老鼠喘息一段时间后,罩内的空气也逐渐减少,他认为一些空气被燃烧或呼吸消耗掉了。他用一个猪膀胱把玻璃罩中剩下的气体收集起来,发现该气体比空气轻一些(即密度小些)。他还做过水下火药燃烧实验,感到很奇怪:一包密封在水下的火药,与空气隔绝开来了,怎么仍然会燃烧?于是他认为在硝石中也存在空气中的那种助燃成分,所以他把这种成分称做"燃气精"。他的这个大胆设想居然用自己的实验得到了证实。他是这样考虑和做实验的:硝酸是用硫酸处理硝石再经蒸馏得到的,因此硝酸中也应该含有"燃气精",于是他用硝酸处理锑粉,得到了一些白色沉淀,烘干后得到了白色粉末。白色粉末比原来锑粉的质量增加了,更重要的是,这种白色粉末与在空气中燃烧锑粉所得的灰烬竟然是同一种物质,这说明它们都是锑粉吸收了"燃气精"的产物。他根据实验得出结论:当金属在空气中煅烧时,这种"燃气精"便与金属化合。另外,"燃气精"

也是呼吸所必需的,并能把静脉血转变为动脉血。他的这些发现与观点,当时是很卓越、很先进的。

但是,梅猷受"四元素"说影响,并不认为空气是两种气体的混合物,而认为空气是单一的纯物质,"燃气精"只是附着在空气的微粒上。同时他也没有能够从空气里把"燃气精"提取出来,更遗憾的是梅猷 40 多岁就因病去世,未能把这些实验继续深入地进行下去。因而他的卓越见解,当时未能引起人们的重视。

(4) 玻意耳则认为火是由"火微粒"构成的。玻意耳认为金属焙烧时,"火微粒"透过容器壁,钻进了金属,与金属结合生成了比金属本身更重的煅灰(金属＋火微粒＝煅灰)。

以上这些关于燃烧的见解,终究还是个别的,当时燃烧给人们的感觉是物体燃烧时,好像有某种东西从中逃逸出来。

二、燃素学说的建立

17 世纪下半叶(1660 年后),西方的形而上学、机械唯物论的自然观基本形成,不可再分的物质微粒和机械力成了一切自然现象的基础。为了解释物质的某些性质,人们往往会举出一种什么力,如重力、浮力、磁力等,把它加在所有不能解释的现象上,以为这样就可以把现象都解释清楚了。例如物理学家解释磁铁为什么有磁性,就说它有"磁力",生物学家解释为什么有些东西是活的,就说它有"活力"。如果这些还不能解释,就举出人们所不知的东西:什么光素、热素、电素等。例如解释为什么有些过程会放热,就说它有"热素";物质为什么会燃烧,就说它有"燃素"。这就是恩格斯指出的当时人们解释现象的方法。

1. 燃素学说的第一发起人——贝歇尔

17 世纪末德国化学家贝歇尔(Johann Joachim Becher),在 1669 年的著作《土质物理》(*Physica Sub-terranea*)一书中对燃烧作用有很多的论述。他认为燃烧是一种分解作用,动、植物和矿物燃烧后,留下的灰烬都是成分更简单的物质。因此,按照他的理论,不能分解的物质是单质,当然不会燃烧。关于物质的结构,他略微修改了医药化学家的"硫、汞、盐"三元素学说,认为各种物质都是由 3 种基本"土质"组成的:一种叫"石土",存在于一切固体物质之中,是"固定性的土";一种叫"油土",存在于一切可燃烧的物体之中,是"可燃性的土";一种叫"汞土",存在于一切可流动的物体之中,是"流动性的土"。不同物质是由于这 3 种"土质"的成分不同造成的。他又认为:物体燃烧时,就是物质放出其中"油土"的成分,贝歇尔所说的"油土"的成分,即相当于以后的"燃素"。因此,贝歇尔可以说是燃素学说的第一发起人。

2. 施塔尔建立了燃素学说

德国化学家施塔尔(Georg Ernst Stahl)是贝歇尔的学生,他承袭老师的观点,并且发扬光大。1703 年他总结了燃烧中的各种现象及各家的观点之后,发表了

《化学基础》一书,系统地阐述了燃素学说,用这个学说对各种燃烧现象,做出了同一的解释。

燃素学说的要点如下:

(1) 火是由无数极小而活泼的微粒构成的。这种火的微粒既能同其他元素结合形成化合物,也能以游离方式存在。大量游离的火微粒聚集在一起,就形成了看得到的明亮发热的火焰,它如果只弥散在大气之中,便会给人以热的感觉。"燃素"是火的原质、火的要素,而非火的本身。

(2) 燃素充塞于天地之间,在地球上的动物、植物、矿物中都含有燃素。大气中含有燃素,因此天空中会引起闪电;生物体内含有燃素,因此富有生命和活力,得以生长与繁衍;无生命的物质中含有燃素,就会燃烧。燃素不仅具有各种机械性能,而且又像灵魂一样,本身就是一种动因,物体失去燃素就会变成死灰;灰烬获得燃素,物体又会复活。

3. 燃素学说对燃烧与化学反应现象的解释

燃素学说把一切与燃烧有关的化学变化都归结为物体吸收燃素与释放燃素的过程。

(1) 煅烧金属,认为燃素从金属中逸出,变成煅灰。

$$金属－燃素＝煅灰$$

(2) 煅灰与木炭共燃时,煅灰从木炭中吸取了燃素,金属重生。

$$煅灰＋木炭＝金属＋木炭煅灰$$

(3) 燃烧硫黄,燃素逸去,变成硫酸(SO_3 或 SO_2)。

$$硫黄－燃素＝硫酸$$

(4) 硫酸与松节油(含相当多的燃素)共煮,硫酸从中夺回了燃素,硫酸还原成硫黄。

$$硫酸＋松节油＝硫黄＋油灰$$

(5) 石灰石与煤炭一起煅烧,石灰石从煤炭中吸收燃素而变成了苛性石灰,但苛性石灰与燃素结合不很牢固,在空气中时,燃素就会慢慢地跑掉,又复原为石灰石。

$$石灰石＋煤炭＝苛性石灰＋炭灰$$

$$苛性石灰－燃素＝石灰石　　或　　石灰石＋燃素＝苛性石灰$$

(6) 金属溶解于酸,酸从金属中吸取了燃素,变成盐。

$$金属＋酸＝盐$$

铁置换溶液中铜的反应,解释为金属铁中的燃素转移到溶液里的铜中,铜重新析出。

$$Fe＋Cu^{2+}＝Fe^{2+}＋Cu$$

(7) 关于物体燃烧是否需要空气,燃素学说认为物体中含燃素越多,燃烧起来就越旺。例如油脂、炭黑、硫、磷都是富含燃素的物质;相反,石头、木灰中不含燃素,因此不会燃烧。关于煤炭、木柴燃烧为什么需要空气,燃素学说认为,这些物质在加热时,燃素不会自动分解出来,而需要外加空气将其中的燃素吸取出来,燃烧才能实现。干净的空气具有很强的吸收燃素的能力,因此助燃能力特强,不干净的空气助燃能力就差一些。

最后说一点,"燃素"的含义似乎与玻意耳的"火微粒"相像,但它们对金属煅烧过程的解释是相反的:玻意耳认为"金属＋火微粒＝煅灰";燃素学说者认为"金属－燃素＝煅灰"。所以我们说,玻意耳是"火微粒"的首创者,但不是燃素学说的发明者。

三、燃素学说的历史评价

我们从上面介绍知道,燃素学说是一个错误的理论,是一个头足颠倒的学说,但在那个时代,要结束炼金术的统治,使化学从炼金术中解放出来,燃素学说不仅是必要的,而且是起积极作用的。

(1) 燃素学说几乎解释了当时所知的绝大多数化学现象,使化学在这种理论上得到了统一,即燃素学说是化学史上第一个统一的理论。

(2) 化学是借助燃素学说从炼金术中解放出来成为一门真正科学的。

(3) 在燃素学说流行的 100 多年时间中,相信燃素学说的化学家们,由于亲身从事化学实验,因而积累了相当丰富的化学实验材料,这些材料无论对科学燃烧理论的建立,还是对近代化学的发展,都是很有价值的,因此恩格斯说:"在化学中,燃素学说经过百年的实验工作,提供了这样的一些材料,借助于这样的一些材料,拉瓦锡才能在普利斯特里制出的氧中,发现了幻想的燃素的真实对立物,推翻了全部的燃素学说。但是燃素学说者的实验结果并不因此而全部排除,相反,这些实验结果仍然存在,只是它们的公式颠倒过来,从燃素学说的语言翻译成了现在通用的化学语言,因此它们还保持着自己的有效性。"

四、燃素学说的局限性与困难

燃素学说毕竟是从炼金术和医药化学学派脱胎出来的,所以留下不少炼金术的痕迹,在炼金时代的人看来,各种实体都是由物体的基本物质(元素)和该物体所特有的"灵气"所构成的,并可以用火炼的方法使其分离,当实体被火加热时,"灵气"便从实体中逸出,很明显,燃素学说在相当大程度上继承了这种观点。这就不可避免地存在着许多固有的缺陷,特别是当这种学说遇到困难的时候,往往就又回到炼金术和医药化学那里去找寻解救的"灵丹妙药"。因此燃素学说遇到不少的困难。

1. 关于金属煅烧增重问题

燃素学说认为金属煅烧放出燃素成为煅灰,金属是煅灰和燃素合成的化合物。这就把映象当成原形,把现象当成本质,把真实的关系弄颠倒了,燃素学说难免要遇到困难。

既然金属在煅烧时要逸出燃素,那么为什么质量会增加呢? 为了说明这一点,有一个法国人,叫文耐尔(G. Venel),竟然说燃素与"灵气"一样,是有负质量的,因此金属煅烧后质量会增加。那么,为什么燃素会有负质量呢? 他认为燃素有与地心相斥的性质。另有一人,毕林古乔(V. Biringuccio)说金属失去燃素,好比活着的人失去了灵魂,就像人失去灵魂成为死尸,死尸比活人还要重那样,因此煅灰比金属还要重,这种玄而又玄的论调,又回到神学中去了。

2. 碳酸气(CO_2)的发现

碳酸气(CO_2),劳动人民很早就接触到了。例如海尔蒙特发明气体(gas)这个名词时,所描述过的"野气",就是碳酸气。在历史上,第一个用定量方法来研究碳酸气的人,是英国化学家布拉克(Joseph Black),1775 年他在煅烧石灰时,发现放出一种气体。他在石灰石煅烧前后分别称其质量,发现石灰石经煅烧后,质量减少44%,他判断这是由于有气体从中放出;他又进行石灰石与酸作用的实验,也发现放出一种气体,并用石灰水吸收该种气体,发现石灰水增加的质量与煅烧相同质量的石灰石减少的质量相等,并且这种气体使石灰水混浊,生成白色沉淀,而白色沉淀与石灰石性质相同。他认为这种气体是固定在石灰石中的,于是他就命名该气体为"固定空气"。为什么叫这个名字? 他自己解释:"我们已经命名为固定空气,这名称可能很不适合,但是我觉得用一个在哲学中常见的词,总比在对这个物质没有充分认识之前,就发明一个新名字更妥当一些。"

以后布拉克又用碳酸镁做了类似的实验,并且搞清了镁石(碳酸镁)与镁土(氧化镁)的区别,就在于"固定空气"的得失,即在镁石中含有"固定空气",失去后,就变成镁土。他还发现,苛性钠吸收了"固定空气",就变成了温和的苏打;燃烧在"固定空气"中不能继续;麻雀与小老鼠在"固定空气"中,会窒息而死。后来,他又分别从空气和天然水中找到了这种气体。由此可知布拉克对"固定空气",即 CO_2 的研究还是详细、深入的。

燃素学说认为:石灰石煅烧放出燃素变成苛性石灰,苛性石灰从苏打中吸收了燃素又变成石灰石。然而布拉克做的实验是:

石灰石－固定空气＝苛性石灰 　 ($CaCO_3 - CO_2 = CaO$)

苛性石灰＋苏打＝石灰石＋苛性碱 　 ($CaO + Na_2CO_3 = CaCO_3 + Na_2O$)

苏打－固定空气＝苛性碱 　 ($Na_2CO_3 - CO_2 = Na_2O$)

布拉克判断:石灰石煅烧失重变成苛性石灰;苏打变成苛性碱都是由于失去"固定空气"的缘故,"固定空气"是有质量的,而与吸收不吸收燃素没有丝毫的关系。因此,他否定了燃素学说,这是对燃素学说一次有力的批判。

3. 燃素真的找到了吗

氢气被燃素学说的推崇者们说成是燃素。对于氢气,人们很早就注意到了,早在 16 世纪,瑞士著名的医生帕拉塞斯曾经指出:"把铁屑投在硫酸里,有气体放出来,这种气体像旋风一样腾空而起。"说的显然是氢气。17 世纪海尔蒙特也接触过氢气,玻意耳还收集过氢气。但是,他们都是燃素学说的信徒,不相信各种气体在本质上与空气有什么不同,所以得到氢气也没有引起他们特别的兴趣。

在历史上,最先收集到氢气并仔细加以研究的人,是英国物理学家和化学家卡文迪什(H. Cavendish)。他在《关于人造空气的实验》论文中,除了提到碳酸气外,还讲到另外一种气体,就是氢气。他用金属铁与稀硫酸作用,发现放出一种气体,用排水集气法收集到这种气体,并进行研究,他发现这种气体与空气混合后,一遇到火星就会火光一闪,发出强烈的爆鸣声。于是,他意识到这种气体不是空气的变态,而与已知的气体不同,他称之为"可燃空气"。

这种可燃空气是从哪里来的呢? 它是存在于金属中,还是存在于酸中? 他仔细研究实验,发现用一定量的锌或铁,投入充足的但不同量的盐酸或稀硫酸中,所产生的气体量总是一定的,就是说,它与酸的种类无关,与酸的浓度也无关,那与什么有关呢? 经过一番推理后,卡文迪什得出结论:"可燃空气存在于金属中,是被酸赶了出来的。"卡文迪什是燃素学说的忠诚信徒,燃素学说认为金属中含有燃素,金属溶解于酸时,会把所含的燃素释放出来。因此这种"可燃空气"就是燃素。因此他曾惊奇地宣布:"我找到燃素了。"他认为氢气就是燃素,既然"可燃气体"是燃素了,那就要证明有负质量才行。他把氢气充到一个猪膀胱中,这个"气球"就徐徐上升,燃素真的有"负质量"了。

但是,卡文迪什毕竟是一位非常卓越的研究家,后来通过精确的实验,弄清了空气的浮力问题,并用实验证明了氢气有质量,只是比空气轻得多,只有空气的9%。"燃素"有质量了,并非是负质量,这再一次动摇了燃素学说。

卡文迪什还用不同比例的"可燃空气"与空气混合点燃实验,并确认生成的露滴是水,说明氢是水的一部分,后来氧气发现了,他又用纯氧气和氢气混合做实验,不仅证明了氢气与氧气化合生成水,而且定量研究发现,2体积的氢气与1体积的氧气恰好生成1体积的水蒸气。这一结果意味着水是氢与氧的化合物,不是元素。但是,卡文迪什拒绝接受这种见解,死抱着燃素学说不放,还认为水是一种元素,而把氧气说成是失去燃素的水,氢是燃素。实验做对了,但他由于思想保守,不愿意接受新概念,不能得出科学的理论,让真理从手中跑掉。后来,直到拉瓦锡才纠正了这种错误的见解。

思 考 题

1. 燃素学说的主要内容是什么?

2. 燃素学说是如何解释物质燃烧时需要空气的?

3. 燃素学说在化学史上的积极作用是什么?

4. 碳酸气是哪一个化学家第一个进行定量研究的? 他是如何制得碳酸气的?

5. 燃素学说的推崇者把什么物质看成燃素? 它是由哪个化学家、用什么办法制备出来的?

第三节　氧的发现与科学燃烧学说的建立

燃素学说虽然解释了不少化学变化的现象，但是在对一些化学变化的解释上遇到了困难。解释不了时，又给它加上一些臆想出来的东西，当然经不起进一步实验的检验，虽然经过很多人的多方面探索，还是没有人得到真正的燃素。特别是人们对化学反应进行更多的定量研究之后，越来越使燃素学说陷入无法克服的困境，到了 18 世纪中期，氧气被发现了，燃烧的本质终于被揭示了出来，从而也宣告了燃素学说的破产。

一、中国人是否最先发现了氧气

19 世纪时，德国化学家朱利斯·克拉普罗特(H. J. Klaproth)曾认真研读过中国古典著作，1810 年(清嘉庆十五年)他在《彼得堡科学院院刊》上发表了题为《论第 8 世纪时中国人的化学知识》(法文)的论文(图 2.2)，介绍了他见过的一部古老的中国著作，该书 68 页，是中文手抄本，书名叫《平龙认》，作者是 Maó-hhóa (法文拼音)，中文名叫马和，书中介绍了发现氧气的情况。

SUR LES CONNOISSANCES CHIMIQUES DES CHINOIS

DANS LE VIIIme SIÈCLE

PAR

JULES KLAPROTH.

Présenté à la Conférence le 1. Avril 1807.

Comme nous avons si peu de notions exactes sur l'état de la Chimie des Anciens, et principalement chez les peuples asiatiques, il me semble que les extraits suivants, tirés d'un livre Chinois, qui traite de cette science, pouroient offrir quelqu'interêt; car ils font voir que ce peuple a eu, il y a déja plusieurs siècles, des notions quoique inexactes sur les effets de l'oxigène.

Parmi les manuscrits raportés de la Chine par feu Mr. *Bournon*, se trouve une petite collection d'expériences chimiques et métallurgiques, dont j'ai copié en 1802 les passages les plus interessantes.

Cet ouvrage consiste en 68 feuilles écrites assez serrées, et porte le titré:

認龍平

介紹"平龙認"法文論文第一頁。("平龙認"三字是根据論文原文照相制版，并不代表手抄本中的書法)

Après avoir donc ainsi exposé le principe du systéme de Maô-hhôa, je passe à l'extrait de son ouvrage, auquel je joins de courtes explications:

Pinn-lounn-jine Chap. III.

Atmosphere ou Hhiã-chenn-ki.

Ce Hhiã-chenn-ki est le ki qui se répose sur la surface de la terre, et qui s'éleve jusqu'aux nuages. Quand la proportion de l'Yne, qui fait partie de sa composition, est trop grande, il n'est pas si parfait (ou plein) que le ki au delà des nuages. Nous pouvons sentir le Hhiã-chenn-ki par les sens du toucher, mais le feu élémentair dont il est mèlé le rend invisible à nos yeux. Il y a plusieurs moyens qui le purifient et qui lui ôtent une partie de son Yne. Cela se fait d'abord par des choses qui sont des modifications du Yinn, tels que les métaux, le soufre (Lieôu-hhouâng) et le Tine ou charbon. Ces ingrediens quand on les brule s'amalgament le Yinn de l'air et donnent de nouvelles combinaisons des deux principes fondamentaux.

Le Ký-yne ou l'Yne de l'air ne se trouve jamais pur; mais à l'aide du feu on le peut extraire du Tchîne-chê, du Hhô-siáo (salpétre) et de la pierre qu'on apelle Hhê-tsîng-chê. — Il entre aussi dans la compo-

介紹"平龙認"中陰气的法文論文之一頁。(这里介紹了"平龙認"第三卷的主要內容)

图 2.2　克拉普罗特论文(部分)

克拉普罗特文章的部分译文如下："有趣的是,在8世纪时中国学者马和的著作中就已明确地指出了空气组成的复杂性,大气是由复杂成分组成的,主要分为两种:一种是阳气(氮气);另一种是阴气(氧气),阴气可以被硫黄、木炭吸收,除去阴气的空气就变得纯净稳定。有许多方法可以使这两种成分分开,阴气(O_2)永不纯净,但通过加热,可以从硝石、黑塘石、青石中提取,水中亦有阴气。并发现了燃烧的假说,这假说实质上和近代理论非常相似。"他由此得出结论,氧气是中国人在8世纪首先发现的。克拉普罗特还曾到俄国的圣彼得堡宣读过他的论文,引起了西方的震惊。

化学史上对这篇论文反应不一,不少人也引用过,给予承认,但也有些人持否定态度。目前《平龙认》这本书在国内没有发现,对于这本书的真伪也有不同的看法。由于克拉普罗特的文章是中国人马和发现氧的唯一证据,因此还不能说中国人最早发现了氧气。目前这个问题成了一件悬案,称为"克拉普罗特之谜"。中外化学史工作者,特别是中国化学史工作者,都在继续进行研究,把其中蕴藏的信息尽可能多地挖掘出来,最重要的是能找到原始资料《平龙认》,这一手抄本可能在国外,最大可能在法国或俄国,我们应当努力去寻找。另外,国内要更多地收集与《平龙认》有关的资料,考古发掘工作也要结合起来。如果真是马和在8世纪就发现了氧气,那就要比欧洲人早1 000多年。

二、舍勒制得氧气

卡尔·威廉·舍勒(C. W. Scheele,1742~1786,图2.3)是18世纪中期到18世纪后期欧洲相当出名的科学家,于1742年12月9日出生在瑞典的斯特拉斯特,兄弟姊妹11人,他排行第7。因家境困苦,所以舍勒14岁就当了药店学徒,他在药店一边学习药学知识,一边做化学实验,并且熟读了当时能找到的化学著作。他记忆力非凡,只要是有关化学的知识,他读一两遍就能牢牢记住。舍勒是一个笃学慎思的人,对化学有着执着的追求,他说,"化学这种尊贵的学问,是我一生的目标。""为了解释新的现象,我会忘却一切的一切,因为假使能达到最后的目的,那么这种研究是何等愉快,这种愉快是从心里涌现出来的。"1776年,古平镇一家药店的主人波尔去世,波尔的遗孀不懂药店业务,不善经营,已经负债颇巨。当时舍勒34岁,波尔的遗孀,年轻美貌的波尔夫人只有28岁,她早就知道舍勒的大名,就写信请他到古平镇主持药店,她在信中诚恳地谈了自己的苦闷和困难,措辞诚挚热情,使舍勒无法拒绝。舍勒到来后,用他娴熟的业务整顿药店,很快药店就发达起来,

图2.3 舍勒

获利数万。1783 年,舍勒的名声已经传遍全欧洲,到他药店买药求医的人经常排着长队。1786 年 5 月,他由于终年劳累,觉得自己快不久于人世了,决定和波尔夫人正式结婚,使波尔夫人变成了舍勒夫人。5 月 19 日结婚,5 月 21 日舍勒就去世了,终年只有 44 岁。这位伟大人物的去世,给科学界造成了巨大的损失。他死后,瑞典科学院为舍勒铸造了一座铜像,矗立在斯德哥尔摩广场上,人们永远怀念这位逝去的化学家。

舍勒在 1773 年首先发现了氧气,他发现氧气比英国人普利斯特里(1774 年 8 月 1 日)早一年,他的成果于 1773 年写成书,送去出版,但不知什么原因,出版商把它积压下来,直到 1777 年才出版,因此没有得到"第一个发现氧气的人"这一荣誉。

舍勒做了大量的化学实验,他发明的化合物之多,在 18 世纪几乎是史无前例的。他研究了酒石酸、焦酒石酸以及二氧化锰,发现了氯气,制成了锰的许多化合物,从尿中第一次得到了尿酸,他首先制成了乙醚,从骨灰中发现了磷,他还发现了氢氟酸,等等。舍勒在化学实验工作方面,做得非常广泛,他的很多实验,今天的中学生都懂得并且能够做出来。

1773 年,舍勒用下面的方法制得氧气,他把氧气称为"火气"(fire air)。

(1) 加热硝酸盐[KNO_3、$Mg(NO_3)_2$],加热氧化汞,加热碳酸盐(Ag_2CO_3、$HgCO_3$),都可得到"火气"。不过加热碳酸盐的同时还要放出碳酸气,他用苛性碱把碳酸气除去得到"火气"。

(2) 用黑锰矿(MnO_2)与浓硫酸或浓砷酸混合,一起加热蒸馏得到"火气"。舍勒用实验证明,这种"火气"也存在于空气中,从空气中除去它,剩下的就是"浊气"(N_2)。他还发现一些物体在这种气体中,或在普通空气中燃烧后,这种气体便消失了。在这里他已经接触到了燃烧的本质,遗憾的是,他崇拜燃素学说,死抱着教条不放,认为燃烧是空气中的这种"火气"与物体中燃素结合的过程,火是"火气"与燃素生成的化合物,而未能对燃烧现象做出正确的解释。

三、普利斯特里发现氧气

在化学史上,名字最响的学者要数普利斯特里了,不但在所有的普通化学教科书上都提到了他的大名,而且美国化学会就以能获得普利斯特里奖章为最高荣誉。在英国的利兹(Leeds),还有他的全身塑像,作为永久的纪念。

普利斯特里(J. Priestley,1733~1804,图 2.4)1733 年 3 月 13 日生于英国的利兹城,他的家族都说他出生的时辰很不吉利。普利斯特里 6 岁时,母亲就去世了,由姑母扶养。17 岁被送到非国家教派学院,

图 2.4　普利斯特里

学习 3 年,毕业后为教会服务,成为一个牧师,但他对宗教事务一点兴趣也没有。他利用教学之余,独立从事自然科学研究,用微薄的工资购买了各种实验仪器,在既是宿舍又是实验室的房间里研究化学。首先,他从隔壁的酿酒厂中收集酿酒的废气,独立进行研究,发现了二氧化碳气体,当时把这种气体叫"固定空气",他研究发现,这种气体一旦溶入水中,水的滋味即异常可口,饮用以后,可以清神解暑,他经常把这种清凉饮料分赠他的朋友。在这里,普利斯特里实际上是发明了汽水,他为人类创造了一种长盛不衰的饮料。普利斯特里为人正直,学识渊博,因而在学术界享有很高的威望。1780 年前后,他曾在伯明翰和瓦特、威克伍德、达尔文爵士等人组成了一个学术团体,叫做"圆月社",共同讨论学术问题。规定每月月圆后的第一个星期一晚上大家聚会,每人讲一个月来的学术进展或读书心得,边讲边进冷餐,夜深散会以后,社员们踏着月光回家。

普利斯特里的思想在当时相当激进,具有民主思想,同情受压迫的人民,他对美国和法国革命党人的艰苦斗争深表同情,曾作了好几次宣传革命的演讲,为此他得罪了英国保守派的组织,在 1791 年 7 月 14 日,普利斯特里组织圆月社人员纪念法国大革命两周年时,遭到保守派的突然袭击,他的实验室中的所有仪器全部被毁,他的住宅和图书也被焚烧。普利斯特里和他的家人在朋友的帮助下,才幸而逃过劫难,几经周折,于 1793 年移居美国。到美国后,受到美国政府和科学界的欢迎,成了美国的公民。1804 年 2 月 6 日,71 岁的普利斯特里病故。1874 年,在氧气被发现 100 周年之际,美国人为普利斯特里在伯明翰建立了铜像,这一天还成立了美国化学学会。现在他在美国住过的房子成了博物馆,是化学界的一处名胜古迹。

普利斯特里是这样发现氧气的:1774 年 8 月 1 日,他利用一个直径为 1 英尺(30.4 厘米)的聚光镜来加热水银灰(HgO),目的是想检查光对水银灰所起的作用,他怀疑燃素是一种光。他在一只大玻璃瓶底部放了厚厚一层水银灰粉末,把透镜聚焦的阳光投射到水银灰上,光线照在粉末上形成耀眼的光斑,普利斯特里细心地观察着它,突然发现一种奇怪的现象,粉末微微地颤动、腾跃,好像有人在向它吹气,数分钟后,在光照的地方首先出现了小水银珠。这时他非常兴奋,简直是想入非非了,"看来光是燃素,也许燃素还留在玻璃瓶里"。为了证实他的想法,他把点燃的木条放入玻璃瓶内,如果玻璃瓶内真的充满了燃素,那么火焰就要熄灭,因为按燃素理论,瓶子内充满了燃素,就不能把木条中的燃素再吸出来,因此木柴的火焰就要熄灭。但结果完全出乎他的预料,木条在这种气体中,不但没有熄灭,反而燃烧得更旺,简直是火焰刺目。虽然看的现象与预料相反,他却没有怀疑燃素学说。"这是一种新的空气。"他后来用排水集气法在水面上收集了这种气体,并进行研究。因为这种气体助燃能力强,他称之为"脱燃素空气"。

下面我们摘抄一点普利斯特里当时的实验记录:"我把老鼠放在'脱燃素空气'里,发现它们过得非常舒服后,我自己也受好奇心驱使,亲自加以实验(闻气),我想读者是不会觉得惊异的,我自己试验时,是用玻璃管从放满这种气体的大瓶里吸取的，当时我的肺部所得到的感觉和平时吸入普通空气一样；但自从吸入这种气体以后，经过好长时间，身心一直觉得十分轻快舒畅。有谁能说出这种气体将来不会变成时髦的通用品呢？不过，现在只有两只老鼠和我，才有享受这种气体的权利罢了。"他的实验观察记录是多么好。

但是，由于他是一个顽固的燃素学说信徒，即使经过以上的实验，他仍认为空气是单一的气体，助燃能力之所以不同，其区别仅在于燃素的含量不同；从水银灰中分解出来的，是新鲜的、一点燃素都没有的空气，所以吸收燃素的能力特别强，助燃能力格外大。而寻常的大气，由于经过动物的呼吸，植物的燃烧和腐烂，已经吸收了不少燃素，所以助燃能力就比较差，一旦空气被燃素所饱和，那么就不能再助燃。

普利斯特里制得氧气后，就陪同舍尔伯恩勋爵到欧洲去旅行。在法国的巴黎，他会见了法国的化学家拉瓦锡，他告诉了拉瓦锡，他是怎样制得"脱燃素的空气"的，在关键时候支持了拉瓦锡，后来拉瓦锡提出了正确的燃烧氧化理论。当人们普遍认为拉瓦锡的理论是正确的时候，普利斯特里却不接受，并且写文章反对拉瓦锡。他只相信燃素学说，而不相信氧化学说。这是化学史上很有趣的事实，一位发现氧气的人，反而成了反对氧化学说的人。对燃素学说的盲目信仰使普利斯特里上了当，所以美国科学史家韦克思说："普利斯特里是氧的父亲，但他至死也不承认自己的亲生儿女。"

由上所知，舍勒和普利斯特里虽然都独立地发现并制得氧气，但由于他们被传统的燃素学说束缚，"从歪曲的、错误的前提出发，循着错误的、弯曲的、不可靠的途径行进，往往当真理碰到鼻尖的时候还是没有得到真理。"（恩格斯《自然辩证法》）结果，"这种本来可以推翻全部燃素学说的观点，并使化学发生革命的元素，在他们手中却没有结出果实"（马克思《资本论》）。不久后，打开这个真理大门的钥匙，被法国伟大的化学家拉瓦锡找到了。

四、科学燃烧学说的建立

科学燃烧学说也就是氧化理论，是法国伟大的化学家拉瓦锡在 1777 年创立的。从此以后，化学科学割断了与古代炼金术所保留的联系，能够按照物质的本来面目去进行研究，开始蓬勃地发展起来了。

1. 拉瓦锡的生平

安东尼·拉瓦锡（A. L. Lavoisier，1743～1794，图 2.5）是法国巴黎一位律师的儿子，从小就受到良好的教育。1761 年夏天，他跟随法国的著名矿物学家格塔尔（Guettard）到山区参加绘制法国地质图的活动，那些五光十色的矿物使年仅 17 岁的拉瓦锡着了迷，从此他便醉心于地质学和化学。他 18 岁考入大学，主要学习法律，两年就攻读完大学所有的课程并获学士学位。毕业后，他父亲把他安排在自己的律师事务所，但拉瓦锡对这一工作毫无兴趣，他认为法律在调节社会和人们的关系中起不到什么作用,因为它处处受到权力的干扰,特权比比皆是。所以,他虽然每天都在律师事务所里呆坐着,但是下班后就匆匆跑回家做化学实验。

1763 年,他 20 岁时,当时法国首都巴黎的照明问题成了人们关注的中心,全城都在议论这一个问题。因为一到夜晚,大街上就一片漆黑,在城里行走是危险的。科学院做出决定,悬赏"解决大城市的照明问题",拉瓦锡决定试试自己的能力,参加了竞赛,他提的报告虽然没有获奖,但引起了科学家的注意,拉瓦锡极其清楚地剖析和阐明了这个问题,提出了有深刻意义的理论和把理论运用于实际的设想。为此科学院一致通过决议,在科学院的杂志上发表这个报告,并授予他金质奖章。从此以后,他决定放弃律师的职业,献身于化学的研究工作。

图 2.5　拉瓦锡

做化学实验,进行化学研究,需要大量的钱,拉瓦锡为了筹措科研经费,参加了"包税公司"。当时法国的包税公司是这样的:政府每年都要向地方或行业征收一定数额的税收,为了方便,政府可以把税收包给某些人,这些人先向政府交足税额,然后再根据规定去征收。例如,包税公司可代某地区交 100 万法郎的税,然后再向民间征 120 万法郎,从中赚 20 万法郎。拉瓦锡为了得到更多的钱搞实验,便向他父亲借了一大笔钱参加了包税公司。以后 3 年多,他走遍了法国各地区,写报告,编制收支表,他是包税公司活动力最强的成员之一。拉瓦锡用挣得的钱装置了一所设备齐全的实验室,然而,后来拉瓦锡也因参加包税公司这件事,被送上了断头台。

1771 年,拉瓦锡结了婚,他当时 28 岁,妻子只有 14 岁,他们虽未生孩子,但生活得非常愉快。妻子不但学会了做拉瓦锡的助手,而且在拉瓦锡的著作里,很多插图都是她画的。拉瓦锡是个十分努力工作的人,每天 6 点钟就起来,从 6 点钟到 8 点钟是他研究工作的时间,8 点以后,从事火药局工作(1775 年他担任了皇家火药局局长)或者到巴黎科学院工作,一直到下午,晚上 7 点钟到 10 点钟,他又专门从事科学研究,星期日的时间,他也做科学实验。

在法国大革命时,他曾被选为巴黎公社的委员。可是过了不久,法国大革命掌权的人认为他曾是皇家科学院的财务主任,就把他免了职。1793 年 11 月,又因为他参加过包税公司,是征税官而被逮捕。被捕后,他曾要求:"情愿被剥夺一切,只要让我做一名普通的药剂师,做一点化学实验就心满意足了。"但未获批准,他被法庭判为死罪。他又恳求缓刑两个星期,让他做完正在进行的一项化学实验。1794 年 5 月 8 日下午,他被送上了断头台。"砍下拉瓦锡的头只需一息的工夫,但是要产生这样一个头颅,则非一百年以内能成功的。"英国科学史家评论此事时说:"法国人砍下了自己民族最聪明的头脑,也毁掉了科学上最美的花朵。"拉瓦锡被杀害时,年仅 51 岁,正当科学研究的大好年华。这件事引起世界科学界的震惊,也使很多清醒而有良知的政治家感到震惊,他们纷纷谴责法国革命委员会的做法。狂热过去以后,在人民的努力下,拉瓦锡的冤案终于被平反了,还给他立了碑和塑像。1915 年,在旧金山的世界博览会上,法国人把拉瓦锡的铜像送去展览,这也许是代表一个民族对杀害科学家的反思和忏悔吧。

2. 拉瓦锡创立科学燃烧学说

拉瓦锡把大量的精确的实验材料联系起来,并且摆脱了传统思想的束缚,作了科学的分析判断之后,终于找出了燃素学说错误的根源,揭示了燃烧和空气的真实联系。

拉瓦锡研究工作的特点在于系统的定量性:他经常使用天平。应用定量分析方法的依据是物质不灭定律或叫质量守恒定律,对于这个物理学的重要定律,除了拉瓦锡发现外,俄国的科学家罗蒙诺索夫也单独发现了这个定律。

1772 年,29 岁的拉瓦锡由于对天然水的研究卓有成果而当选为法国科学院院士。当时,由于燃素学说解释不了一些化学现象,拉瓦锡对燃素学说持怀疑态度。"燃素具有负质量"的说法让拉瓦锡实在难以接受,他常常为这个课题与朋友们进行激烈争论。他在这年 2 月,读到达尔塞的一篇研究报告,其中谈到高温下燃烧炽热的金刚石,金刚石会消失得无影无踪,连一点灰也不残留下来。拉瓦锡认为一定是周围的环境起了作用,于是他要看看"在没有空气的条件下加热金刚石会发生什么结果"。他和同事们在几块金刚石外面用调成糊状的石墨厚厚地裹上一层,再把这些乌黑的"圆球"放在烈火上烧得通红,几小时后,等圆球冷却了,剥掉石墨外衣,里面的金刚石竟然完好无损。拉瓦锡琢磨着:"金刚石莫名其妙地失踪看来与空气有关,莫非它和空气发生化合作用了?"他的想法与燃素学说截然相反,燃素学说认为金刚石燃烧时放出燃素。他认为这项发现太不寻常,于是丢开了其他事情,专心来研究。为了验证他的想法——燃烧是物质与空气发生了化合,他在干净的玻璃罩内燃烧白磷,然后把生成的白烟雾全部收集起来,称量其质量,发现烟雾比当初使用的白磷更重一些。这时他才比较有把握地认为:"磷和空气发生了化合。"

他又研究白磷燃烧过程中空气还发生了什么变化。这是他比玻意耳高明的地方。他把盛有白磷的小盘子放在浮于水面的小木块上,再用烧红的铁丝把磷点燃,立即罩上玻璃罩,罩里慢慢地弥漫起白色浓烟,燃烧的白磷很快熄灭,罩里的水面上升了,但是没有上升到顶。拉瓦锡认为可能是用的磷太少了,以至罩里的空气不能和磷全部化合。于是他又使用了多一倍的白磷来重复实验,但是出乎意料,结果还是一样,水面仍然上升到上一次的位置。实验重复了 10 次,结果都一样。这时拉瓦锡醒悟了:"原来只有五分之一的空气能与磷化合。难道空气是一种混合气体?"于是他又用硫黄来做实验,同样证实燃烧过程中只消耗了五分之一的空气。

为了进一步证明他的观点,拉瓦锡着手重复前人煅烧金属的实验。金属煅烧变成了金属灰,金属灰再和木炭一起加热,又复活变成了金属,这是前人早已熟知的事实。可是拉瓦锡比前人更仔细,他注意到在后一过程中,即金属灰与木炭一起加热时,放出一种气体,这种气体正是布拉克所说的"固定空气",就是木炭在空气中燃烧所生成的那种气体。这种气体能使石灰水混浊,动物在其中不能活命。到这时,拉瓦锡更清楚了:"燃烧作用是空气中的某种气体与之化合的过程。"拉瓦锡就暂时称这种空气为"有用空气"。

拉瓦锡很谨慎,不肯贸然做出结论。1774年,他决定用天平来重做当年玻意耳的煅烧金属的实验。他先把经过称重的铅和锡等分别放在曲颈瓶中,密封后称金属与瓶子的总质量。然后从曲颈瓶下面用大火加热煅烧,待瓶中金属成为金属灰后,停止加热,让其冷却下来,再称其总质量,发现质量没有任何改变,说明金属的增重并非来自火中的"火微粒",亦非来自瓶外的任何物质。这个实验结果,有根据地否定了"火微粒",否定了玻意耳认为金属灰的增重来自火,这个实验也证实了物质不灭定律。那么,瓶中金属灰的增重,不是来自瓶外,肯定是来自瓶内,而瓶里除金属外就是空气,因此可以确定,是金属结合了部分空气而增重的。在拉瓦锡打开了瓶塞后,听到"嘶"的一声,外面的空气冲到瓶里,再称量,质量增加了,称量出增加的质量(即补入空气的质量)。他把曲颈瓶中的金属灰倒出来再进行称重比较,发现金属灰的增重与冲入瓶中空气的质量恰恰相等(估计拉瓦锡当时用的天平精确度不高,氧气的密度是稍大于空气的,冲进瓶中的空气应稍轻于被金属结合的氧气,拉瓦锡当时没有察觉以,认为是"恰恰相等")。拉瓦锡这时确信空气是由两部分组成的混合物,一部分可以维持燃烧,燃烧时,它与金属化合,因此煅灰比金属重;另一部分不能维持燃烧,动物在其中会窒息而死。能够维持燃烧的气体,拉瓦锡开始称之为"有用空气",也有翻译叫"好气"的。这样拉瓦锡就发现了新的燃烧理论。

这时候的拉瓦锡,多么想能从金属灰中提取出纯的"有用空气",如果真的能从金属煅灰中取得"有用空气",那么他的理论就更加无懈可击了。他用铁灰加热进行实验,没有分解出"有用空气",同样他用锡灰、铅灰加热,也都没有获得成功。正当拉瓦锡遇到困难的时候,这年10月(即1774年10月),普利斯特里陪同舍尔伯恩勋爵访问巴黎。我们知道,普利斯特里在当年8月1日用聚光镜分解汞灰已经制得了氧气,他称之为"脱燃素空气"。普利斯特里访问了法国科学院,好客的拉瓦锡热情地接待了他,在宴会上,普利斯特里兴奋地向主人们谈到他在8月1日时,用聚光镜加热汞灰得到了"脱燃素空气"的有趣实验,并且还讲到该气体的一些有趣性质,拉瓦锡听了这个消息,非常惊奇,如获至宝,这正是他梦寐以求的"有用空气"。送走客人后,他就立即重复了普利斯特里的实验,从汞灰中分解了普利斯特里所称的"脱燃素空气",这种气体比空气助燃能力更强,与金属很容易化合,这正是他所期望得到的"有用空气"。到这时,拉瓦锡十分坚信没有什么"燃素"这个东西存在,可燃物质的燃烧或金属变为煅灰并不是分解反应,而是与"有用空气"相化合的反应。

1775年,法国火药硝石管理局聘请拉瓦锡担任经理。在那里他研究了制造火药的各种原料,不仅证实了硝酸和硝石中都含"有用空气",而且发现磷、硫、炭燃烧后生成的产物具有酸性,于是他认为"酸中全含有这种气体元素"。1777年,他便正式把这种气体命名为"Oxygene",英文为Oxygen,中文为氧,意思是"成酸的元素"。日文利用原意,翻译成"酸素"。附带说一句,中文氧气的命名也有多次变化,最早出现在英国人合信(Benjamin Hobson)所写的《博物新编》书中,该书在1855年出版,用了养气(又名生气)一词,后来到了1920年,郑长文在商务印书馆担任编辑的时候,用的是气字头下加个养字。到1928年,中国化学会讨论决定,才开始用现在这个"氧"字。

拉瓦锡对自己的这个革命性理论——科学燃烧学说持严肃谨慎的态度,从1772年到1777年的5年中,他又做了大量的燃烧实验,例如磷、硫黄、木炭的燃烧,锡、铅、铁煅烧,又将红铅(Pb_3O_4)、红色氧化汞(HgO)、硝石加强热,使之分解出氧气,还做了许多有机化合物的燃烧实验,并且对燃烧后的产物以及剩余的气体一一加以研究,最后对这些实验结果进行综合、归纳和分析,在1777年才正式向法国巴黎科学院提出一篇题目为《燃烧概论》的报告,全面阐述了燃烧作用的氧化学说,其要点如下:

(1) 能燃烧时放出光和热。

(2) 物体只有在氧存在时才能燃烧。

(3) 空气是由两种成分组成的,物质在空气中燃烧时,吸收了其中的氧,因而增重,所增加的质量恰等于所吸收的氧气质量。

(4) 一般的易燃物质(非金属),燃烧后通常变为酸,氧是酸的本质,一切酸中都含有氧元素;而金属煅烧后即变为煅灰,它们是金属的氧化物。

在这里,拉瓦锡认为一切酸中均含有氧元素,这是不对的。这一错误对以后氯气的发现阻碍很大,我们以后再讲。

1782年,英国的物理与化学家布莱格登(Blagden)来到法国,他是英国大化学家卡文迪什的助手。卡文迪什是自称找到燃素的人,用金属与酸作用制得氢气,并称之为"可燃空气"。他的助手布莱格登在法国时,把"可燃空气"与空气混合点燃,爆鸣后生成水的实验结果告诉了拉瓦锡,拉瓦锡感到这是一个惊人的发现,因为他一直以为水是一种元素。素有刻苦研究精神的拉瓦锡又开始致力于水的研究。他用收集到的氧气与"可燃空气"混合,点燃后的确得到了纯净的水。为了慎重起见,他又把"可燃空气"通过分别装有氧化铜和红铅(Pb_3O_4)的炽热管子,发现从管子的另一头冒出来的气体冷凝成了水。但他仍不放心,他想,如果把水中的氧除掉,应该得到"可燃空气",也就是要分解水。他反复地做了很多实验,失败许多次,最后,他终于成功了。他把水流一点一点地通过烧得通红的铁管,果然使水分解了,在管子一端收集到"可燃空气",而在铁管的内壁上析出了亮晶晶的黑色磁性氧化铁。兴奋的拉瓦锡把"可燃空气"命名为"Hydrogene",英文为Hydrogen,中文为氢气,是来自水的意思,日文是"水素"。拉瓦锡还运用这种方法制备大量氢气来充气球。1785 年他在兵工厂里做了这个实验,请了很多人去参观,人们才相信水不是元素。从此以后,燃烧的氧化学说被举世公认了。

3. 关于氧气发现权问题

拉瓦锡在谈到氧气时,说道:"这种气体,普利斯特里先生、舍勒先生和我大约同时发现。"拉瓦锡说他与普利斯特里、舍勒同时发现氧气,这是不对的。普利斯特里听到后说,是他告诉拉瓦锡加热红色汞灰(氧化汞)制得氧气的,同时他承认舍勒与他的研究工作是各自独立进行的,而拉瓦锡没资格说他发现了氧气。事实也是这样,舍勒是加热硝酸盐制得氧气的,比普利斯特里还早一年。而普利斯特里是在不知舍勒发现氧气的情况下单独用聚光镜加热氧化汞得到氧气的,拉瓦锡是听了普利斯特里的介绍才制得氧气的,确实无资格说自己发现了氧气。但是,他是对这个实验结果做出正确理解的第一个人。他理解氧作为一种元素的真正本性,并通过精巧的实验,建立起燃烧和金属焙烧的正确化学理论。

关于氧气的发现权问题,还有 2 个:一是中国的马和发现氧气之谜还未解出,那是 8 世纪的事;二是 17 世纪初莱贝尔(C. J. Drebbel)也发现了氧气,并且他发现的氧气在潜水艇中使用过,但他的发现因当时秘而不宣,所以对后来的研究没有发生影响。综合上面情况,目前氧气的发现权一般都归于普利斯特里。

4. 科学燃烧理论——氧化学说建立的历史意义

这个学说的建立,把人们长久未解决的燃烧的秘密揭开了,于是人们知道了氧气是具有确定性质、可度量、可采集的气体,与所谓的"燃素"之间毫无共同之处,因而统治了 100 多年的燃素学说遭到彻底的破产,从此化学割断了与古代炼金术所保留的联系,把倒立着的燃素学说矫正了过来,使化学走上了正确的道路,科学史家把这一事件称为"拉瓦锡的化学革命"。

无产阶级革命导师恩格斯对氧化学说的建立给予很高的评价,他指出,拉瓦锡"在普利斯特里制出氧气中发现了幻想燃素的真实对立物,因而推翻了全部的燃素说",并且还指出,拉瓦锡提出了燃烧的氧化学说,使过去在燃素学说形式上倒立着的全部化学正立过来了,并把燃素学说之于氧化学说,与黑格尔辩证法之于马克思主义辩证法相比拟。

当然,拉瓦锡的燃烧理论也有不足之处:

(1) 他认为一切酸中都含有氧,这是不对的。

(2) 这个氧化理论是以氧为主的,对无氧的氧化反应,就无法解释了。

五、拉瓦锡为什么能推翻燃素学说建立科学的燃烧理论

综观拉瓦锡的一生,拉瓦锡没有发现过新物质,没有设计过最新的仪器,也没有改进过物质制备方法,他本质上是一个理论家。他的伟大功绩在于:能够把别人完成的实验工作承接下来,并用自己的定量实验来补充、加强,通过严格的合乎逻

辑的推理,对所得实验结果做出正确解释。

有的人说得好:"在科学方面,拉瓦锡虽然是一个伟大的建筑师,但他在采石场的劳动却是很少的,他的材料大都是别人整理出来的,而他是不经过劳动获得的,他的技巧就表现在把它们编排和组织起来。"拉瓦锡正是这样,他把布拉克、普利斯特里、卡文迪什等人的工作延续下来,并对他们的实验结果予以正确的解释。

为什么布拉克、卡文迪什、普利斯特里、舍勒等人都接触到燃烧的本质,有的还制得了氧气,却不能得出正确的燃烧理论呢? 而拉瓦锡并没有发现新物质,只是重做别人的实验,却能建立科学的燃烧学说,讨论这个问题是很有意义的。

拉瓦锡推翻燃素学说,建立科学燃烧学说有一定的客观条件和主观因素。

客观条件:燃素学说统治了100多年,这100多年来科学技术不断前进,燃素学说已经四处碰壁,像金属增重、碳酸气的发现,特别是氧气的发现,对这些化学变化,燃素说已经无能为力,解释不了这些化学现象,已经到了理屈词穷的境地,特别是氧气的性质及其与燃烧不可分割的联系的发现。另外,前人和同时代的人的大量研究结果给了拉瓦锡相当充分的启示,并且在关键时刻普利斯特里又告诉了他制得氧气的方法,这些都是他建立燃烧理论的客观条件。

主观因素:拉瓦锡能坚持唯物主义观点,尊重实验,特别是其精确定量实验的研究。他曾说:"假如有燃素这样的东西,我们就要把它提取出来看看,假如的确有的话,在我的天平上,就一定能察觉出来。"重视实验,尊重实验结果,是化学工作者的美德,也是坚持唯物主义、实事求是的表现。

另一方面,拉瓦锡重视理论思维,能通过现象看本质,敢于反对旧的传统观念。拉瓦锡的理论思维主要是创造性思维。其表现为:

(1)敏感性。体现在拉瓦锡非凡的直觉能力和敏锐的洞察力上。对于燃素学说解释不了为什么金属在煅烧中释放出燃素后质量反而增加的现象,拉瓦锡敏锐地看出了燃素学说的破绽,并且预感到:"这注定要在物理学和化学上引起一次革命"。

(2)灵活性。拉瓦锡研究氧化现象的实验手段和探索思路都反映了其思维的顺序灵活性和自发灵活性。顺序灵活性表现在他继承先驱者的合理思想而又不受传统观念的束缚。例如,玻意耳很早就猜想空气中有某种与燃烧密切相关的物质,认为没有空气,火焰或燃烧着的火哪怕维持一点点时间也是困难的,他怀疑空气中存在着一种奇怪的物质。可是他的思维受陈腐的"四元素说"束缚,提出了"火微粒"说,合理的思维被堵塞了。拉瓦锡接受了玻意耳的"燃烧与空气有关"的合理思路,他重做玻意耳金属煅烧的实验,排除了"火微粒",通过精确测量金属、空气和容器在煅烧前后的质量变化,发现了金属增重的真正原因。拉瓦锡思维的自发灵活性,也是极为优秀的、罕见的。例如,通过精心仔细的定量分析,他证明在密闭的容器里进行化学反应,物质质量不增加,也不减少。他不但注意到物质在性质上的变化,而且注意到在数量上的变化,在实验中发现了"物质不灭定律"。这是物质世界的一般公理,也是定量分析的依据。他不但注意到反应物的变化,还注意到周围环境的变化。

（3）独创性。独创性是创造性思维的生命力，拉瓦锡创立燃烧氧化学说，突出地体现了他具有卓越的分析能力和综合能力。他重做玻意耳实验时，不仅注重定量分析，而且善于思考。他通过煅烧后总容器质量不变的事实，分析煅烧金属增重和容器内空气减重的关系，把玻意耳发现金属增重和舍勒发现"火空气"消失综合起来，揭开了燃烧的奥秘。独创性的综合能力，使拉瓦锡从理论上概括了玻意耳、舍勒、普利斯特里等人的研究成果，发现了燃烧氧化理论。

拉瓦锡的创造性思维，也就是辩证思维。普利斯特里就缺乏辩证思维，所以恩格斯批评他："当真理碰到鼻尖上的时候还是没有得到真理"。后来拉瓦锡创立了氧化学说，他还拼命地反对。发现氧气的人，却反对氧化理论。与普利斯特里等人相反，拉瓦锡在新的事物面前能摆脱燃素学说的传统框框，敢于怀疑权威学说，根据事实提出符合实际的新见解，能做到这一点是很可贵的。

由此可见，拉瓦锡创立科学的燃烧理论顺应了时代发展的要求，也是拉瓦锡运用唯物辩证法的一大胜利。

思 考 题

1. 目前世界上一般公认氧气是哪位化学家首先制得的？他在什么时间、用什么方法制得的？

2. 普利斯特里为什么把制得的氧气称为"脱燃素空气"？

3. 普利斯特里发现了氧气，但为什么不能建立科学的氧化理论，而是"真理碰到鼻尖上的时候还没有得到真理"？

4. 拉瓦锡的科学燃烧理论的要点是什么？

5. 拉瓦锡的科学燃烧理论的建立有什么重要的历史意义？

6. 恩格斯如何评价发现氧气而又反对氧化理论的普利斯特里？

第四节　原子-分子论的建立

从 18 世纪末以后的 100 多年时间，工业革命席卷欧洲，各国先后发生资产阶级民主革命。政治变革又为生产力的更大发展开辟了道路。纺织、机械、冶金、造船、采矿、制药等行业的迅速发展，推动了化学学科的成长与发展。而化学本身从拉瓦锡建立了燃烧的氧化学说以后，不仅排除了燃素学说的障碍，使过去在燃素学说中颠倒的全部化学知识矫正过来，走到了正确的方向上，而且对物质和物质的变化，从定性的、朴素的认识进入了定量的研究阶段，化学工作者"以量求质"进行化学研究,发现了化学计量学和当量定律、定比定律、倍比定律,使人们对物质及其变化的认识再次深入。1803 年,道尔顿提出了科学原子学说,化学作为一门重要的自然科学,它所说明的现象本质正是原子的化合与化分。道尔顿的原子学说正是抓住了这一学科最核心、最本质的问题,主张用原子的化合与化分来说明各种化学现象和各种化学定律间的内在联系,对当时人们了解的各种化学变化的材料进行了一次大的综合、大的整理。这一学说经过不断的完善,终于成为说明化学现象的统一理论。

回顾原子学说建立的历史,我们看到化学的发展是多么曲折和充满着斗争,在化学基本定律的探讨和原子-分子学说的论战过程中,人们每前进一步都要付出艰辛的劳动,并且必须不断清除唯心主义和形而上学的束缚和阻碍,因此所取得的每一项重大胜利都是科学家们集体劳动的成果,都是辩证唯物主义的胜利。

一、化学基本定律的建立

化学基本定律是指当量定律、定比定律和倍比定律。

1. 化学计量学的产生和当量定律的发现

所谓化学计量学,就是指研究化合物组成以及在化合物形成过程中反应物之间量的关系。研究化学计量学使人们对化合物和化学反应的认识从定性了解到定量测量。

在各类型的化合物中,人们首先了解到的是关于盐的组成。盐中含有一种酸和一种碱,酸碱的中和过程当时被称为"饱和作用",中和点称为饱和点。卡文迪什在 1766 年提出当量的概念。他发现中和同一质量的酸,所用的碱需不同的质量,他把碱的这一质量称为当量。

到 18 世纪末,德国古典哲学的创立者康德(Kant,1724~1804)的学生、德国数学家兼化学师里希特(Jeremias Benjamin Richter),撰写的大学毕业论文,题目是《数学在化学中的应用》。他通过对酸碱中和反应的研究,1791 年明确指出:"化合物都有固定的组成,化学反应中反应物之间有定量关系。因此发生化合时,一定量的一种元素总是需要确定量的另一种元素,即这种性质也是恒定不变的。"这是当量定律的最早叙述。例如溶解 2 份石灰,需要 5 份盐酸,那么溶解 6 份石灰则需要 15 份盐酸。

里希特分别测定了"饱和"1 000 份硫酸、1 000 份盐酸、1 000 份硝酸所需要的碱的数量。他得出中和 1 000 份盐酸要用苛性钾 1 609 份、苛性钠 1 218 份、氨 638 份;中和 1 000 份硫酸,要用苛性钾 2 239 份、苛性钠 1 699 份、氨 899 份……如果里希特使这些数值都与一定数量的某一种酸建立起等质量关系,那么就可以得到化学当量计算表。例如中和 1 000 份硫酸,需要的苛性钾与苛性钠的质量比为 1 609∶1 218＝1.32,实际是 1.4,但是他当时没有这样考虑。他头脑中整个贯穿着"化学是应用数学的一个分支"这个思想,他想在化学反应中搜寻出数学规律。为了达到这个目的,他从老师的先验论出发,不尊重实验事实,主观臆断,先入为主,认为以一种酸为基准,得到各种盐基(氧化物)的"等质量数(即当量数)"将排成等差数列;若以一种盐基(碱性氧化物)为基准,得出各种酸的"等质量数",将排成等比数列。这样的错误思路使他进入歧途,虽然走到了当量定律的门前,却没有打开当量定律的大门。

1802年,与里希特同时代的法国人费歇尔(E. G. Fischer),从实际出发,把里希特等人在实验中得到的数据归结到统一的基础上,得到了一个比较普遍的化学反应间的当量关系。他把相对于1 000份硫酸的各种酸、盐基的数量作为这些物质的统一"等质量数",并进行了重新测定,结果如表2.1所示。

表 2.1 费歇尔的酸碱当量表(1802 年)

盐基类(氧化物)		酸类(酸酐)	
名称	当量值	名称	当量值
铝土	525	硫酸	1 000
镁土	615	氢氟酸	427
氨	672	盐酸	712
石灰	793	草酸	755
苛性钠	859	磷酸	979
锶土	1 329	蚁酸	988
苛性钾	1 605	硝酸	1 405
重土	2 222	醋酸	1 480

表2.1的意义为:从第一竖列中任取一个盐基,如苛性钾,其量为1 605,则第二竖列中数字,即表示中和1 605份苛性钾所需要的每种酸的份数,即1 000份硫酸、712份盐酸、979份磷酸……同样,从第二竖列中任取一种酸,例如草酸755份,则第一列中为中和755份草酸所需的各种盐基的量。这就是当量定律,这个表应用起来非常方便,很快得到公认,当量定律以后成为道尔顿用来确定原子量的重要依据之一。后来当量定律表述为反应物以等当量数完全反应,目前当量这个名词已经不用,被摩尔代替,但它有自己的历史作用。

2. 定比定律(定组成定律)的发现

每种化合物都有确定的组成,这个定比定律很早就已经形成,例如布拉克做定量实验时,用石灰水检验碳酸气,事实上就已经承认$CaCO_3$有固定组成。拉瓦锡测定三仙丹(HgO)组成时,也承认HgO有固定组成,否则"组成的测定"岂不成为很荒谬的事了?

但是真正清楚阐明定比定律并把它建立在严谨实验基础上的人是法国的药剂师普罗斯(Joseph Louis Proust)。他根据实验事实,指出天然与人造的碳酸铜,其组成完全相同。并进一步引申,认为"两种或两种以上的元素相化合成某一化合物时,其质量之比例是天然一定的,人力不能增减"。

　　普罗斯关于定比定律之说遭到当时法国化学界的权威贝托雷的激烈反对。于是两人之间展开化学史上的第一次学术大论战。贝托雷是当时法国最著名的学府巴黎工艺学院的化学教授,他认为反应物的质量相对多少,在发生化合反应时对化合物的组成有重要的影响。化合物的组成是变化无穷的,而非固定的。贝托雷还以溶液、合金、玻璃,还有一些金属化合物为例,说明化合物没有固定组成。我们知道溶液、合金、玻璃基本上属于混合物,而不是化合物,至于一些金属化合物又是怎么一回事呢? 例如把铅放在空气中灼烧,铅在熔点温度(327 ℃)以下,生成灰黑色 Pb_2O_3,稍加强热,可得到 PbO,在 500 ℃下持久加热,则又可得到 Pb_3O_4;若用稀硝酸处理 Pb_3O_4,则得到 PbO_2。这些是不同的化合物,而不是一种化合物的组成可变问题。普罗斯答复贝托雷批评时承认几个相同的元素可以生成不止一种化合物,但他指出:这些化合物的种类并不多,常常只有两三种,而且每种化合物各自都有自己固定的组成,并且在几种化合物间,化合比例的变动是"猛烈的",是"颇多的",而非逐步的"渐变"。他同时指出:混合物的各成分可以用物理方法分离出来,而化合物中的各成分只能用化学方法来分解。因此普罗斯可以说是第一个正确区分化合物与混合物的人。

　　在这场辩论中,贝托雷是错误的,虽然他是权威。普罗斯敢于和权威辩论,这场 3 年多的辩论,促进了定比定律的建立,推动了化学的发展。以后有许多化学家用更精确的实验,证明不管用什么方法得到同一种化合物,其组成都是固定不变的,定比定律得到大家的公认,贝托雷后来也放弃自己的意见,两位化学家成了好朋友。

3. 倍比定律

　　1800 年,英国青年化学家戴维(Humphry Davy)测定了 3 种氮的氧化物(N_2O、NO、NO_2)的质量组成。经换算,在这 3 种气体中,与同量氮相化合的氧,其质量之比为 1∶2.2∶4.1,即约为 1∶2∶4。若这样计算可发现倍比定律,但戴维没有进一步计算与研究,因此倍比定律不能说是他发现的,而是道尔顿发现的。

　　1803 年,道尔顿思考他的原子学说时,依据原子论的观点,他意识到原子论本身含有倍比定律的意义。即倍比定律应当是原子论推理的必然结果,他很期待倍比定律的确立,这样倍比定律可以成为他原子学说的重要证明,于是他有意识地从事这方面的工作。1804 年,他分析了沼气(甲烷)和油气(乙烯)。测得沼气中碳氢之比为 4.3∶4,油气中碳氢之比为 4.3∶2,那么与同量碳相化合的氢的质量之比是2∶1。这样,他明确提出倍比定律,他指出:"当相同的两元素可生成两种或两种以上的化合物时,若其中一种元素的质量恒定,则另一种元素在各化合物中的相对质量有简单的倍数之比。"

　　以后瑞典的化学家贝采里乌斯很精确地测定了黄色氧化铅(PbO)中,对 100份铅,氧为 7.8 份;棕色氧化铅(PbO_2)中,对 100 份铅,氧为 15.6 份,与同量铅相化合的氧的比例为 1∶2.00。对红色氧化铜(CuO_2)与黑色氧化铜(CuO)测量结果是,与同量铜化合的氧的比例为 1∶2.03,等等,也证实了倍比定律。

二、道尔顿科学原子学说的建立

道尔顿把臆想的原子假设变成科学的原子理论,使化学走出了杂乱的、反映不出内在联系的、纯属描述自然现象的阶段,进入近代化学的新时代,并为整个自然科学的发展提供了一个重要的基础。

1. 19 世纪前的原子学说

(1) 古代原子学说

公元前 400 年,古希腊哲学家德谟克利特提出了著名的原子论,他指出:"宇宙中唯一存在的东西就是原子和空间,所有其他别的东西不过是人们的观念。"他认为原子是硬的,有外形和大小,或许有质量(这点有争论)。由于原子很小,看不见,它们没有颜色、气味与味道,因为这些仅仅是第二性的或主观的认识,原子在真空中自发地不停地运动。原子运动就好像太阳光照在房内静止的空气中,我们见到光线中的尘粒运动一样。公元前 350 年,亚里士多德认为所有的物质都是由相同的、连续的基本要素组成的。以后伊壁鸠鲁(Epicurus)基于德谟克利特的原子论建立了一种哲学体系。因此,古代的原子论主要是一种形而上学的哲学体系,是无实验依据的,仅是人们的主观臆断。

(2) 玻意耳的物质微粒学说

17 世纪末期,随着科学技术的发展,人们对物质构造的认识又进入了一个新的时期。玻意耳提出物质微粒学说,他认为物质是由众多的微粒(corpuseules)所构成的,认为火是由火微粒构成的。按照他的解释,原始物质的微粒只有一种,其所以能形成性质各异的元素质点,是由于各质点的大小、形状和运动不同。关于化合与化分现象的解释,他认为:相异两元素的微粒相互吸引,则生成第三种物质,即为化合物。倘若此化合物中两元素成分之间亲和力小于其中一成分与第四种物质的亲和力,则此化合物就会分解,另生成第五种物质。

最伟大的科学家英国的牛顿(Isaac Newton)也提出了物质构造的微粒学说,并对化学亲和力表达了自己的见解。他认为:原子是物质的最小单位。他发表了光的微粒学说,指出:"我们已知物体之间能通过重力、磁力和电力的吸引,二者相互发生作用,那么在不同的物质微粒之间,微粒通过某种力相互吸引,当粒子直接接触时,这种力特别强,使两种微粒以加速度而相互发生冲击,则进行了化学反应。当两种微粒间距离较远时,则这种力就显不出什么作用。"这种力实际上是万有引力。牛顿在解释玻意耳定律,即气体体积与压力成反比时,认为气体原子之间有一种与距离成反比的力的作用,使气体微粒相互排斥。由于牛顿把形而上学的机械论应用到化学上,他在化学研究上没有得到任何成果。

到了 18 世纪末,人们已经普遍承认物质由某种最小微粒所构成,但这些原子

观点都没有考虑原子的质量,后来道尔顿赋予元素的原子
以不同的质量,从本质上发展了原子论,建立了科学原子
学说。

2. 道尔顿的生平

图 2.6　道尔顿

约翰·道尔顿(J. Dalton,1766～1844,图 2.6),于
1766 年 9 月 6 日诞生于英格兰北部一个名叫昆布兰的穷
乡僻壤,他父亲是个贫苦农民兼手工业者,母亲除家务外,
还帮助父亲种田,由于收入微薄又要养活子女六人,家庭
经济相当困难,道尔顿的小妹妹和小弟弟冻饿而死,这在
道尔顿的心灵中留下了永久的伤痕。道尔顿小时,记忆力
非常好,很爱读书,道尔顿的父母看到儿子非常聪明,就想让他读点书。尽管家境
贫困,当道尔顿 6 岁时,父母还是想方设法让他上了当地教友会办的农村小学。在
学校中,道尔顿的学习成绩并不突出,但他好学深思,有股韧劲,解不出难题决不甘
休。对此,小学教师弗莱特(Fletcher)先生称赞说:"在教友会的孩子中间,就思想
的成熟而说,谁也比不上约翰。"弗莱特对道尔顿非常欣赏,免去了他所有的学杂
费,甚至经常出钱给他买课本。道尔顿非常努力,再加上他颖悟过人,不仅很快学
完了小学的课程,还跟着弗莱特学完了中学的课程。到 12 岁时,道尔顿再也无钱
上中学了,就被弗莱特留下当低年级的教师,这样,年仅 12 岁的道尔顿就成了"道
尔顿先生"。道尔顿工作认真,教书得法,深受学生和村民的称赞。道尔顿一边教
书一边坚持自学,毫不松懈。当地一位很有学问的教友会绅士伊莱休·鲁滨逊
(Elihn Robinson)是个自然科学爱好者,他十分欣赏这个安静、谦逊、勤奋的孩子,
便在晚上给道尔顿讲数学、物理等知识。鲁滨逊爱好观测气象,自制了各种精巧的
仪器,在鲁滨逊的热心指导下,道尔顿开始进行气象观测,兴趣盎然,少年道尔顿的
心弦被大自然的美妙景象深深地拨动了,探索大气压力、温度、风力、降水量等之间
的微妙关系——这一点不仅本身引人入胜,而且对于人们的生活有着重要的实际
意义。道尔顿还在学校里建立了一个小小的气象站,这成了他研究和教学的基地。
当然这时的道尔顿还不可能想到,气象观测工作是他整个科学生涯的开始,气象观
测对于他以后建立科学原子学说有着重要的意义。

　　1781 年,15 岁的道尔顿已成了有名的教师,他被肯代尔城的教友会聘为数学
教师。他在肯代尔工作了 4 年,从教师一直升到校长,因为他的名声渐高,许多杂
志都邀他写稿。在肯代尔,道尔顿幸运地找到一位同他爱好和性格都相似的朋友
与导师,这就是盲人约翰·豪夫(Johann Hauf,1752～1825),道尔顿对豪夫的才智
作过这样生动的介绍:"豪夫大约在两岁时因患天花失明,或许可以说他是在被夺
去最宝贵的感官后,创造了一个把天才与毅力结合起来的极其令人惊讶的实例,他
掌握拉丁文、希腊文和法文,通晓数学,精通天文、化学、医学……特别令人惊奇的
是他能仅仅依靠头脑解决困难而深奥的问题,他用触觉、嗅觉、味觉几乎能分辨出

在他居住地周围 20 英里范围内的每一种植物……""如果我对科学有什么新的或者是重要的贡献,那首先是由于我能得到他的指导并以他在哲学研究方面为榜样。"正是在这样一位学者的辅导与鼓励下,道尔顿不仅学会了数学、哲学、自然科学以及拉丁文、希腊文、法文等方面的许多知识,而且还学会了记气象日记,开始对自然界进行系统的科学观察,道尔顿从 1787 年起坚持写气象日记 57 年,从未间断。可以说,道尔顿的科学研究工作是从 1787 年对大气的观察和研究开始的。

1787 年 10 月,21 岁的道尔顿又被请到曼彻斯特市专门讲授自然哲学,这门学科后来发展成科学哲学,主要研究科学思想、科学方法、科学活动、科学价值、科学管理、科学评价等问题。在我国,一般把科学哲学包括在自然辩证法这门学科中,或统称之为科学技术哲学。曼彻斯特市是他以后定居的地方。1793 年,年仅 27 岁的道尔顿出版了他的第一部学术专著《气象观测论文集》(*Meter Logical Observations and Essays*),初步总结了他的观察结果,对当时还是很薄弱的气象学的发展起了一定的推动作用。这一年,他被聘去学院当讲师,讲授数学与自然科学。1808 年 5 月被选为曼彻斯特市文学哲学学会副会长,1816 年被选为法国科学通讯院士,1817 年被选为曼彻斯特文学哲学学会会长。不久他意识到,过重的教师工作已经妨碍了他对自然进行科学探索,6 年之后,他辞去了讲师职务,给人当家庭教师,花少量时间给人授课,而把大部分时间用于做实验和参加演讲会等学术活动上。

"午夜方眠,黎明即起。"这是道尔顿治学的座右铭。道尔顿性情比较孤僻,沉默寡言,然而他对科学,对原子论却是一往情深,倾注了他毕生心血和满腔热情。道尔顿终生过着孤独的生活,没有结婚,他曾对朋友说:"没有时间交女朋友、谈爱情。"而他在对科学的追求中感到无穷的乐趣,从发现新的实验事实和推导出重要定律中获得欢乐。道尔顿一生清贫、简朴,除了科学真理外无所追求,无所崇拜。

3. 科学原子学说的创立

道尔顿具有分析、综合和概括等方面的非凡才能,他从观测气象开始,进而研究空气的组成,混合气体的扩散和分压,总结出气体分压定律,推论出空气是由不同微粒混合组成的,确认了原子的客观存在。再由此出发,通过化学实验,从气象学、物理学转入化学领域,从定性阶段发展到定量阶段,并经过严格的逻辑推理逐步建立起科学原子学说。

道尔顿在回顾这一实验研究和理论思索过程时,很有感触地说:"由于长期做气象记录,思考大气组分的性质,我常常感到很奇怪,为什么复合的大气,两种或更多的弹性流体(道尔顿把气体和蒸气统称为弹性流体)的混合物,竟能在外观上构成一种均匀体,在所有力学关系上都同简单的大气一样?"为了了解混合气体的组成和性质,道尔顿在深入研究后,连续发表了 4 篇论文:《混合气体的组成》《论水蒸气的力》《论蒸发》和《论气体受热膨胀》。这组论文阐明各地的大气都是由氧、氮、二氧化碳和水蒸气四种主要物质成分组成的,大气是由无数微粒混合而成的。

　　那么,混合又是怎样发生的呢? 道尔顿指出:气体混合物的形成是因为气体彼此扩散,而"气体的扩散是由于相同微粒之间的排斥"。这种混合气体有什么特性呢? 道尔顿为此设计了实验,研究混合气体中各组成气体的压力,以探索它们之间是否存在某种联系,实验结果很有意义,在一个容器中充入一定量气体,则气体的压力一定,接着,他往容器中充入第二种气体,这个混合气体的压力增加,正好等于这两种组分气体的压力之和,而每种气体单独的压力并没有发生变化,他由此得出结论:"混合气体的压力等于各组分气体在同样条件下单独占有该容器时的分压力的总和。"这就是著名的道尔顿分压定律。

　　面对这个新发现的分压定律,道尔顿开始思索,这个定律表明某种气体在容器里存在的状态与其他气体存在与否无关,这一点又怎么解释呢? 若用气体具有微粒的结构来加以解释是简单而又明了的,因为一种气体的微粒能均匀地分布在另一种气体的微粒之间,所以这种气体的微粒所表示出来的性质,就仿佛在容器中根本没有另一种气体一样。由此道尔顿推断:"物质微粒结构的存在是不容怀疑的。这些质点可能太小,即使显微镜改进以后也未必看得到。"同时,他选择了古希腊哲学中的"原子"一词来称呼这种微粒,并把大气中的气体原子用不同的图形加以标志,第一次明确地描绘了原子的真实存在。

　　道尔顿又想,迄今为止,我们对原子的认识已经前进了一步,但相比于古希腊的原子论和玻意耳、牛顿的微粒论来说,实质上没有多大差别。如果原子确实存在,那么应该根据原子理论来解释物质的基本性质和各种规律,就需要对原子的认识从定性推进到定量的阶段。于是,道尔顿把研究的领域从气象学、物理学扩展到化学,又开始了新的探索。

　　1802 年 11 月 12 日,道尔顿在曼彻斯特学会上宣读了他的首篇化学论文《关于构成大气的几种气体或弹性流体的比例的实验研究》。接着道尔顿又分析了沼气(CH_4)和油气($CH_2=CH_2$)两种不同气体的组成,沼气中碳、氢质量比为 4.3:4,油气中碳、氢质量比为 4.3:2,如果两种气体的碳含量为 1 的话,沼气的含氢量恰为油气中氢含量的 2 倍,类似的情况相当普遍,于是道尔顿又发现一个重要的化学定律——倍比定律。倍比定律指明:如果甲、乙两种元素能相互化合而生成几种不同的化合物,则在这些化合物中,跟一定量的甲元素相化合的乙元素的质量成简单的整数比。为什么会有这个定律? 道尔顿机敏地意识到,只有原子论的观点才能解释倍比定律。因为从原子的观点来看,如果某一元素的一个原子不仅可以与另一元素的一个原子结合形成化合物,而且也可以与 2 个或 3 个原子形成化合物,那么与一定质量的某一元素相化合的另一元素的质量就必然成简单整数比:1:2,1:3 或 2:3。这样,用原子论观点很好地解释了倍比定律,同时倍比定律的发现又成为他确立原子学说的重要基石。

　　对新思想着了迷的道尔顿,把研究工作向前推进,为了确立科学原子学说观点,需要攻克下列目标:所有原子是不是一样重、一样大小呢? 原子数目极大而单个原子体积极小,显微镜也看不见,又有什么方法可以确定它们的质量和大小呢?道尔顿充分利用他在气象学方面的研究成果,特别是大气性质方面的研究成果,通过创造性思维,认为不同元素原子的质量、大小是各不相同的。但是要确定原子的质量又谈何容易,这需要构思新的实验方法。

道尔顿思考着:"如果我们想知道大气中原子的数目,就好像想知道宇宙中星星的数目那样而被弄糊涂。但若缩小范围,只取一定体积,并把这个体积分割到最小,那我们可以假设,原子的数目是有限的,正如在宇宙中一定范围内星球的数目是有限的一样。"这种有限数目的原子又怎么来测出其质量? 直接称量单个原子的质量是不可能的,也就是说原子的绝对质量难以测定,那么是否可设法测出其相对质量呢? 道尔顿联想到了倍比定律以及法国化学家费歇尔发现的当量定律,既然原子是按一定的简单比例关系相互化合的,那么若对一些复杂的化合物进行分析,再将其中最轻元素的质量百分数同其他元素的质量百分数比较一下,不就可以得到一种元素的原子相对于最轻元素的原子质量的倍数了吗? 这样道尔顿终于找到了测定原子相对质量的科学方法。

道尔顿以极大的热情投入了实验工作,测算各种不同元素原子的相对质量,并把最轻元素氢的原子量,相对地定为1,而且还考察与引用其他化学家的大量实验数据。1803年9月6日,在他自己的工作日记上,写下了第一张原子质量相对表。

1803年10月21日,在曼彻斯特文学哲学学会上,道尔顿做了题为《关于水及其他液体对气体吸收作用》的报告,在报告中第一次阐明了他的科学原子学说,并宣读了他的第一张原子量表。道尔顿很实在地说他并不是第一个原子学说的提出者,德谟克利特、牛顿等人早就提出过,不过以往的原子论有一个共同点,即认为原子是大小不同而本质相同的微粒,是纯属臆测的。而他的观点如下:① 相同元素的原子形状和大小都一样,而不同元素的原子则不相同;② 每种元素的原子质量都是固定的,原子的相对质量是可以测定的;③ 每一元素的原子都以其原子量为其基本特征。最后,道尔顿郑重地宣布:"探索物质原子的相对质量,到现在为止还是一个全新的问题,我近来从事这方面的研究,并获得相当成功,以后还将努力进行下去。"也就是说道尔顿在提出其原子学说的同时,又提出了测定原子量和化学组成的历史任务。

道尔顿的原子学说可以很好地解释定比定律、倍比定律、当量定律,但不能从化合物中元素的比例来明确地决定原子的相对质量,除非化合物的原子数已知。而这个问题当时虽然许多科学家都做了大量的研究工作,提供了一定的实验基础,但还是不能解决,不知道一个化合物中不同元素的原子相化合的个数(当时还没有发现化合价)。为此,道尔顿作了大胆的假设——称为"最简单原则":

(1) 当两种元素 A 和 B 只能获得 1 种化合物时,此化合物必为二元化合物(AB)。例如,当时知道氢和氧只化成水一种化合物,则水的组成为氢1氧1(HO)。

(2) 若两种元素 A 和 B 有 2 种化合物,则应是一个二元化合物(AB),另一个是三元化合物（A＋2B 或 2A＋B）。例如，当时已知碳与氧可以形成两种化合物，则一个是碳 1 氧 1（CO），另一个是碳 1 氧 2（CO_2），或碳 2 氧 1（C_2O）。

（3）发现两种元素 A 和 B 能生成 3 种化合物，则一个是二元的（AB），两个是三元的（2A＋B，A＋2B）。例如氮与氧有化合物，其组成是 NO，N_2O，NO_2（这是正确的）。

（4）若 A 和 B 能生成 4 种化合物，则应为一个二元的、两个三元的和一个四元的（3A＋B 或 A＋3B）。

道尔顿依据"最简单原则"来测量原子的相对质量，得出不少元素原子的相对质量。例如，他知道氮、氢形成一种化合物氨，所以氨原子（道尔顿把化合物的微粒称为复杂原子）的组成是氮 1 氢 1（NH）。根据对氨的分析，氨中的氢、氮的质量比为 1：4.2，因此，他把氮原子量确定为 4.2。又如他依据拉瓦锡对水的分析结果——水中氢与氧的质量比为 1：5.5，氧原子被定为 5.5……道尔顿就是这样得到第一张原子量表的（表 2.2）。

表 2.2　道尔顿最早的原子量表（1803 年 9 月）

名称	组成	相对质量	名称	组成	相对质量
氢		1.0	磷化氢	PH	8.2
氮		4.2	一氧化氮	NO	9.3
氧		5.5	油气	CH	5.3
碳		4.3	亚硫酸	SO	19.9
硫		14.4	硫化氢	HS	15.4
磷		7.2	笑气	N_2O	13.7
水	HO	6.5	碳酸气	CO_2	15.3
氨	NH	5.2	甲烷	CH_2	6.3
硝酸气	NO_2	15.2	硫酸	SO_3	25.4

现在看来，道尔顿的原子量中不少是当量。他测定的原子量与现在通用的原子量相差很大。这是因为他确定化合物组成的 4 条"最简单原则"没有什么根据，过于主观与武断，因此很多复杂原子（化合物）的组成被弄错了。例如，水是 H_2O，他定为 HO；氨是 NH_3，他定为 NH，由此而推算出氧、氮的原子量，当然有错了。

尽管如此，道尔顿的这一新思想还是引起了科学界，尤其是化学界的广泛重视。从此以后，人们对物质结构的一个基本层次——原子，有了新的认识。正由于道尔顿首次把原子量的发现引入化学，化学才真正走上了定量发展的阶段。

以后，道尔顿继续进行艰苦细致的测定元素原子量的工作，并且不断地完善与发展他的原子学说。道尔顿意识到：将原子说引入化学，把在化学实验基础上发现的全部规律与物质是由原子构成的观念联系起来，并从物质结构的深度去揭示这些化学运动规律性的本质——已成为当时化学家面临的科学使命。

经过艰苦的研究,到 1808 年,道尔顿的思想、决心和行动结出了新的硕果。他的代表作《化学哲学新体系》问世,该书全面系统地阐述了他的科学原子学说。道尔顿原子学说的要点如下:

(1) 元素的最终组成称为简单原子,它们既不能创造,也不能毁灭,是不可再分割的,它们在一切化学变化中保持其本性不变。

(2) 同一元素的原子,其形状、质量及各种性质都是相同的,不同元素的原子在形状、质量及各种性质上都不相同。每一种元素以其原子的质量为其最基本的特征(这一点是道尔顿原子学说的核心)。

(3) 不同元素的原子以简单数目的比例相结合,形成化合物。化合物的原子称为复杂原子。复杂原子的质量为所含各种元素原子质量之总和。同一化合物的复杂原子,其形状、质量和性质必然相同。

道尔顿的原子学说使当时的一些化学定律得到了统一的解释,因此很快为化学界所接受。以后大批化学家纷纷投入原子量的测定工作中,推动了化学快速向前发展。

有人说,"原子论"是古老的,这是事实。但是在道尔顿以前没有一个人运用原子理论来揭示化学变化的奥秘。道尔顿对此直言不讳,他说:"有些人总把我的原子学说叫做假设,不过,请相信我,我的原子学说是真理,我所得到的全部实验结果使我对这一点深信不疑。"

道尔顿发现原子学说是克服了相当多困难的,对于化学工作者来说,他有一个天生的生理缺陷——"色盲"症,但不太严重。道尔顿的弟弟乔纳丹有严重的色盲,在童年时代,把转着玩的红色陀螺看成是绿色的。有一次,妹妹穿了一件新的绿色连衣裙,乔纳丹硬说是红色的。后来,道尔顿发现自己也有这种缺陷,一次他给他妈妈买了一双"蓝色"的袜子,他母亲看了很不高兴,母亲是信教的,况且年纪很大,看见儿子给她买了一双"红色"袜子,当然不高兴。道尔顿说是"蓝色"的,母亲说是红色的,并且周围邻居也说是红色的。道尔顿知道了自己也是色盲。他开始细心地研究了这种现象,使用各种颜色的方块进行了几十次实验,把方块按各种不同的顺序排列起来,分别记下它们的颜色,然后在学生中间进行测试,道尔顿发现,在他的学生中间,有的根本不能分辨出颜色,有的往往错认各种颜色,他们把绿色看成红色,或者把红色看成绿色。还有的分不清蓝色与黄色,于是道尔顿成了世界上第一个发现色盲的人。

1794 年,他作了关于色盲的报告。

色盲会遗传,遗传方向为第三代人中二分之一为色盲(图 2.7)。

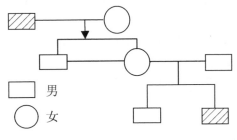

图 2.7 色盲的遗传

曾有人问起道尔顿成功的秘诀是什么？他这样回答："如果我比周围的人获得更多成就的话，那主要是，不，我可以说几乎完全是由于不懈的努力……"要完成最伟大的事业，仅仅努力还不够，还需要一些什么，一定要有"灵感"（divine afflatus）。科学的想象力要活跃，从自然的秘密一旦泄露出微弱的闪光，就能立即抓住。至于道尔顿的"灵感"有多少，看法不尽相同，有些人则把他看成是伟大的预言家。科学史家罗斯科中肯地指出："实际情况可能介于两个极端之间，不管怎样，有一点大家都会同意：没有不懈的努力，天才也很少会有成就，而道尔顿正是具有这样锲而不舍品格的人。"

道尔顿不求名、不求利，与那种热衷名利，追求享受的人格格不入，他生活和住处非常简朴，当时许多著名学者，像英国的戴维、法拉第、布朗，法国的拉普拉斯、毕奥等都与他通信，大家都对他的简朴生活感到意外。一直到 1833 年，由于科学界的强烈呼吁，英国政府才不得不关心道尔顿的生活，发给他年俸为 1 500 英镑的养老金。同年曼彻斯特市政委员会通过决议，为表达该市全体市民对道尔顿的感激和敬意，要在市政大厅竖立道尔顿的全身雕像，道尔顿闻讯后非常不安，坦率地表示："如果我不是担心我的拒绝将会得罪曼彻斯特市公民的话，我就一定不能接受此事。"

在 1809 年，英国皇家学会邀请道尔顿去讲学，在伦敦他会见了英国皇家学会会长、著名化学家戴维，并对戴维在发现金属钾与钠方面的贡献大加赞赏，而说到自己的成就时，则仅寥寥数语。戴维听了很感动，激动地说："你对化学的贡献也不小啊，道尔顿先生，倍比定律的发现比一个元素的发现意义要大得多，更不用说像原子学说这样的成就了。"戴维还热诚地建议道尔顿申请当皇家学会会员，根据当时的惯例，加入皇家学会者都得由自己先申请，否则是当不上会员的。道尔顿却婉言谢绝了，他诚恳地说："对科学来说，一个科学家摆在哪儿是无关紧要的，重要的是他对科学要做出贡献。"后来，道尔顿的原子学说不仅在英国，而且在整个欧洲科学界都引起广泛的重视和推崇。然而，在全世界享有崇高声誉的道尔顿竟然还不是英国皇家学会的会员，皇家学会受到大家的指责，承受了巨大的压力，尽管没有征得道尔顿同意，戴维仍然决定提议选举他为皇家学会会员。1822 年，道尔顿正式成为英国皇家学会的会员，1826 年，英国政府在伦敦皇家学会一次隆重的集会上，授予道尔顿金质勋章，以表彰他在化学和物理学方面的发现，尤其是创立科学原子学说的卓越贡献。

1844 年 7 月 26 日，道尔顿生命垂危，但他仍坚持做了最后一次气象记录。他在自己的笔记本上记下这天早晨气压计和温度计的读数，并写上"微雨"两字，只不过在这两字的末尾留下了一大滴墨水渍——道尔顿极其虚弱，以至无法握紧他的笔了。次日，即 7 月 27 日清晨，道尔顿与世长辞。道尔顿去世的噩耗震动了整个曼彻斯特市，在市民们的强烈要求下，市政委员会通过决议，授予道尔顿公葬市民的荣誉。1844 年 8 月 12 日，100 辆马车护送着道尔顿的灵柩，长长的送葬队伍在庄严肃穆的哀乐声中，缓慢地向阿尔维克墓地移动，曼彻斯特市民们聚集在人行道上、阳台上和窗户前,向道尔顿告别致哀,对于这位科学家,不仅他的祖国,包括全世界热爱科学的人,都在深切地悼念着他。

4. 道尔顿的元素符号

化学的元素符号很早就有了,在古希腊的化学手稿中已经有了。

例如,金属是用行星的符号表示的,太阳＝金,月亮＝银,土星＝铅,火星＝铁,金星＝铜,后来炼金家也用类似的元素符号(图 2.8)。

图 2.8　欧洲中世纪炼金术中的符号

道尔顿在 1806 年发表了原子量,在 1808 年发表了新的原子量与原子符号(图 2.9)。

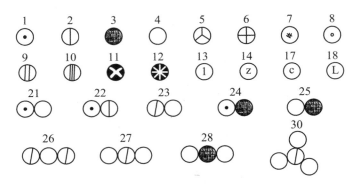

图 2.9　道尔顿在 1808 年所发表的原子符号和原子量

1. 氢(1);2. 氮(5);3. 碳(5);4. 氧(7);5. 磷(9);6. 硫(13);7. 镁土(20);8. 石灰(23);9. 苛性钠(26);10. 苛性钾(42);11. 锶土(46);12. 钡土(68);13. 铁(50);14. 锌(56);17. 铜(56);18. 铅(90);21. 水;22. 氨;23. 氧化氮;24. 甲烷;25. 煤气;26. 硝酸;27. 碳酸气;28. 乙烷;30. 硫酸

道尔顿化学符号也很难记住,但是有一个优点,就是除了每个符号表示原子外,化合物的化学式是由其元素符号组成的,可以看出化合物分子中有多少个原子。

我们现在采用的化学符号是 1813 年由瑞典化学家贝采里乌斯(J. J. Berzelius,1779~1848,图 2.10)提出的,他最早采用字母作为化学元素符号。用每种元素的拉丁文名称的开头字母作为化学符号,如果两个元素的开头是同一个字母,那么非金属用一个开头字母,金属用两个开头字母。例如碳用 C,铜用 Cu,钙用 Ca。这个方法一直沿用至今,成为世界各国共同的化学语言。

5. 道尔顿科学原子学说的历史意义

（1）道尔顿把原子的模糊概念变成科学的原子理论,在科学上、哲学上均有重大意义,为整个科学的进一步发展打下了基础。

（2）科学原子学说为化学发展提供了理论基础,说明了各种化学定律间的内在联系,成为解释化学现象的统一理论,成为物质结构的理论基础。

（3）科学原子学说使化学从搜集材料的阶段走向整理材料的阶段,它对化学发展的意义,无论从深度和广度上说,都超过了燃素学说和氧化理论,它为化学开辟了一个新的时代。科学原子学说开辟了化

图 2.10　贝采里乌斯

学科学全面、系统的发展,促进了新元素的发现和有机分子结构理论的发展。

恩格斯对道尔顿的原子学说给予高度的评价:"在化学中特别是由于道尔顿发现了原子量,现已达到的结果都具有秩序和相对可靠性,已经能够有系统地差不多是有计划地向还没有被征服的领域进攻,就像计划周密地围攻一个城堡那样。""能给整个科学创造一个中心,并给研究工作打下巩固基础的发现。"他还指出:"化学中的新时代是随着原子学说开始的,所以近代化学之父不是拉瓦锡,而是道尔顿。"

6. 道尔顿科学原子学说存在的缺点

道尔顿科学原子学说在化学发展史上虽然贡献很大,但毕竟局限于当时科学发展的水平,以及受机械论、形而上学自然观的影响,它还存在着一些缺点和错误,主要表现在:

（1）道尔顿认为原子是"不可破的质点""最后质点",这否定了物质无限可分割性。

（2）道尔顿忽视了分子与原子在本质上的区别,他不承认物质在不断分割阶段存在分子层次。他认为单质是简单原子的组合,化合物是"复杂原子"的组合。他便把化学上的不可分割性与物理上的不可分割性混同起来。我们现在知道,从物理学的不可分割性上说,无论是单质还是化合物,其最后质点,即最小微粒都是分子而不是原子;从化学的不可分割性来说,最后质点,即最小微粒才是原子。因此道尔顿的"最后质点"在许多场合下,其含义混乱,对单质而言是指原子,对化合物而言往往是指"复杂原子"即分子。

三、气体反应定律的发现

1. 盖·吕萨克的简单生平

盖·吕萨克(J. L. Gay-Lussac,1778～1850,图 2.11),法国化学家,出身于学

图 2.11　盖·吕萨克

者世家,父亲是检察官。盖·吕萨克在工业学校毕业后,当了化学家贝多莱的助手。有一次,贝多莱让他做一个实验,希望分解出氧,结果相反,反而吸收了氧。贝多莱看到了盖·吕萨克的实验记录,对盖·吕萨克大为赞扬:"我为你而感到骄傲,像你这样有才能的人,没有理由让你当助手,哪怕是给最伟大的科学家当助手,你的眼睛也能发现真理,能够洞察人们所不知的奥秘,而这一点并不是每个人都能做到的。你应该独立地进行工作,从今天起,你可以进行你认为必要的任何实验。如果你愿意的话,请留在我的实验室工作吧。如果有一天,我能自称是像你这样的研究家的导师的话,我将十分高兴。祝你幸福,盖·吕萨克。"

以后,盖·吕萨克研究了气体的热膨胀。到了1802年,他得到了重要的结论:任何气体在加热时都按照一定的规律膨胀,温度每上升1 ℃,气体体积就增加原来体积的0.003 75(此值近似于1/273),这个定律就是气体的盖·吕萨克定律,0.003 75为盖·吕萨克定律常数。

为了研究大气的性质,他与物理学家比奥在1804年8月22日乘坐氢气球在天空飞行,上升高度5 800米。半个多月后,即1804年9月16日,盖·吕萨克再一次升到空中,气球达到了7 016米的高度,他在6 636米的高度采集了空气样品,经过分析,发现高空的大气成分与地面的空气成分一样。

1806年,他发现一个重要的化学定律——气体之间反应时,体积呈简单的比例关系。他还改进方法,制备出大量的金属钾与钠,并且用金属钾还原硼酸,制出元素硼。他还制备出氯气,发现了氯元素,他还发现了碘元素。

盖·吕萨克研究被用作蓝色染料的普鲁士蓝,认为这种化学物质中含有另一种未知元素。他研究了普鲁士酸的性质,他发现这种酸与银作用形成白色的沉淀。他还制出了普鲁士酸汞,发现这种盐加热后开始分解,瓶底出现细小的汞珠,而烧瓶中则充满了某种无色的气体。盖·吕萨克对这种新的气体作了详细的研究,但是,使他惊奇的是,这种新的气体只含有氮和碳两种元素,他命名为氰气(CN)$_2$。他对其助手贝鲁兹说:"没有什么普鲁士酸,这是氢氰酸。"氢氰酸与氯化氢、碘化氢相似,氰的性质很像氯。盖·吕萨克决定写一篇关于氢氰酸的论文,他一一列举了氢氰酸的性质,那么它的味道呢? 他忘了试试这种酸的味道。这位科学家站起来,朝着盛有透明液体的玻璃瓶走去,但是他想了想,又改变了主意,化学家任何时候都应当谨慎,他叫助手贝鲁兹拿来一只相当大的豚鼠,在豚鼠的舌头上滴了几滴氢氰酸溶液,这个动物就直挺挺地躺倒,猛然痉挛了一下,便死了。这两位科学家默默地互相看一眼:好厉害的毒物!

为了分析含银合金的成分,他把合金放在硝酸中溶解,然后不断地加入 NaCl

溶液,一直加到多一滴 NaCl 就不再生成沉淀为止,然后测量溶液的体积,经过简单的计算,则可确定合金中银的含量,这是他创立的容量分析法(滴定分析法)。

2. 盖·吕萨克的气体反应定律

早在氢与氧被发现的时候,卡文迪什就已经测定了合成水时 O_2 和 H_2 的体积比为 209∶423,约为 100∶200。这一结果引起了盖·吕萨克的注意,为了谨慎起见,1805 年他重复了 3 次这个实验。实验的结果是:当氢气过量时,与 100 份氧气完全化合的氢气是 199.89 份体积;当氧气过量时,100 份氧恰好与 199.8 份氢化合。他进一步探索其他气体反应时是否也表现出一样的规律,结果他发现气体相互化合时,都有体积上的简单整数比关系。例如:

氨与氯化氢化合时,体积比为 100∶100;亚硫酸气与氧气化合时,体积比为 200∶100;一氧化碳与氧气化合时,体积比为 200∶100;氮气与氢气化合时,体积比为 100∶300。

于是,1808 年,盖·吕萨克综合实验结果,作了如下的结论:"各种气体在彼此起化学作用时,常以简单整数的体积比相化合。"与此同时,他还进一步指出:不但气体的化合反应是以简单的体积比相作用的,而且在化合后,气体体积的改变(收缩或膨胀)也与发生反应的气体体积有简单的比例关系,他用下面的反应作证据:

(1) 2 体积 CO 与 1 体积 O_2 作用生成 2 体积的 CO_2,收缩 1 体积。

(2) 1 体积 O_2 与 C 化合,生成 2 体积的 CO,膨胀 1 体积。

(3) 1 体积 CO_2 与 C 化合,生成 2 体积 CO,膨胀 1 体积。

(4) 1 体积 O_2 与 S 反应,生成 1 体积 SO_2,体积无变化。

(5) 1 体积 N_2 与 3 体积 H_2 反应,生成 2 体积 NH_3,收缩 2 体积。

在盖·吕萨克研究气体反应的时候,道尔顿已经发表了原子学说。盖·吕萨克想到:道尔顿的原子学说中包含"化学反应中各种原子以简单数目相化合",这一概念与他所发现的气体化合反应按简单的整数体积比例进行,两者之间必然有内在的联系。他经过一些综合、推理后,得出一些合乎逻辑的结论来:

① 不同的气体在同样的体积中所含的原子数彼此应该有简单的整数比。例如,已知 H_2 与 O_2 化合时的体积比为 2∶1。如果水的"原子"组成是氢 1 氧 1,那么同体积中的氧原子数应当是氢原子数的 2 倍;若水的组成是氢 2 氧 1,则同体积氢气与氧气含有相同数目的原子。总之,相同体积中,氢、氧的原子数应有简单的整数比。

② 相同体积的不同气体其质量比(密度比)与原子量之比也应有简单的关系。

盖·吕萨克的论证无疑是正确的,他最后提出了一个假说:在同温同压下,相同体积的不同气体,含有相同数目的原子数(这里应为分子,但他与道尔顿一样,把各种元素的简单原子与化合物的复杂原子统称为原子)。如果这个假说是正确的话,相同体积的不同气体的密度之比,应等于它们的原子量之比,这样可以依据气体的密度来测定原子量。盖·吕萨克认为他提出的气体反应定律是对道尔顿原子学说的支持,并依据气体反应定律来确定化合物的各种原子的数目比道尔顿的"最简单原则"要好得多,有了一定的依据,不像道尔顿那样武断。

3. 盖·吕萨克与道尔顿的争论

盖·吕萨克的气体反应定律实质上是给道尔顿原子学说的一个有力支持,但是却遭到了道尔顿的激烈拒绝与反对。因为盖·吕萨克的假说与道尔顿的原子学说在某些方面有尖锐的抵触。

道尔顿认为:第一,不同物质的原子大小是不相同的,因此在相同的体积中,不同气体不可能含有相同数目的原子数;第二,如果盖·吕萨克的假说正确的话,在相同体积中不同气体的原子数相等,那么既然 1 体积 N_2 与 1 体积 O_2 化合生成 2 体积的 NO,则每一个 NO 原子(分子)中就含有半个氧原子和半个氮原子。同样,每一个水原子(分子)中,就含有一个氢原子和半个氧原子;每一个氨原子(分子)就含有半个氮原子和 1.5 个氢原子。这与道尔顿的原子学说中的观点,简单原子是不可以分割的论点势不两立,史称"半个原子的困难"。因此,道尔顿不能接受。他反驳道,每一立方米的 NO 原子数目至多只能是同体积中氧原子数目的一半,而绝不可能相等,如果两者数目相等,则 NO 的密度必然要较 O_2 大,但实验测出,NO 的密度比 O_2 小一些,于是道尔顿硬说盖·吕萨克的气体反应定律的实验基础不够切实,实验技术不大靠得住。

后来事实证明,道尔顿的实验技术远不如盖·吕萨克。盖·吕萨克的气体化合实验定律经反复验证,确实是正确的,不容否认的。这说明道尔顿的原子学说必须加以补充与修改,但他反驳盖·吕萨克的论证也是合理的,这说明他俩的意见均有片面性。解决这一矛盾的是后来的阿伏伽德罗的分子论。

四、阿伏伽德罗的分子假说

1. 阿伏伽德罗的生平

阿伏伽德罗(Amedeo Avogadro,1776～1856)是意大利的物理学家。他出身于书香门第,他家世代都是知识分子,父亲、祖父、曾祖父都是著名的律师。阿伏伽德罗小的时候,颖悟过人,中学毕业后专攻法律,16 岁时取得法律学士学位,20 岁获得法学博士学位,并做了几年的律师。他对法庭上喋喋不休的争吵和所看到的人世间尔虞我诈、钩心斗角的混乱情况十分厌烦,所以放弃了律师职位,24 岁转而研究自然科学,开始把兴趣转到数学与物理方面。1803 年,阿伏伽德罗写了一篇有关电的论文,受到普遍赞扬,1804 年被选为都灵学院通讯院士。由于阿伏伽德罗逐渐表现出非凡的才识,1809 年被聘为维彻利皇家物理学院教授,1820 年被聘为都灵大学的物理学教授。他于 1856 年 7 月 9 日在都灵市病故,享年 80 岁。

2. 阿伏伽德罗的分子假说内容

阿伏伽德罗以盖·吕萨克的实验为基础,对气体化合的体积定律进行了合理的推理,引入了分子的概念,并把分子和原子的概念既区别开来又联系起来,建立了化学和物理学中一个新的基本原理。

阿伏伽德罗在 1811 年发表了题为《原子相对质量的测定方法及原子进入化合物时的数目比例确定》的论文,他在这篇文章中提出了"分子"的概念,认为分子是游离的单质或化合物的最小单位,这种最小单位,保持着物质的特有化学性质。分子是比原子复杂的粒子,它一般由 2 个以上的原子构成。阿伏伽德罗提出了 3 个新论断:

(1) 无论是化合物还是单质,在不断被分割的过程中都有一个分子阶段,分子是由一定特性的物质组成的最小单位。他认为,所谓原子是参加化学反应的最小质点,所谓分子是在游离状态下单质或化合物能够存在的最小质点。也就是说,分子是具有一定特性的物质所组成的最小单位,是一种比原子复杂的粒子,分子是由原子组成的,单质的分子是由相同元素的原子组成的,化合物的分子则是由不同元素的原子组成的。在化学反应中,不同物质中的各种原子将重新组合。

(2) 单质的分子可以由多原子组成。阿伏伽德罗对道尔顿与盖·吕萨克的争论,他认为,既然 2 体积氢与 1 体积氧反应生成 2 体积的水蒸气,那么根据相同体积的气体中含有相同数目分子的假说,应该是 2 分子氢与 1 分子氧反应生成 2 分子的水,即每个水分子应是 0.5 分子氧与 1 分子氢结合而成的,同样道理,每一个 NO 分子是由 0.5 分子氮与 0.5 分子氧相结合的,每一分子氨是由 0.5 分子氮和 1.5 分子氢结合的……这样,他十分合乎逻辑地看出,只要假设每种单质气态分子都含有 2 个原子,则以上这些物质的体积比关系就可以得到统一的解释,道尔顿与盖·吕萨克的争论就能统一。

(3) 在同温同压下,相同体积的气体,无论是单质还是化合物,都含有相同数目的分子。

根据以上论断,阿伏伽德罗进一步加以发挥,得到了测定物质分子相对质量的方法:只要把它们变为气体并且测定其密度就行了(这是正确的方法)。他又进一步认为此论断还可用来确定化合物分子中各种原子的数目,即一种化合物分子中不同原子的相对数目之比,可以由形成该化合物的各气体单质的体积比求得。他用这个论断,确定水分子组成为氢 2 氧 1,氨分子是氮 1 氢 3(都是正确的)。但应该注意,这个论断应用的前提是任何单质气体分子都含 2 个原子,大多数气体单质分子是含 2 个原子的,但磷、砷蒸气的分子是由 4 个原子组成的(P_4,As_4),硫的蒸气是 S_8,汞的蒸气却是单原子分子 Hg,这样测量出 P、As、S、Hg 等的原子量是错误的,结果被人抓了"小辫子"。

阿伏伽德罗的分子学说是道尔顿科学原子学说的发展,但是他的理论在当时并未被化学界和物理界所承认与重视,反而被冷落了近半个世纪,其原因是多方面的:

(1) 阿伏伽德罗自己还缺乏充分的实验根据来加以证实,因当时知道的气体不多,容易被汽化的物质也不多。

（2）道尔顿反对,他认为同类原子互相排斥,不能结合成分子。

（3）由于当时化学权威贝采里乌斯关于分子形成的电化二元论点占统治地位,而电化二元理论与阿伏伽德罗的分子学说在某些方面有不相容之处,因此大家相信电化二元论而不相信分子学说。

虽然没有人承认,但阿伏伽德罗并没有死心。1814 年 2 月,他又发表了一篇论文,题目是《论单质的相对分子量:推测气体密度和某些化合物的构造》,这篇论文进一步丰富和完善了分子论,特别是对气体分子的研究是十分成功的。

3. 亲和力与电化二元论

原子为什么能够结合成化合物的分子? 分子为什么又能分解? 在古代人们只能基于一定的实践经验提出一些猜测,特别是古希腊,一些哲学家从人类生活中看到一种现象:爱,使人彼此亲近;恨,使人相互疏远。他们似乎感到爱与恨是一对力量。同时,古代哲学家很早就有一种观点,认为自然界是大宇宙,人是小宇宙,大宇宙与小宇宙是相似的,自然界的合离聚散和人间的悲欢离合有相似之处。因此人间的爱与恨也适合自然界。古希腊哲学家恩培多克勒提出,原子在爱的影响下结合,在恨的影响下分离。到了 13 世纪,炼金家马格努斯(Aibertus Magnus,1193～1282)从姻亲关系中提出一个概念,其拉丁文是 affinitas,英文是 affinity ,原意为"姻亲",中文翻译为亲和力或爱力。马格努斯还认为不同原子的亲和力大小不同。玻意耳也认为,两种不同元素的微粒(原子)相互吸引,生成第三种物质即化合物。用符号来表示,即有两种不同的微粒 A 和 B,相互吸引生成化合物 AB,AB 之间有一定的亲和力。假设 AB 遇到另一种微粒 C,若 AB 之间的亲和力小于 AC 或 BC 之间的亲和力,那么化合物 AB 将会分解,其中一个成分 A 或 B 与 C 生成第四种物质 AC 或 BC。亲和力大的微粒可以把亲和力小的微粒替换出来,用化学语言来说,就是发生化学反应。

18 世纪末,静电现象的研究已经相当深入了,把化学亲和力归结为电的吸引力变成了时髦的理论。1800 年,伏打电池问世,用电池来电解水,阴极上得到了 H_2,阳极上得到了 O_2。戴维电解融熔苛性钾、苛性钠,阳极上放出了 O_2,阴极上析出了 K、Na。在这个实验基础上,戴维提出二元论的接触学说,主张不同的原子接触时就相互感应分别带上了相反的电荷,静电吸引使原子结合成分子。贝采里乌斯则进一步指出,各种原子都有两极,好像磁铁一样,一极带正电,一极带负电,但一个原子的两极上所带的电,强弱并不相等,例如,氯原子带的负电多于正电,因此总的看来显负电性,而钠等金属原子则带的正电多于负电,所以总的看来显正电。他认为氧是"绝对负性",钾是"绝对正性"。称为"电化二元论"。该理论认为不同的原子(包括复杂原子)由于带不同的电性,因而有互相吸引的力。

如图 2.12 所示,在这些化合物中,前三者具有碱性,正电部分占优势,因此整个"原子"显正电性;后三者有酸性,负电部分占优势,所以整个"原子"显负电性。

因而两类粒子能再相互结合生成盐。

图 2.12

进而认为这些盐也显非中性，硫酸钾的"原子"以正电稍占优势，硫酸铝的"原子"以负电稍占优势，因此又能彼此结合成复盐（硫酸铝钾（明矾），图 2.13）。

图 2.13

根据电化二元理论，同一种元素的原子必然带相同的电性，彼此是互相排斥的，因而单质气体是不可能形成多原子分子的，所以贝采里乌斯激烈地反对阿伏伽德罗的分子学说。

贝采里乌斯的这一学说在当时化学界影响很大，以现代的观点看，也的确有部分正确性，但很片面。到 19 世纪 20 年代，由于卤代反应的发现，氯原子替代了甲烷中的氢，在这些反应中，被贝采里乌斯称为负电性的氯原子居然取代了有机化合物中具有正电性的氢原子，而且化合物的性质没有多大的改变。特别是三氯醋酸的制得，对电化二元论来说是致命的打击，在大量的科学实验成果面前，使贝采里乌斯的理论发生了动摇，为阿伏伽德罗分子学说的复兴和最后确立扫除了障碍。贝采里乌斯、道尔顿等人，都在分子论建立很久后还不承认分子存在，也许是因为他们为了维护自己的理论大厦，维护自己的权威地位。所以说在科学上是不能有私心的，私心会蒙蔽人追求真理的心灵。

阿伏伽德罗在 1811 年提出的分子论，由于受到不公正的待遇，被埋没了近半个世纪。但真理是压制不住的，1860 年 9 月，在德国卡尔斯鲁厄召开了国际化学会议，由于康尼查罗等人的工作，分子论终于被科学界所确认。后来，科学家们十分同情阿伏伽德罗，对当时社会对他的不公正待遇表示十分遗憾。人们根据新的研究，知道了在标准状况下，1 摩尔任何气体的体积都是 22.4 升，换算出 1 摩尔的任何物质都含有 6.022×10^{23} 个分子，为了纪念阿伏伽德罗的贡献，人们就把这个数字叫做"阿伏伽德罗常数"。阿伏伽德罗逝世以后，历史对他做出了公正评价，1911 年出版了他的全集，1956 年在他逝世 100 周年纪念时，意大利科学院召开了隆重的纪念会，意大利总统亲自出席了大会，在致辞中说："为人类科学发展做出突出贡献的阿伏伽德罗，将永远为人们所崇敬。"

五、早期原子量的测定

道尔顿科学原子学说的提出,在整个欧洲科学界引起了普遍的重视,他本人首先从事了原子量的测定工作,但他当时测定原子量的依据只有化合物的质量组成,至于化合物 A_mB_n 中的 m 和 n 无法判断,于是他采用"最简单原则",作了一些武断的假设,结果出现很多错误,造成原子量数值十分混乱。当时化学界认为测定原子量工作对化学发展有极其重要的作用,于是很多化学家都投入到这方面工作中,这项工作成了 19 世纪上半叶化学发展中的一项重要的"基本建设"。

1. 1813～1818 年贝采里乌斯对原子量的测定

贝采里乌斯是瑞典化学家,是当时很有影响的化学家。他从事了多方面的研究,做出了很多的贡献。他提出化学反应的电化二元理论;发现等当量的酸与碱会完全中和;发现了元素硒(Se);用钾还原制备出元素硅(Si),还用钾还原得到了锆(Zr)、钍(Th);他首先提出同分异构现象和同分异构体,还提出了催化剂的概念。他把大量工作用在测定原子量上。在极其简陋的条件下,他对大约 2 000 种单质和化合物进行了准确的分析,为计算原子量提供了丰富的实验数据。

贝采里乌斯对道尔顿在测量原子量工作中的武断假设极度表示怀疑,并用实验分析、证明道尔顿的数据不够准确,他对盖·吕萨克的"同温同压下,同体积的各种气体中含有的原子数相等"基本上赞同,但他又考虑道尔顿的反驳也有道理,他折中一下,认为盖·吕萨克假说只适用于单质气体(当时只有 N_2、H_2、O_2),而不适用于化合物。他深信盖·吕萨克的气体反应体积定律必然反映气体化合反应中的某种内在联系,因而认为化合物 A_mB_n 中两种原子数之比为 $m:n$,等于该化合物生成时,A、B 两种单质气体的体积最高比。他比道尔顿进了一步,对原子量的测定就有一定的依据。他依据水的合成是 2 体积 H_2 和 1 体积 O_2,确定水的组成是 H_2O,以此得出氧的原子量,这是原子量测量工作的一个重要突破。由于大批元素的原子量都是根据对其氧化物的分子量而确立的,贝采里乌斯鉴于氧化物的广泛存在,他把氧的原子量作为基准,规定它的原子量为 100。1814 年,他发表了第一个原子量表,列出了 41 种元素的原子量。

他做了另外一些假设:将倍比定律和化合物组成的"最简单原则"相结合。例如,Fe 有两种氧化物,与同量 Fe 化合的氧的质量比为 2:3,他推断铁的两种化合物为 FeO_2 与 FeO_3;Cu 有两种氧化物与同量 Cu 化合的氧的质量比为 1:2,他推断铜的两种化合物为 CuO 和 CuO_2。这样,他把 Fe、Cu 两个元素的原子量比真实值提高了一倍。他还认为亲和力弱的化合物中,金属原子与氧原子是 1:1,化学亲和力大的是 1:2。碱金属和碱土金属中,银的亲和力比较大,他认为氧化银为 AgO_2,结果使 Ag 的原子量是真实值的 4 倍。

下面我们摘录他的原子量表(表 2.3)。

表 2.3　贝采里乌斯的原子量表

元素	规定原子量根据	贝氏原子量(1814)		现代值(1960)
		O:100	O:16	O:16
氢	2H+O	6.64	1.062	1.008
碳	C+O,C+O₂	75.1	12.02	12.07
硫	S+2O,S+3O	201.0	32.16	32.066
铁	Fe+2O,Fe+3O	693.6	110.98	55.85
铜	Cu+O,Cu+2O	806.5	129.04	63.54
银	Ag+2O	2688.2	430.11	107.88
钾	K+2O	987.0	156.48	39.10
铬	Cr+3O,Cr+6O	708.0	119.35	52.01
氮	N+O,N+2O,N+3O	79.5	12.73	14.008
钙	Ca+2O	510.2	81.63	40.08
铝	Al+3O	34.20	54.72	26.98
磷	P+3O,P+5O	167.5	26.80	30.975

由表 2.3 中看到,贝采里乌斯在当时的条件下,分析的结果相当好。至 1818 年,贝采里乌斯分析的数据更加丰富、更加精确,元素达到 47 个。

另外,贝采里乌斯采用元素的拉丁文名称的开头字母作为元素符号,并用元素符号来表示化合物组成的化学式,与现在不同的是,数字是上标,例如:CO^2、SO^3、H^2O。

2. 杜隆等的热容定律及他们对原子量的测定

法国人杜隆(Pierre Louis Dulong)和培蒂(Alexies Terese Petit)曾专门对各种单质的比热进行测定,在 1819 年他们发现许多固体单质,特别是金属,其比热与它们的原子量常成反比,也就是说比热与原子量的乘积近似为常数。$\rho=K/m$,$\rho m = K$(常数),他们以氧的原子量为标准 1,所得常数 K 为 0.38,以氧的原子量 16 为标准,K 为 6.08,现代值是 6.4。他们称此常数为原子热容,并用此定律修正了原子量,对贝采里乌斯的很多原子量做了修改(表 2.4)。

他们把贝采里乌斯的金属 Au、Sn、Zn、Cu、Ni、Fe 的原子量均改为原来的一半,Ag 的原子量改为原来的 1/4,更接近了实际值。

表 2.4   原子量的测定

元素	贝氏值 O:100	杜-培值 O:1	杜-培值 O:16	现代值 O:16	原子热容 杜-培值	原子热容 现代值
Bi	1773.8	13.30	212.8	209.00	0.3830	6.37
Pb	2589.0	12.95	207.2	207.21	0.3794	6.52
Au	2486.6	12.43	198.88	197.0	0.3704	6.25
Sn	1470.58	7.35	117.6	118.70	0.3779	6.65
Ag	2370.21	6.75	108	107.88	0.3759	6.03
Cu	791.39	3.957	63.312	63.54	0.3755	6.88
N	739.51	3.69	59.04	58.69	0.3819	6.40
Fe	678.43	3.392	54.27	55.85	0.3731	6.28
S	201.16	2.11	33.76	32.066	0.3780	5.49

我们还应知道,这一规律是很重要的,不但可以确定一般元素的原子量,而且对于那些无挥发性化合物的组成元素,如 K、Na 的原子量也可以测定。事实上,K、Na 等的原子量就是用这种方法确定的。

3. 同晶定律的发现及其在原子量测定中的应用

1819 年,贝采里乌斯的学生米希尔里希(Ernst Eilhard Mitscherlich)发现了同晶定律。米希尔里希,法国人,主要从事物理和化学的研究。1818 年,他从事酸式磷酸钾与酸式砷酸钾的研究,发现这两种盐有相同的结晶形状。他就感到:"这两种物质有相同的晶形,若能说明其原因,必然就是极重要的道理。"他又研究了两种酸的钠盐与氨盐 NaH_2PO_4 与 NaH_2AsO_4、$NH_4H_2PO_4$ 与 $NH_4H_2AsO_4$,发现它们也具有相同的晶形。他就认为这是原子的数目而不是原子的本质所产生的现象,他总结出同晶定律:"同数目的原子若以相同的格局相结合,其结晶形状则相同。原子的化学性质对结晶形状不是起决定性作用的,但晶形却为原子的数目和结合的样式所支配。"

同晶定律有两个用途:

(1)由已知物质的晶形推测未知的晶形。例如,米希尔里希发现 $FeSO_4$ 与 $ZnSO_4$ 同晶,便预言 FeO 与 ZnO 也同晶。

(2)可以同晶定律确定化合物 A_mB_n 中 m 与 n 的比值,从而修正原子量。

米希尔里希发现同晶定律,立即得到老师贝采里乌斯的欢迎与支持,他们师徒二人把同晶定律用于测定和修正原子量上。他们根据铬酸盐同晶的事实,认为铬酸与硫酸化学组成相似。硫酸(酐)组成已知为 SO_3,那么铬酸(酐)组成也应为

CrO_3。他们还知道,低价铬中的氧是铬酸中氧的一半,而有可能为 $CrO_{3/2}$,因此低价铬的氧化物组成应为 Cr_2O_3,并意识到 Cr 的原子量应为 1818 年测量值的一半。又知低价氧化铬与氧化铁性质相近,并为同晶,因此高价氧化铁的组成应为 Fe_2O_3,低价氧化铁应为 FeO,氧化铝的组成也应是 Al_2O_3,这样铁、铝的原子量修正为原来的一半。1828 年,他们发现了钠、银的硒酸盐与硫酸盐属于同晶,已知用原子热容法测定的钠原子量为 23,则推知银的原子量为 108,把银的原子量修正为原来的1/4,这样使一些元素的原子量更为真实。

4. 杜马根据蒸气密度测定原子量

杜马(Jean Baptiste Andre Dumas,1800～1884),法国人,15 岁时当上配药师的学徒,27 岁开始测定元素的原子量。他热情支持阿伏伽德罗的理论,认为对原子和分子的区分是合理的,认为分子论有深刻意义。他发明了简单的蒸气密度测定法来测定挥发性物质的分子量,并由分子来推测原子量,这种方法目前在化学实验室还在应用。杜马测定了好多种物质的分子量,但他犯了一个错误,就是认为单质的蒸气都是双原子分子,结果他在 1827 年测定汞、磷、硫的原子量时结果都错了,因为磷是 P_4,硫是 S_8,而 Hg 蒸气是单原子分子。

5. 原子价态学说的建立

随着原子量测量工作的开展,大量无机化合物的组成被弄清楚了,人们开始认识到,一种元素的原子与其他元素的原子相化合时,在原子数目上似乎有一定的比例关系。最早发现该规律的人是英国的弗兰克兰(Edward Frankland,1825～1899),他在研究金属与烷烃基化合时,发现每种金属的原子只能与一定数目的有机基团相化合,例如钠原子只能和 1 个基团相化合,锌原子却有钠原子两倍的能力,能够和 2 个基团化合,而铝原子可以和 3 个基团相化合。他又广泛地考查了无机化合物的分子式,发现 N、P、As 等原子总是倾向与 3 个或 5 个其他原子相结合形成化合物。当处于这种比例时,它们的亲和力得到最好满足。他认为这种规律是普遍存在的,一切化学元素当它形成化合物时,与化合的原子(例如 H、O、I、Cl)的性质尽管相差很大,但它总是要求结合一定数目的原子来满足。这时弗兰克兰已经初步提出"原子价"的概念。

1857 年,德国的著名有机化学家凯库勒(Friedrich August Kekule,1829～1896)和美国化学家库帕(Archibald Scott Couper,1831～1892)发展了弗兰克兰的见解。经过分析、归纳、总结各类化合物,把各种元素的化合力以"原子数"或"亲和力单位"来表示,并且指出:不同元素的原子相化合时总是倾向于遵循亲和力单位数相等价的原则,这是原子价概念形成过程中最重要的突破。他们根据氢元素在其形成的各类化合物中(如 HCl、H_2O),1 个 H 原子最多只能与另外元素的一个原子相结合,确定 H 的亲和力单位数为 1。凡是与 H 原子进行 1∶1 相化合的原子,它们的亲和力单位数也为 1。这样,他们就推断出其他元素的亲和力单位数,把元素分为 3 组:

（1）亲和力单位数等于 1 的，例如 H、Cl、Br、K 等。

（2）亲和力单位数等于 2 的，例如 O、S 等。

（3）亲和力单位数等于 3 的，例如 N、P、As 等。

他们还阐明碳原子的亲和力单位数等于 4。

我们知道，弗兰克兰与凯库勒对原子价的见解有一个不相同的地方，弗兰克兰认为一种元素可以有几种原子价，例如磷可以为 3 价及 5 价，因此可组成 PCl_3 和 PCl_5 两种化合物；而凯库勒认为一种元素的原子价是固定的，只有一种。例如磷的原子价固定为 3，三氯化磷的化学式为 PCl_3，而五氯化磷的化学式应为 $PCl_3 \cdot Cl_2$。"因五氯化磷气化时分解为 PCl_3 及 Cl_2"；铁的原子价亦固定为 3，至于二氯化铁，其化学式他认为应是 $Cl_2 = Fe - Fe = Cl_2$。

1864 年德国人迈尔（Juliu Lothar Meyer，1830～1895）又建议以"原子价"这一术语代替"原子数"或"原子亲和力单位"。这样，原子价学说至此便定型了。

原子价学说的建立揭示了各种元素化学性质上一个极重要的性质，阐明了各种元素相化合时在数量上所遵循的规律，它又为化学元素周期律的发现提供了重要的依据。而且这一学说大大推动了有机化合物结构理论和整个有机化学的发展。

六、康尼查罗论证原子-分子学说

由于种种原因形成了对阿伏伽德罗分子学说的障碍，分子论没有得到及时公认，耽搁了近 50 年的时间，虽然很多人致力于原子量的测定工作，分析技术也有了很大的进步，但由于对化合物中原子组成比的确定，长期没有找到一个合理的解决方法，原子量的测定陷入困境，道尔顿提出最简单原则，贝采里乌斯采用电化二元论理论，认为同类原子不能相互结合，他在这个问题上尽管也花了极大的精力并提出过不少的依据，但仍常有武断之处，不能令人十分信服。而且他自己也往往陷入自相矛盾，不断地进行修订原子量。理论上是森严壁垒，实践上各行其是，原子量标准也不统一，有的把氧作 1，有的作 16，有的把氧作 100。对碳的原子量，有的人用 6，有的人用 12，对氧原子量有的人用 8，有的人用 16，导致许多化学家对原子量失去信心。在化学符号的应用与表示方法上也极为混乱，当时的情况正如迈尔所说，HO 既可代表水，又可代表过氧化氢；CH_2 既代表甲烷，又可代表乙烯；甚至在某些课本中，同一页上竟有各种不同式子代表的醋酸，醋酸有 19 种表示式。当时一些化学名家如戴维、乌拉斯顿、盖·吕萨克、格梅林、李比希等甚至怀疑测定原子量的可能性，对原子价的看法也是分歧很大，有人甚至对原子学说也发生动摇，表示怀疑了。著名的化学家杜马在 1840 年还说："如果由我当家做主，我便从科学中把原子二字铲除干净，因为我认为它是在我们经验之外的，而在化学中我们从来就不应远离经验。"贝采里乌斯的原子量系统也在 1830～1840 年遭到了多方的攻击，原子学说都处于这种状况，阿伏伽德罗的分子论当然就更是无人问津了。

在学术混乱的状态下,各国化学家,尤其是年轻一代的化学家开始意识到应该召开一次国际性化学会议来统一一下大家的意见。

1. 卡尔斯鲁厄国际化学会议的发起

1859 年底,德国年轻的化学家凯库勒写信给他的同胞维尔慈(Weltizen)提议会商化学面临的问题。1860 年 3 月,凯库勒与法国化学家伍慈(Wurtz)在巴黎会晤,决定召开一次国际化学会议。由维尔慈用英、法、德 3 种语言写成通知,发给欧洲一些著名的化学家,请他们作为大会的发起人,并在《通知》上签名,1860 年 7 月 10 日,45 位化学家,其中有维勒、李比希、杜马、康尼查罗、密婚利克、本生、柯普、霍夫曼、凯库勒、维尔慈、伍慈等人签名的《通知》向德、法、英、俄、意等 10 多个国家发出。会议定于 1860 年 9 月 3 日开幕,地点在德国的卡尔斯鲁厄,会期 3 天。

2. 第一次国际化学会议的经过

1860 年 9 月 3 日上午 9 时,第一次国际化学会议在卡尔斯鲁厄的博物馆大厅举行,约有 140 位化学家出席,其中德国 57 人,法国 21 人,英国 18 人,俄国 7 人(门捷列夫也出席了此次会议),比利时 3 人,意大利 2 人(康尼查罗与帕维塞),澳大利亚、瑞士、瑞典、西班牙、葡萄牙和墨西哥的化学家也参加了会议。

第一天会议上,维尔慈代表东道主致欢迎辞,他请本生当主席,本生推辞,于是大家推选维尔慈当了执行主席。伍慈做会议记录,是用法文记录的。会议推出凯库勒、伍慈、罗斯科、施太克、希施科夫 5 人组成秘书处。凯库勒在会上提出要解决的 4 个问题:① 分子、原子和当量的区别;② 原子量的数值;③ 物质的化学式与写法;④ 化学作用原因。大会认为在如此短的时间内要澄清这么多的问题是很困难的,决定主要解决前 2 个问题。大会在 11 时还选出了施太克、柯普等 30 人的指导委员会。指导委员会的作用是先提出对问题的看法,再交大会讨论。9 月 3 日下午指导委员会讨论了原子、分子与当量的概念。由于卤代醋酸的发现,否定了电化二元论,在康尼查罗的要求下,大家接受分子论,很快指导委员会达成共识。

9 月 4 日上午,第二天大会上,施太克报告了指导委员会前一天就第一个问题——分子、原子和当量的区别的意见,请大会讨论。凯库勒作了详细的说明,康尼查罗跟着也发了言,米勒在发言中希望大家放弃"复合原子"一词,其他人员虽有各种意见,但分歧不大。讨论结果:把原子、分子作为不同层次来理解,分子是参加反应的最小质点,决定化学性质;原子是构成分子的最小质点,在化学反应中保持不变;当量的概念是经验的,独立于分子和原子之外。

第二天大会之后,指导委员会开会讨论原子量的数值问题,由柯普和杜马任执行主席,讨论过两次。以凯库勒、康尼查罗为代表的一派,主张采用日拉尔(1816~1856,法国著名的有机化学家)的原子量,以氧为 16;以杜马为代表的一派主张应用贝采里乌斯系统(以氧为 100)。碳原子是新值 12,还是老值 6,双方争论无法统一,指导委员会决定交给大会讨论。

9月5日,第三天大会上,选出杜马为主席。秘书处宣读了提交大会讨论的问题:① 如何使化学的定义、术语同科学的最新发展协调一致? ② 是采纳贝采里乌斯的原子量体系,加以某些改进,还是采用日拉尔的原子量系统? ③ 是否需要用新的化学符号同那些使用了50年的符号表示加以区别?

会上进行了激烈的争论,欧德林主张一种元素只用一种原子量,而杜马说有机化学与无机化学是两个根本不同的学科,应有各自的原子量系统。康尼查罗在大会上发言,他指出,日拉尔已经把化学置于一个正确的轨道,这就是建立在阿伏伽德罗假说(后安培给予补充)为基础的分子量之上。因而,杜马的蒸气密度法测定分子量有重要意义。他还解释如何应用阿伏伽德罗假说来测定原子量,他恳求会议采纳日拉尔提出的原子量与分子量,而不要维护贝采里乌斯的体系。对于这个发言,事后门捷列夫说:"他生动的演讲,说句真话,是受到普遍赞扬的,多数人站在康尼查罗一边。"在康尼查罗发言后,有许多人发言,同意者有之,反对者也不少。就在这时候,康尼查罗的同胞——帕维塞向大会散发了康尼查罗两年前写的小册子,题目叫《化学哲理课程大纲》。内容是叙述阿伏伽德罗、盖·吕萨克、贝采里乌斯、罗郎、日拉尔和杜马的一些贡献,以及他们如何来解决化学中的重要问题——原子量和化学式。

会场上争论更加激烈,气氛达到了白热化程度,人人各抒己见。埃德曼提出"科学上的问题,不能勉强一致,只好各行其是罢了"。不少人同意这个意见。最后,杜马代表全体与会人员向这次国际会议的承办者——德国的化学家表示谢忱之后,以不表决也不做出决议的形式而结束会议。

卡尔斯鲁厄会议开创了多国化学家集合在一起解决共同问题的范例。这次国际化学会议给新时代的化学奠定了基础,从此化学就进入了研究原子和分子的阶段。在这次大会上,康尼查罗做出了重大的贡献。

卡尔斯鲁厄会议的与会者,年龄最大的65岁,是牛津大学的道本教授,最小的是法国的波尔斯坦,才19岁。因此,这次会议是年轻一代化学家活跃的舞台,他们的特点是有勇气、有思考,敢于向权威挑战,既尊重已有的成就,又不阻挡崭新的观点。凯库勒当时31岁,是会议的发起者和主干力量,两年前,29岁时,他提出化合价概念,设计了有机化学的结构模型,并用结构模型解释有机物的反应。康尼查罗当时34岁,他的见解得到了与会者极大的重视。迈尔当时30岁,4年后,他用原子-分子论观点出版了《现代化学理论》。门捷列夫当时26岁,会议一结束,他就写信给他的老师,对会议作了高度的评价,他认为化学新思想在迅速成长,9年后,他发现了元素周期律。

3. 康尼查罗的贡献

康尼查罗(S. Cannizzaro,1826~1910,图 2.14),意大利化学家,阿伏伽德罗的老乡。康尼查罗1826年7月26日出生在意大利的西西里岛,父亲是个政府官员,他15岁中学毕业,获金质奖章,考入巴勒摩大学医学系。因在巴勒摩大学学潮中他率先请愿，被当局开除出校，后经了解他的教授说情，才转到比萨大学继续深造。后来终于成了著名的科学家。康尼查罗是科学家，但他很关心革命斗争，1848年，他参加了推翻封建王朝的革命起义，起义失败以后，他流亡法国，封建王朝对他进行了缺席审判，判处他和其他12名领袖死刑。1860年4月，西西里人民再次起义，赶走了斐迪南二世，康尼查罗又回到西西里，被选为国家非常委员会的委员。意大利统一以后，康尼查罗在罗马大学任化学教授。他还兼任议员、副议长、国家教育委员会委员和财政委员会委员。康尼查罗一生获得许多荣誉，1862年被选为英国皇家学会会员，1872年获法拉第奖章，1906年为了庆祝他的80岁寿辰，在罗马举行了国际应用化学代表大会，授予他一座象征传递真理的比立特之坐像。

图 2.14　康尼查罗

　　他1851年发表了关于氨基氰的论文，1855年将碳酸钾与苯甲醛作用发现被称为"康尼查罗"的反应，碳酸钾是催化剂，苯甲醛一半变成苯甲醇，一半变为苯甲酸。他不但是一个化学家，还是一位天才的理论家、演讲家。康尼查罗最重大的成就就是确立了阿伏伽德罗提出的原子-分子理论，这一理论直接导致化学元素周期律的发现和有机化学系统的建立。

　　在卡尔斯鲁厄会议上散发的小册子《化学哲理课程大纲》中，他开宗明义地说："……只要我们把分子和原子区别开来，只要我们把用以比较分子数目和质量的标志与可以推导原子量的标志不混为一谈，只要我能不固执这类成见：'认为化合物的分子可含不同数目的原子，而各种单质的分子只含有一个原子或相同数目的原子'，那么，阿伏伽德罗的分子理论和已知事实就毫无矛盾之处。"他明确地指出："据我看来，近来化学之进步，已经证实阿伏伽德罗、安培和杜马的假说……即等体积的气体中无论是单质还是化合物，都含有相同数目的分子，但它绝不是含相同数目的原子。""从化学历史的考察以及从物理学研究的结果，我断定，要使全部化学中无冲突地统一起来说明，以及测定分子量及分子组成时，阿伏伽德罗和安培的学说必须充分地应用，那么如此所得的结果则与物理上、化学上已获得的定律，可以完全符合。"以上几段话已把他的观点表明得清清楚楚，说明原子-分子论的重要意义。

　　他测定原子量时，以氢气密度的一半作为比较基准1，这样一来，氢分子量为2，分子中有2个原子，因此氢原子量为1。他提出了一个确定原子量的方法：化合物中所含各种原子的数目必是整数，因此，一个化合物中各元素的质量一定是其原子量的整数倍数，即等于原子量的2倍、3倍……这个最小的质量就是这个元素的原子量，例如，氢气、水、一氧化碳、二氧化碳、乙醇、乙醚，在同温同压下测定气态的密度,相对分子量之比就是密度之比,指定氢的分子量为2,其他物质的分子量就确定了,然后作分析,可以求出物质中各元素原子的质量。如表2.5所示。

表 2.5 康尼查罗的分子量表

物质	分子量	分子量中各元素质量			现在已知分子式
		氢	氧	碳	
氢	2	2			H_2
水	18	2	16		H_2O
一氧化碳	28		16	12	CO
二氧化碳	44		32	12	CO_2
乙醇	46	6	16	24	C_2H_5OH
乙醚	74	10	16	48	$C_2H_5OC_2H_5$
		1	16	12	

由表2.5得出氢、氧、碳的原子量分别为1,16,12。

他提出的方法,没有加入丝毫的主观因素,而是完全靠反映物质本质的原子-分子论,因此测量出的原子量都是正确的。

4. 原子-分子论的建立

卡尔斯鲁厄会议结束后,康尼查罗的小册子被不少人带回去了。这个小册子说理透彻,观点鲜明,例证充实,宣布了分子论的确定。康尼查罗的主要观点有以下几个:

(1) 阿伏伽德罗的分子论是正确的,这一理论可正确地解释气体反应体积定律。

(2) 分子论可以解释已往理论所解释不了的化学过程。他举出了许多例证。

(3) 用分子假说和气体密度法求得的分子量、原子量十分准确。

(4) 把当量与原子量区别开来。

(5) 原子量只有一种,无论是在无机反应中还是在有机反应中都不变。

(6) 确定了书写化学式的原则。

德国化学家迈尔在回家的途中读了康尼查罗《化学哲理课程大纲》的小册子,后来又重读数遍。对这本小册子评价很高,他说:"这本小册子对于大家争执的主要问题,照耀得如此清楚,使我感到惊奇,眼帘的翳障好像剥落下来,好些疑团烟消云散了。而十分肯定的感觉取代了它们……对于我的影响既然如此,我想对于到会的其他许多人也必然跟我一样。"迈尔于1864年,用原子-分子理论写成并出版了《现代化学理论》,这本书是近代化学的经典教材。后来许多科学家从这本书上,了解并接受了阿伏伽德罗分子理论。阿伏伽德罗常数已经成为科学上十分重要的数字了,1摩尔中含有 6.022×10^{23} 个分子。从此以后,近代化学在原子-分子论的基础上得到了统一,原子-分子论解释了化学反应、化学变化的现象,指导了近代化学健康地向前发展。

　　康尼查罗自己非常谦虚,他力主把分子论的优先权授给阿伏伽德罗,说自己只是在阿伏伽德罗的基础上,做一些补充性的工作。康尼查罗对原子-分子论虽然没有什么特殊的发现,但是他为其确立和发展扫除了许多障碍,统一了分歧意见,澄清了某些错误的见解,把原子-分子理论整理为一个协调的系统,并把各种实验结果贯穿在一起,作了合理的阐明,使原子-分子论成为近代化学的理论基础。

思　考　题

　　1. 第一个提出区别混合物与化合物的人是谁?

　　2. 化学的基本定律有哪些? 各由哪位化学家发现?

　　3. 道尔顿的科学原子学说的要点是什么? 道尔顿的科学原子学说有什么历史意义?

　　4. 为什么称道尔顿是近代化学之父?

　　5. 阿伏伽德罗分子论的重要内容是什么?

　　6. 第一次国际化学会议在何时何地举行? 主要讨论了哪些问题? 有何历史意义?

　　7. 迈尔于 1864 年,用原子-分子理论写成并出版了什么名著?

第三章 近代化学的发展

19 世纪中期到 20 世纪初,是近代化学的发展成熟时期。在原子-分子论指导下,近代有机化学的产生与发展,电化学的诞生,光谱学的建立,新元素不断被发现,门捷列夫发现元素周期律,近代物理化学的建立与发展,是这一时期的主要事件。

第一节 近代有机化学的产生与发展

在很早的时候,人们已利用一些有机物质,制造了生产与生活中的用品。例如我国古代在制糖、酿造、造纸、染色、医药等方面都做出许多成就。18 世纪,欧洲一些国家发生了资产阶级革命,解放了生产力,推动了钢铁、冶金、纺织等工业迅速发展,需要大量的化学材料与制品。例如,纺织业需要大量的染料,而天然的染料满足不了大生产的需要,就需要进行人工合成。又如,炼焦工业的副产品煤焦油需要处理与利用。因此,近代有机化学正是在社会需要的推动下产生与发展起来的。

一、近代有机化学的创立

广大劳动人民在利用、制造和生产有机物质的过程中,逐步积累了丰富的经验,对天然有机化合物进行了加工,制得比较纯的有机化合物,并对这些有机化合物的组成进行了分析。在此基础上,又进行了有机化合物的人工合成。因此,有机化合物的提纯、分析和合成是近代有机化学创立的标志。

1. 有机化合物的提纯

(1) 早期的有机化合物提纯

早期,有机化合物是从植物与动物有机体中提纯出来的。在植物中提取的有机物有糖、酸、胶、靛蓝、苦素、丹宁、樟脑等;在动物体中提取的有机物有血液、尿素、尿酸、唾液等。

我国古代劳动人民很早就掌握了酿酒与酿醋的生产技术,以后又掌握了蒸馏技术,做出了蒸馏酒——烧酒。明代李时珍在《本草纲目》一书中详细记载了烧酒的制造工艺:"凡酸坏之酒,皆可蒸烧。""酸坏之酒"中含有少量醋酸,进行蒸馏时,酒先蒸出,醋酸因沸点较高而被留下,这就使酒精和醋酸分离。世界上其他一些国家的民众,也陆续制得了一些较纯的有机化合物,如酒石酸、醋酸、琥珀酸、苯甲酸,并且还制出了乙醚。

（2）近代的有机化合物提纯

18世纪后半期,有机化合物的分离与提纯工作发展很快。瑞典人舍勒,于1769～1785年间,从酿酒副产物的酒石中分离出了酒石酸,从柠檬中分离出柠檬酸,从苹果中分离出苹果酸,从酸牛乳中分离出乳酸,从尿中分离出尿酸,从五倍子中分离出没食子酸。舍勒还分离出了草酸,而且还用硝酸氧化蔗糖的方法制得了草酸。他还发现并鉴定出甘油是动植物油脂中的成分。

除舍勒外还有不少人也进行了这方面的工作,分离出了不少的有机化合物。例如,从尿中分离出尿素（1773年）,从鸦片中分离出了吗啡（1805年）,从动物脂肪中分离出胆固醇（1815年）,从马尿中分离出马尿酸（1829年）。另外还分离出了植物碱类的药物,如金鸡纳碱、士的宁和辛可宁（1820年）等等。

2. 有机元素的分析

随着有机物质的利用,提纯出来的有机化合物品种日益增多,有机分析也发展了起来。

（1）拉瓦锡对有机物的分析

1781年,拉瓦锡把他的燃烧理论应用在有机化合物的分析上,他将许多有机化合物完全燃烧,大多数都产生碳酸气和水。他分析发现大多数有机化合物中都含有碳和氢,少数有机物中含有氧、氮。

（2）盖·吕萨克和泰勒对有机物的分析

这两个法国人将有机化合物与氯酸钾混合,做成小丸,干燥后,放入硬质玻璃管中,强烈加热使其燃烧,燃烧后把生成的气体收集在倒置于汞面上的玻璃瓶中,进行体积测量,对有机物的成分进行了比较精确的分析。例如,他们对蔗糖的分析结果是碳占41.36%,氢占6.39%,氧占51.14%,与现代分析的数值相当接近。但盖·吕萨克与泰勒的分析方法不适用于易挥发的有机化合物,因为易挥发的有机物质与氯酸钾作用常常是很激烈的,有时会发生爆炸,因此这种方法不够安全。

（3）贝采里乌斯对有机物的分析

1814年,贝采里乌斯进一步改进了前人的分析方法。他采用苛性钾吸收碳酸气,用氯化钙吸收水蒸气,这样燃烧后生成的CO_2和水就可以直接称量了。他改进了盖·吕萨克和泰纳的分析方法,在氯酸钾中掺了食盐,这样可以减缓有机物质的燃烧速率,避免了发生爆炸的危险。

贝采里乌斯对一系列有机酸进行了分析,写出了这些酸的化学式。例如:柠檬酸（H＋C＋O）、酒石酸（5H＋4C＋5O）、琥珀酸（4H＋4C＋3O）、醋酸（6H＋4C＋3O）、没食子酸（6H＋6C＋3O）、黏液酸（8O＋6C＋10H）等等,都是比较正确的。1830年,他分析了葡萄糖,发现它与酒石酸的组成相同,发现了同分异构现象。

图 3.1　李比希

（4）德国化学家李比希对有机物的精确分析

尤斯图斯·冯·李比希(J. V. Liebig,1803～1873,图3.1),1803 年 5 月 12 日诞生于德国达姆施塔特。他生逢其时,一辈子都活跃在化学大有可为的时代。他的父亲是一个颇有名气的药剂师,母亲是犹太人的私生女。他们家共有 9 个孩子,他排行老二。小时候,在父亲的药房中搞了一个小实验室,经常一个人做"小玩意"。一天,他从一个卖仙丹妙药的人那里学会了制造爆炸雷管的方法。于是他在药房里制造出"小炸弹",在外面放响玩,当地不少孩子都向他购买。他在学校里不喜欢拉丁语,感到乏味,上课时思想经常开小差,成绩不出色。有一天上课时老师发现他思想开小差,就提问他到底想干什么,他立即站起来,毫不犹豫地回答道:"我准备当个化学家。"教室里顿时发出一片哄笑声,连一本正经的老师也跟着笑了起来。他以后一头扎到化学中去,看了不少化学书籍。一天,他把制造的"小炸弹"带到教室里,不幸发生了爆炸,因此被学校开除。以后,他就在家中一间阁楼里做实验,一次他做好了几种炸药,放在地板上,不小心研杆从桌子上滚下来,正好击中了炸药,发生了大爆炸,掀翻了阁楼的房顶,而这个小化学家却皮肉未损。1820 年,他上了大学,做了一系列有关雷酸组成的实验。1822 年,他出国到了世界科学中心巴黎,在人生的道路上迈出了有决定意义的一步。在巴黎,他在大化学家盖·吕萨克的严格指导下,成长很快。1824 年他回到德国,任吉森大学化学教授,创立了吉森实验室。

李比希分析有机物的方法是利用有机物的蒸气与红热的氧化铜接触时可以完全燃烧这一特点,把样品放在一根装有氧化铜的硬质玻璃管中,加热使其燃烧。燃烧产物先通过装有氯化钙的管子,吸收生成的水蒸气,再通过装有苛性钾浓溶液的玻璃瓶吸收生成的碳酸气,最后通过装有固体苛性钾的玻璃管吸收残余的碳酸气和从苛性钾溶液带出的水分。分别对各个吸收管称重,就可以算出有机物中碳和氢的含量了,如果碳和氢的百分含量相加达不到 100%,又没有检出其他元素,那么其差数就是氧含量的百分数。

李比希还改变了仪器的形状,变换了实验分析方法,使效果大大提高。贝采里乌斯需要用两个月的时间,他仅用一天时间就做到了。有机定量分析方法的改进,使化学家掌握了打开通向有机化学领域大门的钥匙。李比希对许多有机化合物进行了分析,得到的结果相当精确。在此基础上,他写出了这些化合物的化学式。

（5）杜马对有机物中含氮量的分析

杜马采用的方法是用氧化铜把有机物氧化,样品中的氮变成氮气与产物 CO_2 一起溢出,二氧化碳被吸收后,剩下的氮气的体积就可以直接测出。

有机分析开始使用质量分析法,以后产生了容量分析法。对有机物的大量分析表明,有机物种类繁多,但主要含元素 C、H、O,以及少量元素 N、S。

3. 有机合成的发展

（1）生命力论的提出

贝采里乌斯对原子之间相互结合,提出了电化二元学说,在解释许多化合物方面十分成功,但对有机物的解释却遇到了困难。为什么只用 C、H、O、N 等少数几个元素就能形成这么多的有机化合物? 并且有机物总是在动植物体中发现提纯出来的? 当时的化学权威贝采里乌斯认为有机化合物中存在一种生命力,也称为活力。许多人都支持这个观点,生命力论者认为:动植物有机体具有一种生命力,依靠这种生命力才能制造有机物质。因此有机物质只能在动植物有机体内产生;在生产上和实验室里,人们只能合成无机物,不能合成出有机物,特别不能从无机物物质合成有机物物质。显然,生命力论是唯心主义,是形而上学和不可知论在有机化学领域中的反映,把有机化合物神秘化,使得有机物和无机物之间人为地制造了一条不可逾越的界限,这样便严重地阻碍了有机化学的发展。

（2）尿素的人工合成

有机化合物尿素是德国的有机化学家维勒首先从无机物进行人工合成的。

维勒(F. Wöhler,1800~1882)1800 年出生在法兰克福附近的埃施耳施亥姆,他父亲是一个有名的医生。小时候,他从书房里找到了一本旧化学书,就认真看起来,并且在自己的小屋里搞起了实验。由于未做好数学作业,老师告诉了他爸爸,他爸爸很生气,就把他的化学书没收了,他感到非常委屈,两眼泪汪汪的。以后,他便跑到他父亲的一位朋友布赫医生那里借化学书看,强烈的求知欲激起他对化学的兴趣。他从书中看到戴维用电解法制备金属钾、钠,就开

图 3.2　维勒

始制作电池,并且用电池和他的小妹妹开玩笑:"我要给你看个有趣的东西,你愿意吗? 跟我来。""你要答应我,不许弄出那些叫人透不过气的东西来。"他妹妹边说边跟他上楼去。几分钟后,从房里传出吓人的尖叫,妹妹遭到电的"打击",由于害怕,她没能伸手放开电极,妹妹惊叫了起来,他却在旁边哈哈大笑。当他切开电路后,妹妹便脸色苍白地趴在床上,过了几分钟才清醒过来,大声斥责哥哥:"你害人! 我再也不给你帮忙了,你不是我的哥哥!"妈妈、爸爸也都斥责他,他不服气,还叫他父亲试验一下,结果他父亲的手被电紧紧地"拴住",无论他怎样也伸不开手掌。他父亲大怒,便把电池箱丢到窗子外头去了。

以后他还用盖·吕萨克的方法制备出金属钾,他仔细地研碎了几块苛性钾,把它们和炭粉一起装入坩埚,然后再在混合物上覆盖一层厚厚的木炭,并把坩埚放在熊熊燃烧的木炭上面,他的妹妹帮他拉风箱,由于用力,脸涨得通红,嘴里嘟哝着:"我多次发誓不再给你帮忙,可是到后来还是一再让步。""可你就会看到这是一种

多么奇妙的金属,"维勒说,"它像蜡烛一样软。""不过说说罢了,这样的金属是没有的!"这次实验他成功了,在冷却后的坩埚中,他看到了几粒金属钾,他妹妹也很高兴。

1820年,他到了马堡,开始研究不溶于水的硫氰酸银与硫氰酸汞的性质,他研究了硫氰酸汞受热分解的情况。1822年秋天,维勒去了海德堡,在葛梅林教授的实验室工作。他研究氰酸和氰酸的盐类,成功地制得了氰酸的银盐和钾盐,还得到了汞盐。与此同时,在盖·吕萨克的实验室工作的李比希也正在研究这类化合物。李比希得到的是具有爆炸性质的雷酸汞 $Hg(ONC)_2$,而维勒制得的却是毫无爆炸性质的氰酸汞 $Hg(OCN)_2$。这两种化合物的组成是完全相同的,他们相互都怀疑对方出了差错,还进行了辩论。以后他俩成了好朋友,其实他俩都没错,只是第一次碰到同分异构现象而已。

维勒还研究了动物尿中的各种物质,他对狗进行了实验,分析狗尿中主要是尿素。这个物质是无色的晶体,易溶于水,他还全面地研究了尿素的性质。

1823年,维勒获得外科医学博士的称号,冬天,他到当时的化学权威贝采里乌斯的实验室工作。1824年,他回到法兰克福,继续研究氰酸,想制取氰酸的铵盐进而研究,于是维勒把氨水与氰酸倒入一个大盘中,再把混合物放在水浴锅里加热慢慢蒸发,到傍晚时,液体表面出现了一层薄薄的硬皮,说明溶液的浓度已经相当大了。维勒从水浴锅上把大盘子取下来,让溶液冷却过夜。第二天清早,他发现盘子里形成了很好看的白色透明的结晶,于是他把结晶与溶液分开,并把结晶烘干。

$$NH_3 + HCNO \longrightarrow NH_4CNO(预期产物)$$

然后,他对这个铵盐进行研究,使他感到奇怪的是,这个产物没有氰酸盐的性质。他把这个结晶与 NaOH 溶液反应,并没有氨气放出,这个结晶与强酸反应也没有氰酸放出,于是维勒断定这种结晶绝不是氰酸铵,而可能是一种有机物。他联想到他以前研究过的尿素,认为这个结晶可能是尿素。以后4年中,他又做了一系列的实验,对这种白色结晶进行了定量和定性的分析研究,最后得出结论:这种白色的结晶就是尿素。1828年,维勒发表了总结性文章:《论尿素的人工制成》。在这篇文章中,他介绍了人工合成尿素的方法,指出:"这种白色结晶物,最好是用氯化铵溶液分解氰酸银或者以氨水分解氰酸铅的方法来获得。"这两个反应表示如下:

$$NH_4Cl + AgOCN \longrightarrow AgCl\downarrow + NH_4OCN$$
$$2NH_4OH + Pb(OCN)_2 \longrightarrow Pb(OH)_2 + 2NH_4OCN$$
$$\downarrow$$
$$PbO + H_2O$$

$$NH_4OCN \xrightarrow[异构化]{\triangle} CO(NH_2)_2(尿素)$$

维勒指出:由无机物合成的这个白色结晶物质,不是无机物氰酸铵而是有机物尿素。维勒还明确指出:"尿素的人工制成,这是特别值得注意的事实,因为它提供了一个从无机物人工制成有机物并确实是所谓动物体上实物的例证。"

（3）生命力论的破产

生命力论因尿素的人工合成受到致命的打击，但它并不肯轻易退出历史舞台。有些人认为："尿素只是动物排泄下来的低贱之物，是介于有机化合物和无机化合物之间的，不能认为是真正的有机化合物，想用无机物合成真正的有机物在原则上是不可能的。"

然而，在人工合成尿素的启发下，有机合成得到了迅速发展。1845 年，德国化学家柯尔柏（Hermann Kolbe）利用木炭、硫黄、氯以及水作为原料，合成了有机化合物醋酸（CH_3COOH），反应表示如下：

$$C + 2S \longrightarrow CS_2$$

$$CS_2 + 3Cl_2 \xrightarrow{Fe} CCl_4 + S_2Cl_2 \qquad 2CCl_4 \xrightarrow{\triangle} C_2Cl_4 + 2Cl_2$$

$$C_2Cl_4 + 2H_2O + Cl_2 \xrightarrow{水解} CCl_3COOH + 3HCl$$

$$CCl_3COOH + 3H_2 \xrightarrow{还原} CH_3COOH + 3HCl$$

以后人们又用无机物人工合成了葡萄酸、柠檬酸、琥珀酸、苹果酸等一系列有机酸。1854 年，法国化学家贝特罗用多聚甲醛与石灰水作用，第一次合成了属于糖类的物质。由于许多有机物质可以人工合成，从而人们确信人工方法既可以合成无机物质，也可以合成有机物。到这时，生命力论遭到彻底破产。

（4）尿素合成的重要意义

① 尿素的人工合成，有力地刺激了化学家们力图在有机化学领域内理出一个头绪。

法国化学家杜马指出："所有化学家都欢呼维勒关于人工制造尿素的出色发现。""这个卓越的或在某种程度上说是意外的，不借助于生命技能制造出的尿素，我们应感谢维勒，应当把这看成是宣告科学中一个新时代开始的发现。"

恩格斯指出："由于用无机的方法制造出过去一直只能在活的有机体中产生的化合物，它就证明了化学定律对有机物和无机物是同样适用的，而且把康德认为是无机物和有机物之间的永远不可逾越的鸿沟大部分填了起来。"恩格斯还进一步指出："现在只剩下一件事情还得去做：说明生命是怎么样从无机界中发生的，在科学发展的现阶段上，这就是要从无机物中制造出蛋白质来，化学正日益接近这个任务。虽然它距离这一点还很远，但是，如果我们想一想，维勒在 1824 年才从无机物合成第一种有机物——尿素，而现在已经用人工的方法，不用任何有机物就能制成无数的有机化合物，那么，我们就不会让化学在蛋白质这一难关面前停步不前。"

事实真如恩格斯所料，1965 年，我国科学工作者首次合成了蛋白质——牛胰岛素，成为世界上第一个人工合成蛋白质的国家。

② 尿素人工合成后的两方面发展。

一方面，促使化学家在实验室人工合成有机物；另一方面人们开始了对像尿素与氰酸铵这样具有相同化学组成,但性质完全不同的两种物质的研究。提出了同分异构现象,说明了物质的性质不但与组成有关,还与结构有关,推动了进一步研究有机化合物的结构理论。

二、有机结构理论的发展

1. 早期的有机化学理论

（1）电化二元论——基团学说

19 世纪初期,贝采里乌斯提出的电化二元论解释了许多无机化合物,并推广到有机化合物中,他还运用了拉瓦锡“基”的概念。1832 年,德国化学家李比希与维勒发现了安息香基（即苯甲酰基）C_6H_5CO-,他们发现在很多反应中这个基团都保持不变。他们的发现引起了化学界的注意,贝采里乌斯给予高度评价:“是植物化学中一个新时代的开端。”1833 年爱尔兰化学家凯恩又提出乙基,以后不少化学家又提出其他基团。到 1837 年,许多化学家认为基团观点是解开有机化学各种奥秘的最后答案。于是李比希与杜马合作发表《有机化学现状》的论文,提出了基团学说,李比希还对基下了这样的定义:基是一系列化合物中不变的组成部分,基可以被其他简单物质取代,基与简单物质结合符合当量定律。他们认为有机化合物是由基团组成的,这类稳定的基是有机化合物的基础。基团理论解释了不少有机化学反应,在基团论的影响下,人们致力于寻找新的基团,研究基团反应,为有机化学积累了丰富的材料。

但基团理论未能揭示有机化合物结构的本质,基团理论实质是电化二元论在有机化学中的推广,认为基团也像元素那样,碱性基团带正电,酸性基团带负电。而在有一些反应中,有些基中的原子可以被其他原子取代,这是基团理论解释不了的。

（2）一元论——取代学说

1834 年,杜马在一次社交晚会上发现蜡烛燃烧放出一种使宾客难以忍受的气体,他研究的结果是蜡烛用氯气漂白时,Cl 置换了蜡烛中的部分 H,提出了置换定律或称取代作用。他的学生,年仅 27 岁的罗朗,敏锐地感觉到取代作用的重要性,专门研究了卤素对有机物的取代作用,发现取代后的生成物与原物质的性质并没有发生很大的变化。例如 CH_3COOH 中正电性的氢可被负电性的氯所取代,而产物的性质没有多大的改变。于是提出了一元论:“用其他元素取代有机物中的氢元素后,可以得到与原始物性质相似的新物质。”也就是说有机物是一个整体,部分被其他元素取代,性质大致不变。

一元论提出后,受到声望很高的贝采里乌斯的猛烈反对,并错把罗朗的观点当成是他老师杜马的观点,直接点名攻击杜马,使杜马大为震惊,立即解释罗朗的观点与他无关:“罗朗对我的学说所作种种夸大其词的渲染,对此我是概不负责的。”虽然权威与老师反对,罗朗仍然坚持自己的观点,表示服从真理但不服从权威,并且积累实验资料,不断充实自己的论点。1839 年杜马又发现一个典型的例子,醋酸与氯代醋酸性质十分相似,这使杜马的态度发生根本转变,接受了罗朗的观点,开始猛烈批评电化二元论,称他是向贝采里乌斯发动了"带有点醋酸味"的攻击。一元论终于战胜了二元论,被人们承认。

2. 有机化合物的分类

在有机化学中,科学地阐明分子概念和正确地写出分子式是建立有机化合物分类系统的先决条件。因此,在原子-分子论建立以后,才能有有机物的分类理论。

（1）同系列的概念

1843 年,日拉尔提出了"同系列"的概念,即有机化合物存在着多个系列,每一个系列都有自己的代数组成式,在同一系列中,两个化合物分子式之差为 CH_2 或 CH_2 的倍数。并且指出:同系列中,各种化合物的化学性质相似,各化合物的物理性质有规律地变化。同系列的概念在有机化学中是非常重要的,在哲学上也是论证量变到质变的一个有力例证。

（2）类型论

1839 年杜马还在取代学说的基础上提出了类型论,并且分为化学类型与机械类型。化学类型是指不仅化学式相似,而且性质也相似的有机化合物,例如 CH_3COOH 与 CCl_3COOH;机械类型是指化学式相似,而性质不同的有机物。类型论强调分子整体对性质的关系,即分子的类型决定分子的性质。

1848 年,德国化学家霍夫曼提出了类型论中的氨类型。

$$\left.\begin{matrix}H\\H\\H\end{matrix}\right\}N \quad \left.\begin{matrix}C_2H_5\\H\\H\end{matrix}\right\}N \quad \left.\begin{matrix}C_2H_5\\C_2H_5\\H\end{matrix}\right\}N \quad \left.\begin{matrix}C_6H_5\\H\\H\end{matrix}\right\}N \quad \left.\begin{matrix}C_6H_5\\C_2H_5\\H\end{matrix}\right\}N \quad \left.\begin{matrix}C_6H_5\\C_2H_5\\C_2H_5\end{matrix}\right\}N$$

氨　　　乙胺　　二乙胺　　　苯胺　　　乙苯胺　　　二乙苯胺

1850 年,英国化学家威廉逊(A. W. Williamson)提出了水类型。

$$\left.\begin{matrix}H\\H\end{matrix}\right\}O \quad \left.\begin{matrix}CH_3\\H\end{matrix}\right\}O \quad \left.\begin{matrix}C_2H_5\\H\end{matrix}\right\}O \quad \left.\begin{matrix}CH_3\\C_2H_5\end{matrix}\right\}O \quad \left.\begin{matrix}C_2H_5\\C_2H_5\end{matrix}\right\}O$$

水　　　甲醇　　乙醇　　　　甲乙醚　　　乙醚

1852 年,日拉尔又补充了氢类型和氯化氢类型。

$$\left.\begin{matrix}H\\H\end{matrix}\right\}: \quad \left.\begin{matrix}C_2H_5\\C_2H_5\end{matrix}\right\}二乙基 \quad \left.\begin{matrix}C_2H_5\\H\end{matrix}\right\}氢化乙基 \quad \left.\begin{matrix}C_2H_3O\\H\end{matrix}\right\}乙醛 \quad \left.\begin{matrix}C_2H_3O\\C_2H_3O\end{matrix}\right\}丁二酮$$

$$\left.\begin{matrix}H\\Cl\end{matrix}\right\}: \quad \left.\begin{matrix}C_2H_5\\Cl\end{matrix}\right\}氯化乙基 \quad \left.\begin{matrix}C_2H_3O\\Cl\end{matrix}\right\}氯化乙酰$$

1857 年,德国著名化学家凯库勒又提出了沼气型。

$$\begin{matrix}C & H & H & H & H & 沼\ 气\\C & H & H & H & Cl & 氯甲烷\\C & H & Cl & Cl & Cl & 氯\ 仿\end{matrix}$$

这样,霍夫曼、威廉逊、日拉尔、凯库勒等人提出的类型论比杜马的类型论前进了一大步,使有机化合物初步系统化。这种分类接近于现代的按官能团分类,另一方面,把有机化合物看成是氢、氯化氢、水、氨4种简单无机化合物的衍生物,也有助于找出无机化合物与有机化合物间的联系和区别,更好地认识有机化合物。并且类型论还对原子价概念的提出起了启示作用,例如,一个氯原子可以与1个氢原子结合,一个氧原子可以与2个氢原子结合,一个氮原子可以与3个氢原子结合。凯库勒提出的沼气类型更对原子价学说的建立起了承上启下的作用。

但是,类型论也有缺点:简单有机化合物可以知道属于哪个类型,但多官能团的有机化合物则不得不同时属于两个或多个类型,这样不好确定。随着有机化合物的发现日益增多,这个缺点也越来越暴露。类型论过分强调整体性,忽略了局部在一定条件下性质也会起决定作用。

3. 有机物结构理论的建立

在有机化学中,原子价概念的形成和确立,是有机化合物结构理论建立的先决条件。

(1)元素反应之间的等当数

1840年日拉尔和罗朗发现原子之间反应有一定的比例关系,提出卤素原子之间等当,氧硫硒碲原子之间等当,并认为氧硫硒碲原子与两个氢原子或两个氯原子之间等当。1850年威廉逊发现 C_2H_5、CH_3、C_2H_3O 等基团与一个氢原子等当。1850年左右,英国化学家弗兰克兰(Edward Frankland)研究了金属有机化合物,得到二乙基锌。他发现在一些金属有机化合物的分子中,有机基团的数目与金属原子的数目之间有一定的比例关系,因而提出:金属与其他元素化合时,具有一种特殊的结合力。他指出了氮、磷、砷、锑有与3或5个原子相结合的趋势。

(2)凯库勒提出"原子数"概念

1857年,凯库勒指出:"化合物的分子由不同原子结合而成,与某一个原子相化合的其他元素的原子或基的数目,取决于各成分的亲和力值。"他所说的亲和力值也就是相当于现在所说的原子价。

凯库勒指出:H、Cl、Br、K是一价的;O、S是二价的;N、P、As是三价的。他还指出:一个原子的碳与四原子的氢是等价的,即碳是四价的。"当我们考察最简单的碳的化合物(沼气、氯甲烷、四氯化碳、氯仿、碳酸、二硫化碳等)时,很明显,一原子的碳,总是与四个原子的一价元素或两个原子的二价元素相结合。一般来说,与一原子碳化合的化学亲和力单位等于四,这一事实使我们引出碳是四价的观念。"他还举出下列例子:

$$IV + 4I : CH_4、CCl_4、CHCl_3、CH_3Cl$$

$$IV + (II + 2I) : COCl_2$$

$$IV + 2II : CO_2、CS_2$$

$$IV + (III + I) : CNH$$

1858 年,凯库勒不但进一步强调碳是四价的学说,而且进一步提出碳原子间可以相连成链状的学说,并且还指出,如果两个以上的碳相连接,则每加上一个碳原子,所组成的新基团的亲和力会增加 2 个单位,与 n 个碳原子基团相化合的氢原子数目则增加 $2n+2$。

凯库勒是有机结构理论的奠基人之一。

（3）英国有机化学家库帕提出碳是四价的学说

1858 年,库帕也提出了碳是四价的学说与碳原子之间可以相连成链状的学说,并用短线表示原子之间的亲和力,写出分子结构式。他还认为根据这两点可以解释所有的有机化合物。

（4）"化学结构"概念的形成

俄国的有机化学家布特列洛夫（A. M. Butlerov,1828~1885,图 3.3)于 1861 年在德国举办的第 36 届自然科学家和医生代表大会上,做了题为《论物质的化学结构》的报告,首次提出"化学结构"这个概念。他认为分子绝不是原子的简单堆积,而是原子按一定顺序的化学结合,化学原子依靠亲和力结合形成物质分子,这种化学关系,或者说在所组成的化合物中各原子间的相互连接,可用"化学结构"这个词来表示。"一个分子的本性,取决于组合它的原子本性、数量和化学结构。"

图 3.3　布特列洛夫

他认为:"有机化合物的化学性质与其化学结构之间存在着一定的依赖关系。由此可以引申出两方面的情况:一方面依据分子的化学结构可以推测出它的化学性质;另一方面也可以依据其性质及化学反应而推测分子的化学结构。这样,人们就有可能用化学方法认识和确定有机化合物的化学结构。"

布特列洛夫认为结构和性质之间有密切关系,推动了有机结构理论的发展。但他也有不足之处,他认为碳原子的四个价是不相同的,错误地认为两种不同方法制备取得的乙烷是异构体:一种是从电解醋酸或将碘甲烷与锌加热时得到的所谓"二甲基"（—CH_3—CH_3）;另一种是从乙腈中得到的所谓"氢化乙基"（—C_2H_5—H）。

由此可见,在走向正确的有机结构理论途径中还面临着两个问题有待突破:一是具有 C_nH_{2n+2} 代数式的烷烃是否存在两个异构系列;二是碳原子的四个价键是否相异。

（5）异构现象的研究与碳四价等同的实验证明

这项工作是由德国有机化学家、共产主义者肖莱马（C. Schorlemmer,1834~1892,图 3.4)完成的。他批判地继承了前人的见解,并加以分析,又用较纯的样品做实验,1864 年发表了《论二甲基和氢化乙基的同一性》的著名论文,肯定地指出这两种物质就是一种有机物,即乙烷 C_2H_6,不存在同分异构现象,并以实验证明了碳原

图 3.4　肖莱马

子的四个化合价是等同的。

1865 年,布朗根据肖莱马的工作,写出了乙烷的结构式(图 3.5)。

当时,在化学界还只得到一种丙醇,即现在我们所说的异丙醇。有人试制正丙醇,但都没有成功。布特列洛夫认为仅存在一种丙醇,否认含有三个碳原子的一元醇有异构体存在。肖莱马则预见丙醇应有两个异构体存在,后来实验合成了正丙醇。

肖莱马否定了乙烷有两个异构体存在,肯定了丙醇有两个异构体的存在,认为烷烃从四个碳原子开始才有异构体存在,为有机结构理论的确立扫清了前进道路上的障碍。很显然,没有这两项工作,就无法完整地建立关于原子结合的正确理论,就无法建立合理的结构式和命名法。因此,肖莱马在建立有机结构理论的过程中,是做出重要贡献的。

肖莱马是马克思和恩格斯的革命战友,出身于手工业工人家庭,青年时代在一家药房里当过学徒和配药助手,后来在大学化学系学习了半年,1859 年秋到英国从事化学的教学和科学研究工作。肖莱马首先与恩格斯相识,后来又通过恩格斯与马克思相识,成为马克思和恩格斯的亲密朋友,在马克思和恩格斯的影响和帮助下,他成为自觉的共产主义者。在自然科学方面,他在

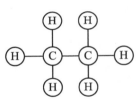

图 3.5　乙烷的结构式

从事的有机化学研究中,自觉地运用辩证唯物主义作指导。他选择有机化学中最简单、最重要的脂肪烃作为重点研究对象,发现并分离出一系列前人不知道的烷烃,如戊烷、己烷、庚烷、辛烷等等,研究了它们的物理和化学性质,并从寻找脂肪烃及其衍生物的异构现象的正确解释入手,这就抓住了解决问题的关键,因而能对有机结构理论的确立和发展做出重要贡献。

恩格斯对肖莱马给予了很高的评价:"……我们现在关于脂肪烃所知道的一切,主要应该归功于肖莱马。他研究了已知的属于脂肪烃类的物质,把它们一一加以分离,其中的许多种都是由他第一次提纯的;另一些从理论上说应当存在,而实际上还没有为人所知的脂肪烃,也是他发现和制得的。这样一来,他就成了现代有机化学的奠基人之一。"

4. 有机立体化学

有机立体化学是有机结构理论的一个重要方面,它的研究对象是有机分子中各个原子在三维空间的排布方式。建立了有机立体化学理论,使有机结构理论进一步得到充实和发展。

（1）有机化合物的旋光异构现象

有机化合物旋光性的研究是从酒石酸旋光异构现象开始的。右旋酒石酸与左旋酒石酸的组成与性质都一样，只是它们的空间构型不同，就像左手与右手的关系一样。

（2）碳的四面体结构与旋光异构

1874年，范霍夫（Jacobus Henricus Van't Hoff）和勒贝尔（Le Bel）分别提出了碳的四面体构型学说。范霍夫指出："当碳原子的四个原子价被四个不同的基团所取代时，可以得到两个，也只能得到两个不同的四面体，其中一个是另一个的镜像，它们不可能叠合，在空间有两个结构异构体。"他还指出具有不对称原子的有机化合物具有旋光异构体。

（3）空间构象概念的提出

1885年，德国化学家拜耳（Adolf von Baeyer）根据五圆环与六圆环比三圆环、四圆环稳定，提出了张力学说。认为碳原子的四个键本来是109°28′，如果偏离109°28′，就会产生张力，张力学说是假定成环碳原子都在同一平面上的。

1890年，萨赫斯提出了无张力环的概念，指出：在环己烷中，成环碳原子如果不在同一平面上，就可以保持正常键角109°28′，形成无张力环，可有两种配置：一种是对称的椅式，另一种是非对称的船式（图3.6）。以后用X衍射证明的确是这

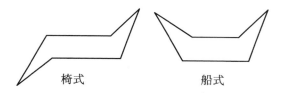

椅式　　　　　　　船式

图3.6　环己烷成环碳原子的配置

样，无张力环才被人们接受。20世纪上半叶，人们对环己烷及其衍生物进行了大量的研究，在有机立体化学中提出了构象概念，使有机立体化学发展到一个新的水平。1950年，英国人巴顿等人进一步研究了有机化合物的构象，使构象理论进一步向前发展。

5. 苯的环形结构学说的建立

在有机化学发展的初期，人们把那些从香树脂、香料油等天然产物中得到的，具有芳香气味的有机化合物叫做芳香族化合物。以后发现了许多类似的化合物，虽然没有香味，但按其化学性质来说应属于芳香族化合物。后来才知道，这类化合物都含有苯环结构。

苯是在1825年由法拉第首先发现的。19世纪初，煤气已用于照明，煤气在贮运时，经压缩后装在桶中。人们在贮装压缩煤气的桶中发现有油状凝集物。1825年，法拉第把这种油状凝集物加以蒸馏，离析出了一种液体碳氢化合物，经过分析，确定了实验式为CH。并且测得这种蒸气密度相对于氢气是39。1834年，贝采里

乌斯的学生米希尔里希将苯甲酸和石灰进行干馏,得到了法拉第得到的化合物。他把这个碳氢化合物叫做苯,米希尔里希测定了它的蒸气密度,结果与法拉第的结果相近。在分子论建立以后,推断出苯的分子量是78,分子式为C_6H_6。但这6个碳原子与6个氢原子之间是如何联系的呢?德国的有机化学家凯库勒提出了苯环结构。

(1)凯库勒的生平

凯库勒(P. A. Kekule,1829~1896,图3.7)1829年出生于德国达姆施塔特。凯库勒小时候就非常聪明,极具才华,能讲四门流利的外语:法语、拉丁语、意大利

语和英语。有一次上课的时候,老师给学生出了一道作文题。别的学生都认真地做作业,而凯库勒却坐在课桌旁边,一边在白纸上画着什么,一边在想什么。老师用责备的眼光看着他,快下课时,老师把他叫到黑板前朗读自己的作文。出乎意外,这个孩子没有着慌,他站在黑板旁,看着白纸,竟然真的"读起"作文来了,而且是一篇美妙的即兴之作。

1847年,他考入古森大学学习建筑。但不久,受到当时著名的化学家李比希影响,对化学着了迷,他决定抛开建筑学,转而研究化学,他的家人都反对,但他坚信他的前途是从事化学研究。

图3.7 凯库勒

1849年,他开始在李比希的实验室工作,开始进行硫酸氢戊酯的分析、研究。

1851年,他想要去巴黎,由他叔叔担负他的路费,但却不那么慷慨。他的钱很少,有时为了买一张纸就要少吃一顿早饭或晚饭。但这个精力充沛的年轻人没有灰心,他努力学习,贪婪地吸收着起源于法国首都的种种新的学术思想。他认真去听日拉尔教授讲的化学、哲学方面的课,他向日拉尔提出了一些问题,因而引起了日拉尔的兴趣。日拉尔是提出类型论的人,以后凯库勒经常与日拉尔交谈,还对日拉尔的类型论进行了概括性的总结,并在内容上予以扩充,除了原来的氢类、氯化氢类、水类、氨类之外,他又增加了沼气类,使类型论发展成比较完整的系统。

1858年前后,他提出了"原子数"概念和原子价,并且提出碳是四价的,碳与碳之间可以形成碳链的新思想。这种新思想对有机化学理论来说是一次革命。与此同时,英国化学家库帕也发表了文章,认为碳是四价的,并在元素符号之间画了一条短线,表示亲和力单位和原子之间的化学键。这样就发生了"关于谁首先发现碳是四价"的历史争论,凯库勒说:确认碳是四价的和确认有可能形成碳链的优先权应当属于他,而不应当属于库帕。以后,俄国化学家们认为,确定碳原子的四价特性以及碳具有形成碳链的性质的功劳应当归功于凯库勒,而分子用结构式表示应当归功于库帕。

1859年,凯库勒来到卡尔斯鲁厄与同胞维尔慈讨论召开世界化学家会议,在

他俩的发起和组织下,大会于 9 月 3 日正式开幕。历史上第一次国际化学会议开得很成功,但凯库勒很不满意,因为会议的中心人物竟然不是发起人凯库勒,而是意大利科学家康尼查罗。

1862 年夏天,凯库勒与美丽的斯特凡妮娅结了婚,蜜月归来,凯库勒似乎力量倍增,以更大的热情投入到工作中,可是幸福的时光转眼即逝,他爱人的身体不佳,最后,儿子诞生时母亲失去了生命。凯库勒无限悲痛,唯有工作能给他带来安慰,于是他干脆把自己关在实验室里。在这种发奋之下,他发现了苯的环状结构。

（2）苯环状结构的发现

苯的分子式为 C_6H_6,那么 6 个 C 原子之间是如何联结的? 凯库勒想来想去、排来排去,他设想碳键呈蛇形,碳键弯弯曲曲的形式呈现出各种不同的样子,碳键上去掉或添加了原子之后,就变成新的化合物。凯库勒具有丰富的想象力,他闭上眼睛就真的想象出一个分子奇妙地变成另一个分子的图景。但是,苯的结构他始终未能想象出来。在苯的分子中,6 个碳原子与 6 个氢原子是如何排布的呢? 凯库勒在古森大学学过建筑,这对他很有帮助,他先后提出过几十种可能的排法,但是经过仔细的推敲之后,都被他放弃了。

凯库勒被这种工作弄得疲惫不堪,他搁下写满字的厚厚一叠纸,把安乐椅移近壁炉,这时他周身逐渐感到惬意的暖流,于是这位科学家便慢慢地入睡了。他在梦中又看到了 6 个碳原子,形成古怪的形状,6 个原子组成的"蛇"不断地"弯弯曲曲地蠕动着",突然间这条蛇似乎被什么东西激怒,它狠狠地咬自己的尾巴,后来牢牢地衔住尾巴,就此不动了……凯库勒哆嗦了一下,醒了过来,多么奇怪的只有一瞬间的梦。但是在他眼前的原子与分子的形象却没有消失,他记住了梦中见到的分子中各原子的排列顺序,他匆匆在一张纸上写下碳键新的结构式,这就是苯的第一个环状式:

 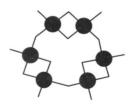

他写的最后一个结构式如下:

$$
\begin{array}{ccc}
 & C = C & \\
C & & C \\
 & C - C &
\end{array}
$$

凯库勒发现了苯的环状结构,不少人都认为是由偶然做梦所得的,这不完全对。"日有所思,夜有所梦。"人在日夜所思中,才会受到一点启发,从而产生顿悟,产生灵感。在科学发展史上,确实有不少的发明是做梦中得到启发而实现的。

（3）苯环状结构发现的重要意义

凯库勒提出的苯的环状结构学说，在有机化学发展史上具有重大的意义，对芳香族有机化合物的利用和合成起了重要的指导作用。1890年，在纪念苯的环状结构学说发表25周年时，伦敦化学会指出："苯作为一个封闭链式结构的巧妙概念，对于化学理论发展的影响，对于研究这一类及其相似化合物的衍生物中的异构现象的内在问题所给予的动力，以及对于像煤焦油、染料这样巨大规模的工业的前景，都已为举世公认。"

我们今天知道，苯的凯库勒结构并不是很正确的，苯中没有单双键。用休克尔理论近似处理，知道了形成离域的大 π 键，用分子轨道理论求解出了 6 个分子轨道。华东师范大学化学系，以潘道凯为首的几位老师，用量子化学的从头计算方法，从 1977 年开始，研究了苯的结构。计算时把 C 原子的 1s、2s、2p 轨道都考虑有成键的可能进行组合，计算 C 与 C 原子间的成键情况，先后计算了 167 万多个积分，取得了不少成果，发现在苯中，不但 2s、2p 参与成键，而且 1s 也参与成键，并且还发现 C 与 C 之间的 6 个键向中心伸进而重合。

三、有机合成的进一步发展

19 世纪后半叶，以煤焦油为原料的有机合成工业得到了迅速的发展，其中最突出的是染料工业，其次是药品、香料、糖、炸药等工业。

1. 染料的合成

茜素是一种鲜艳的绛红色染料，人们开始是从两种茜草中提取出来的，随着纺织工业的发展，天然的染料满足不了需要，就需要人工合成。

1868 年，德国化学家格雷贝（Graebe）和里伯曼（Liebermann）合作，开始研究茜素的结构，他们用茜素的结构推测出茜素是二羟基蒽醌，在这个基础上，格雷贝和里伯曼进行人工合成实验，1869 年，他们从蒽醌出发，人工合成茜素获得成功：

蒽醌　　　　　　　2,3-二溴蒽醌

1871 年，合成茜素就在市场上出现了，并且很快代替了天然的茜素。茜素的人工合成再一次证明，从动植物体内提取出来的有机物质并不是什么神秘的、不可知的东西，它的结构是可以认识的，而认识了它们的结构，就有可能用人工的方法把它们合成出来。

另一种染料靛蓝，原是从木蓝和松蓝植物中取得的一种天然染料。在 1820～1841 年间，人们对靛蓝进行了降解反应，弄清楚了它的结构。1865 年，德国化学家拜耳经过十多年的研究，于 1878 年人工合成取得成功。其分子结构式如下：

2. 药品的合成

水杨酸及其衍生物在医药上的应用是很广泛的,常用做消毒、防腐、解热的药物,用于治疗风湿、感冒等疾病。

1838 年,水杨酸是由强碱作用于水杨醛而得到的,到 1859 年,柯尔森探索出由酚制取水杨酸的方法。其制取步骤如下:

水杨酸甲醛是具有特殊香味的液体,对肾脏有强烈刺激作用,但它能穿过皮肤很好地被吸收,所以适于外用,可制成软膏,以治疗风湿性关节炎。

阿司匹林是在 1899 年被用于医学上的,它是白色针状或片状结晶,刺激性比水杨酸小得多,它在胃中不变化,在肠中有一部分分解为水杨酸与醋酸。阿司匹林是一种效果显著的解热药和镇痛药,阿司匹林可用水杨酸与醋酸酐合成。其制取过程如下:

3. 香料与糖精的合成

香豆素是一种天然香料,存在于柑橘皮和一些植物的叶中。1876 年,法国人赖迈尔与蒂曼由水杨酸合成了香豆素。

糖精是糖的替代品,甜味相当于糖的 550 倍,它是在 1879 年由美国人雷姆森所合成的,其结构式为

糖精无营养价值,但对人体也无害。

4. 炸药的合成

1846 年,意大利人索布留罗将无水甘油慢慢地加入浓硝酸和浓硫酸混合物中,得到了硝化甘油(也叫硝酸甘油)。

硝化甘油是一种猛炸药,受到轻微震动,就会发生猛烈爆炸。储存、运输极不方便。下面给出了由甘油和浓硝酸在硫酸加热催化下生成的硝化甘油的反应式:

$$
\begin{array}{c}
\mathrm{CH_2OH} \\
|\\
\mathrm{CHOH} \\
|\\
\mathrm{CH_2OH}
\end{array}
+3HNO_3 \xrightarrow{H_2SO_4}
\begin{array}{c}
\mathrm{CH_2ONO_2} \\
|\\
\mathrm{CHONO_2} \\
|\\
\mathrm{CH_2ONO_2}
\end{array}
+3H_2O
$$

1867 年,瑞典人诺贝尔(Alfred Nobel,1833~1896),发现硅藻土可以吸收硝化甘油,被吸收的硝化甘油仍具有爆炸力,但敏感性大大减低,使用时用一个装有雷酸汞的雷管即可起爆。

1875 年,诺贝尔又制得硝化棉,也是一种强烈的炸药,可以作为枪炮子弹的发射火药。

1880 年,他又合成出了"TNT"(三硝基甲苯)炸药,运用非常广泛。

研究炸药是很危险的事情,诺贝尔在一次实验中,实验室发生爆炸,他弟弟和4 个实验员被炸死,他父亲也负了重伤。但诺贝尔不灰心,继续研究下去。为了不影响周围邻居的安全,他在湖上建了一个船形小房子,实验室放在这小房子里,4年中,他在小房子中做了几百次实验。1867 年他开始研究能引爆的炸药,秋季的一天,诺贝尔在实验室里又点燃了导火索,火星沿着导火索向前移动,他一动不动地站在实验台前,两眼紧紧地盯着火星,突然"轰隆"一声,实验又发生了爆炸,浓烟掩盖了一切,看到这吓人的情景,人们惊呼:"诺贝尔完了!"但是,不一会,诺贝尔满身是血地从浓浓烟雾中跑了出来,虽然浑身是伤,他却兴高采烈地喊:"成功了,成功了!"他终于发明了能爆破的炸药。

据不完全统计,他一生共获得专利达 355 项,其中有关炸药的约 127 项。从 19世纪 80 年代起,诺贝尔经营的企业已经遍布欧美 20 多个国家,他是国际上有名的大富翁。诺贝尔用铁铸的事实在人类历史上留下了光辉的一页。诺贝尔一生献身于科学事业,很少考虑个人生活,为了化学事业他终身未婚,他在许多国家设有自己的实验室,但没有一个固定的家。人们称他为最富有的化学流浪汉,但是他能从朋友的关怀中获得温暖,能从事业的追求中获得欢乐。长期忙于科研和事业,使他积劳成疾,60 多岁时患了冠状动脉硬化,1896 年 12 月 10 日,由于心脏病突发而与世长辞,终年 63 岁。他火化后的骨灰安放在斯德哥尔摩的郊外,他的名字和诺贝尔奖一样永远留存在人们的心中。

本来,他发明炸药是为了减轻人类的劳动强度,为和平建设服务的,可谁知被战争罪犯利用,人民的和平生活受到威胁和破坏,他感到十分痛心,所以诺贝尔在1895 年 11 月 27 日立下遗嘱,把自己因发明炸药得到的约 920 万美元存入银行,每年把这笔钱的利息奖励给世界上对和平和自然科学事业做出卓越贡献的人,这就是"诺贝尔奖"。从1901年开始颁发诺贝尔奖。诺贝尔之所以设立5种奖项是有其深远考虑的。他一生所从事的科学研究中,化学是他涉足最多的领域,其次是物理学。他真切地认识到研究化学和物理学的重要性,所以他特意为化学和物理学各设一奖。对于生理学或医学,他一直很关注,只是因为太忙,未能更多地研究它,对此他一直感到很遗憾,直到他去世前,他还想创办一个医学研究机构,这一愿望未能实现,所以他决定设一生理学或医学奖来促进医学事业的发展,以弥补他生前的遗憾。诺贝尔虽然不是文学家,但在长期的孤独生活中,阅读一些文学名著曾是他主要的业余爱好。完全出自对文学的热爱,他决定设置文学奖,希望有更多的优秀文学著作满足人们的精神需求。他发明的各类炸药,按他的意愿主要用于工业,造福人类。事实上炸药不可避免地被用于人类之间的相互残杀,对此他很愤恨。为了倡导和平,反对战争,他决心再设一项和平奖。历史已证明,诺贝尔设置的这5项奖的确在科学发展中和维护世界和平的事业上发挥了重要的作用。从诺贝尔所设立的5种奖,我们清楚地看到他博大的胸怀和美好的愿望。

到目前为止,诺贝尔奖除和平奖有13次发给组织外,其他全部颁发给个人,而且在评奖时,受奖人必须活在人世,每项一般颁发给一个人,也可以两三个人同时获得,共同分享奖金,但不能超过三个人。诺贝尔奖评选程序严格,由专家反复审议,秘密投票评定,任何组织与权力机构的干涉都不起作用,所以一百多年来,没有出现错颁的情况。正因为如此,诺贝尔奖才成为世界"金牌"和"冠军"的象征。现在,诺贝尔这一名字在世界上几乎是家喻户晓,这不仅因为诺贝尔在化学化工发展史上做出了杰出的贡献,更重要的是他为了促进科学的发展而设置了世界瞩目的诺贝尔科学奖。一年一度的物理、化学、生理学或医学、文学、和平的诺贝尔奖(1969年增设经济学奖)是举世公认的最高科学奖。获奖科学家得到的不仅仅是奖金,更重要的是荣誉,是为全人类的科学做出贡献的荣誉。诺贝尔科学奖的精神光芒四射,诺贝尔的名字流芳百世。

思　考　题

1. 维勒是怎么推翻生命力论的? 人工合成尿素有什么重要意义?

2. 哪位化学家证明碳的四价是等同的? 哪位化学家证明乙烷没有同分异构体?

3. 哪位化学家首先提出"化学结构"的概念? 其含义是什么?

4. 有人说凯库勒做梦才想出苯的环状结构,你认为这种说法对不对? 苯的环状结构发现有什么重要意义?

5. 诺贝尔是哪国人? 他为什么要设立诺贝尔奖? 诺贝尔奖包括哪几项?

第二节　新元素的发现

古代劳动人民在生产实践中已经发现了不少化学元素,当然也有一些不是元素而被当成元素的。以后随着化学的不断发展,新元素不断被发现。18 世纪的100 年中共发现了 18 种元素,到 19 世纪,新元素的发现速度大大加快,这与新的科学技术的发展有密切关系。起初,由于电池的发明以及电解实验普遍开展,用电解方法制备出性质活泼的金属钾、钠、钙、锶、钡。后来人们又用钾、钠作还原剂,制得一些新的元素单质。1860 年发明了分光仪,人们应用光谱发现地球上含量很少又很分散的一系列元素,19 世纪共发现了 51 种元素。从这里我们还可以看到各种科学技术的发展是相互促进的,从化学元素的发现速度上就可以看到化学这门学科在飞跃发展。

一、古代劳动人民发现的化学元素(18 世纪前)

到 1700 年,古代劳动人民在生产生活中发现与制备出 10 种金属元素和 4 种非金属元素。

1. 金(Au)

金在自然界中主要以游离状态存在。在一些河流的沙床中可以找到它,我们的祖先早就懂得了"沙里淘金"。由于金有黄色光泽,易于察觉,所以它是人类发现的第一种金属。

2. 银(Ag)

金属银在自然界中虽然也有,但大部分处于化合物状态,所以其发现要比金晚,一般认为是埃及人先采集到它的。自然界中的金中都含有银,这种金,我国古代称为琥珀金。我国东周时代已用银来制作装饰品了。

3. 铜(Cu)

纯铜在自然界中是存在的,叫做红铜,主要产地在埃及,所以埃及人大约在公元前 5000 年时就已经开始利用红铜来做器皿。在我国,大约在 4 000 年前的新石器时代晚期,即传说中的夏朝已开始使用红铜。

4. 锡(Sn)

在自然界中没有单质状态存在,因此它的发现比铜晚。锡矿主要是锡石(SnO_2),因锡的熔点比铜低得多,用木炭从锡石中冶炼锡比较容易。埃及人早在公元前 3000 年就会炼锡了。铜与锡的质地都比较软,不适合做工具和武器,但铜与锡的合金——青铜比铜坚硬,可以做工具和武器。

5. 铅(Pb)

铅的性质很像锡,在自然界中没有游离铅存在,铅的主要矿石是方铅矿,即

PbS。它与木炭一起煅烧时,先被焙烧成氧化铅,进而被还原成金属铅。在古代人们对锡和铅是不能区分的,或者说不太能分清楚,铜与铅的合金也是青铜。

6. 铁(Fe)

游离态的金属铁在地壳中是找不到的,铁的主要矿石是它的氧化物和硫化物(如赤铁矿、黄铁矿等)。因为铁的熔点高(1 500 ℃以上),因此铁的发现比铜晚。根据考古学家的考证,人类最早使用的铁是从太空飞来的陨石中得到的,陨石的主要成分是金属铁。所以古埃及人把铁叫做"天石"。

7. 汞(Hg)

在自然界中有游离态的汞(又称水银)存在。天然的水银是很少的,水银是炼丹家通过煅烧丹砂(HgS)得到的。

8. 锌(Zn)

锌是一种比较活泼的金属,所以在自然界中不存在游离态的锌,锌的主要矿物是闪锌矿(ZnS)、菱锌矿($ZnCO_3$),后者在我国古代称为炉甘石。把矿石与木炭一起焙烧时,就可以还原出金属锌来。人类使用锌是从冶炼黄铜开始的,黄铜是铜与锌的合金,黄铜外观上类似黄金,曾被人误认为是黄金。

9. 锑(Sb)

锑和铋在自然界中偶尔会以游离状态存在,但是其数量非常之少,含锑的主要矿物是辉锑矿(Sb_2S_3),是呈银灰色的美丽晶体。当把这种矿石在空气中焙烧时,就生成白色的氧化锑(Sb_2O_3),这种氧化物与木炭一起焙烧,很容易得到金属锑。

10. 铋(Bi)

铋在自然界有少量游离态存在。含铋的主要矿物是辉铋矿(Bi_2S_3),这种矿石在空气中焙烧时,得到黄色氧化铋(Bi_2O_3),这种氧化物与木炭一起焙烧,就能得到金属铋。

11. 碳(C)

游离态的碳有多种同素异构体,石墨、金刚石、煤在自然界都有存在。树木燃烧后会残留下木炭,动物被山火烧死后会留下骨灰,都是游离态的碳。

12. 硫(S)

火山爆发的时候,会把地下的大量硫黄带到地面上来,可以找到游离态的硫。由于硫黄可以燃烧,并产生刺激性很强的气味,所以古代各民族都很早就认识了它,而且认为它是一种很神奇的物质,炼丹家用它来炼丹。

13. 砷(As)

砷在自然界主要以硫化物、氧化物状态存在,其主要矿物为雄黄(As_2S_2)、雌黄(As_2S_3)等。在古代,中外各民族都把雄黄和雌黄用做颜料和药物。中国古代炼丹家把所谓"四黄"(即雄黄、雌黄、砒黄和硫黄)作为炼丹的必备之药。砷的氧化物(As_2O_3)是"光明皎洁如雪"的砒霜,有剧毒。因为砷及其化合物含有剧毒,所以17世纪欧洲炼金术士用来代表砷的符号是一条毒蛇(图 3.8)。

图 3.8　砷的符号

14. 磷(P)

磷是 1669 年德国汉堡商人波兰特(H. Brand)发现的,他是一个相信炼金术的人。由于他听人说能从尿里制得称为"金属之王"的黄金,于是他抱着发财的目的,用尿做了大量的实验。一次实验中,他将砂、木炭、石灰与尿混合加热蒸馏,虽没有得到黄金,但意外得到了一种十分美丽的物质,色白质软,能在黑暗的地方放出闪烁的亮光,于是波兰特给它取了一个名字叫"冷光",就是今日称为白磷的物质。波兰特对磷的制法极为保密,不过他发现新物质的消息还是传遍了法国,以后英国化学家玻意耳与法国化学家孔克尔都用相类似的方法制得了磷。

二、18 世纪发现的新元素

1. 氢(H)

1776 年,英国化学家卡文迪什把锡、铁、锌投到盐酸和稀硫酸中,放出一种气体,他用排水集气法收集了该气体。这种气体与空气混合,一遇到火则会爆鸣。他称之为"可燃空气",并且他还曾惊奇地宣布"我找到了燃素",其实这种气体就是氢气。拉瓦锡后来命名为 Hydrogene(氢),即成水元素。

2. 氮(N)

氮气约占空气的五分之四。1772 年,英国化学家布拉克发现木炭在玻璃罩里燃烧以后,使用苛性钾溶液把产生的"固定空气"完全吸收掉,仍有相当多的空气留在玻璃罩内。于是他让其学生卢瑟福(Rutherford)去研究这种气体。卢瑟福采取在密闭的器皿中燃烧白磷的方法来除去空气中的助燃成分,从而得到这种气体。卢瑟福那时在爱丁堡攻读医学,所以他对这种气体的研究多偏重在对动物的生理效应上,他用动物来做实验,把一只老鼠放在这种气体中,看到老鼠闷死了,因此给该气体取名叫"浊气",这就是氮气(N_2)。

3. 氧(O)

1773 年,瑞典的舍勒把"黑苦土"(软锰矿)与浓硫酸一起加热,产生了一种气体。他发现红热无火苗的木炭碰到这种气体便会火花四溅,光耀夺目,他称这种气体为"火空气"。后来他又加热硝酸镁、碳酸银、碳酸汞,都得到了这种"火空气"。1774 年 8 月 1 日,英国的普列斯特斯用聚光镜加热汞灰(HgO),也制备出该气体,他称之为"脱燃素气体"。后来法国的拉瓦锡重复普列斯特斯的实验,制得氧气,命名为 Oxygene(氧),并创立了科学的燃烧理论。

4. 钴(Co)

18 世纪,瑞典的化学工业比较发达,在采矿、冶金、制革、染色、制造玻璃等方面处于世界领先地位。早在 16 世纪,瑞典人就会制造玻璃,所以镜子、眼镜首先在欧洲出现。因此,伽利略才有可能制造出望远镜,观测到月球上的环形山和太阳黑子。制造玻璃是一项很复杂的化学工艺,需要二氧化硅、碳酸钠、石灰石等原料,而且烧熔温度要求也很高。瑞典的玻璃工程师发现,在普通玻璃中加入某些金属或金属化合物,玻璃就呈现出各种不同的颜色,这种有色玻璃在当时常用来代替某些宝石。当时,瑞典的玻璃厂把一种类似铜矿石的矿物加入玻璃中,玻璃呈现出美丽的蓝色,类似蓝宝石,从而赚得了大钱。但是,这种矿石与砷矿共生,含有毒性,经常使采矿工人中毒死亡,所以,工人们把这种矿石叫"地下妖魔"。

科学家从来不相信什么"地下妖魔",征服"地下妖魔"的科学家是瑞典的布朗特。1735 年,布朗特决心把危害工人的"地下妖魔"制服,他亲自下矿井,采集"地下妖魔"的矿样,把该矿样高温煅烧之后,用木炭还原,制得了一种具有铁磁性的金属,他称这种金属为古巴特(Cobalt),就是"地下妖魔"的意思,译成中文就是钴(Co)。钴的发现,又一次宣布了科学的胜利。

5. 锰(Mn)

1770 年左右,瑞典当时最有威望的矿物化学家贝格曼研究一种叫"黑苦土"的矿石,贝格曼研究发现它是一种金属氧化物(即软锰矿,主要含有 MnO_2)。他用了很多方法想把这种金属还原出来,但都没有成功。于是他把这项研究委托给他非常佩服的朋友舍勒与他的学生甘恩(J. G. Gahn)去做。后来甘恩经过孜孜不倦的努力,果然用还原的方法把这种金属还原出来,并把它命名为 Manganese(锰)。

6. 氯(Cl)

舍勒接受了好友贝格曼的研究"黑苦土"的任务,他把"黑苦土"的矿石和浓盐酸一起加热,从烧瓶中放出一种刺鼻的让人咳嗽不止的黄绿色气体。该气体使人肺部感到极度难受。这种气体很活泼,溶于水,水就变成酸,但蓝色试纸碰到它并不是变红,而是变成没有颜色,彩色的花布碰到它就被漂白。舍勒是燃素论的信奉者,他认为黑色矿石是"脱燃素的锰",从盐酸中夺取了燃素,才生成黄绿色气体,因此他称这种气体为"脱燃素盐酸",没有看成是一种气体元素。

1785 年,法国化学家贝托雷也研究了这种气体,一次偶然的机会,他把该气体的水溶液放在太阳光下,发现它"分解"了,变成了盐酸,并放出了氧气。他认为:"舍勒错了,这种气体居然比'脱燃素盐酸'更为复杂些。这种气体是盐酸与氧之间松弛联结的化合物。在光的作用下就可以使它们立刻分解,因为光对氧的亲和力比盐酸要大。"于是他干脆把该种黄绿色气体叫"氧化盐酸"。事实上,贝托雷也错了。因为他是拉瓦锡理论派支持者,对拉瓦锡关于酸中必定含有氧的论断,是坚信不疑的。他认为盐酸是某种元素的氧化物,他称这种元素为"盐酸素",并认为这黄绿色气体是盐酸素的高氧化物。

1809 年,两个法国著名化学家盖·吕萨克和泰勒,想用实验来验证老师贝托雷的见解。盖·吕萨克与泰勒商量:"我们应当检验一下盐酸与氧化盐酸这两种物质中究竟含不含氧。""我看你已经考虑好了某种方法。"泰勒说道。"是的,人所共知,碳在高温下能够夺取氧。如果在一根管子里装满木炭,然后把管子加热到炽热程度,再让盐酸通过管子,如果盐酸里确实含有氧,那么我们就一定能够得到二氧化碳气体和一种暂时谁也不知道的元素——盐酸素。""当然也可以把氧化盐酸通过该管子做类似的实验,这样一来,我们就有可能把它变成盐酸,然后再变成盐酸素。"他们认真进行了几个月的实验,尽管做了一切努力,但都没有发现盐酸里含有氧。无论怎么样变换实验条件均没有成效,从管子的另一头冒出来的仍然是原先通进去的气体。虽然一再失败,但他们仍不罢休。他们知道氢气与氧的亲和力特别强,拉瓦锡曾用氢气从许多氧化物中夺去了氧,生成了水。于是他们又用氢气来与氧化盐酸作用,在这两种气体混在一起后,只要稍稍加热或在日光下晒一下,就产生出盐酸气,一点水也没有生成。这些结果使他俩不得不承认,这种黄绿色气体是不能分解的。他们也知道若假定它是一种单质,则所表现出的各种性质,都可以得到圆满的解释。但他们始终不肯放弃"这种气体中含有氧"的观念,坚持它是一种化合物,跳不出拉瓦锡"酸中都含有氧"的小圈子。

1808 年,英国化学家戴维(Davy)通过伏打电堆,使用电流来分解所谓的"氧化盐酸化合物",但没有把氧分解出来。他又用电流把木炭烧得白热,分别通入盐酸气和氧化盐酸气,还是没有使它们分解。他又重复了盖·吕萨克和泰勒的实验,用氢气与黄绿色气体作用,结果生成了盐酸气,没有水生成出来。几经失败,戴维对这种黄绿色气体中含有氧的说法产生了根本的怀疑,他相信这种气体是一种单质气体,他把这种气体元素命名为"Chlorine"(氯),就是绿色的意思。以后,戴维认为:"氯气不是化合物,而是一种单质,和氧一样可以助燃。可见燃烧并不像拉瓦锡所说的那样,非要有氧气不可。""另外,盐酸中并不含有氧,可以有无氧酸存在,因此拉瓦锡关于酸中必定含有氧的说法是不确切的。"

7. 镍(Ni)

在欧洲,镍最先给人的印象是它的盐类具有美丽的绿色,但也正因为这个特征,它长期被误认为是铜。镍是一种银白色金属,与其他金属如铬、铁等制成合金,在高温下具有抗氧化作用,可以制成不锈钢,有广泛的用途。在德国有一种矿石,密度很大,呈红棕色,表面上带有绿色斑点,一旦这种矿石加入玻璃中,可以使玻璃变成绿色,工人们把这种矿石称为"尼客尔铜",其中尼客尔的意思是"骗人、捣蛋的小鬼",尼客尔铜就是"假铜"之意。

镍的发现者是瑞典化学家克隆斯塔特。"尼客尔铜"溶于酸后形成一种绿色溶液,很像铜的盐酸溶液,但实验证明,它与铜溶液性质不同,若往其中投进铁片,并不沉积出红铜来。于是他把这种矿石上的被风雨侵蚀而呈绿色的部分($NiCO_3$)剥离下来,放在木炭火中焙烧,得到一种灰白色的金属,他反复研究后,发现其物理性质、化学性质和磁性与铜截然不同,也与已知其他金属不同,认定这是一种新的金属,于是他命名该金属元素为 Nickel(镍)。

8. 钼(Mo)

金属钼的主要矿物是辉钼矿,其化学成分主要是硫化钼(MoS_2)。辉钼矿是一种黑色的、质地较软的矿物,如果磨碎了,摸起来挺滑腻,很像石墨粉。

　　1778 年,瑞典化学家舍勒发现石墨与辉钼矿粉是截然不同的两种东西,石墨遇到硝酸,一点也不起作用,可辉钼矿粉遇到硝酸,生成了硫酸和另外一种白色沉淀,舍勒称这种白色物质为钼酸。舍勒的老师贝格曼提醒舍勒,钼酸可能是一种新元素的氧化物,舍勒很赞同老师的见解。但他身边没有高温炉,无法从这种白色物质中还原出金属,于是舍勒就委托他的朋友埃尔姆来研究。埃尔姆用木炭作还原剂,为了使炭粉与钼酸充分接触,他用亚麻油把这两种粉末调成糊状,放在坩埚中,密闭后用大火煅烧,其中亚麻油脂很快就炭化了,炭粉真的从钼酸中还原出暗灰色的金属,这样元素钼就问世了,舍勒就给它命名为"Molybdenum",即钼。

9. 钨(W)

　　舍勒和埃尔姆发现了钼以后不久,又开始研究另一种白色的矿石。这种矿石的特征是密度很大,人们称它为"重石",以前有矿物学家曾研究过,认为它是一种锡矿石,也有的矿物学家则认为它是一种铁矿石。1781 年舍勒对它进行了分析,结果表明它既不含锡,也不含铁,而是含有一些石灰的成分,另外一种成分很像钼酸。当用热硝酸来溶解这种矿石,也有一种沉淀出现,但沉淀不是白色的,而是鲜黄色的,把沉淀过滤出来烘干后,就得到一种深黄色粉末,并且这种粉末很难熔化,也不升华,这是它和钼酸不同的地方。于是舍勒断定这是一种新的金属氧化物,老师贝格曼支持他的这种意见,并共同给它取名叫"Tungstic acid"(钨酸),又给这种新金属元素命名为"Tungsten"(钨)。

　　西班牙有两位化学家,他们是德鲁雅尔兄弟,哥哥叫朱安·荷塞,弟弟叫浮斯图,在 1781~1782 年,兄弟俩曾去贝格曼的实验室学习,知道了重石中含有钨酸的成分,而且舍勒和贝格曼都提到其中可能含有一种新的金属,于是他们着手还原钨酸,想得到这种金属。他们根据以往还原钼酸的经验,将木炭与无水钨酸混合,放在一个泥制的坩埚中,严密盖好,用大火加热。待冷却后,在坩埚中出现有黑褐色的块状物,用手指一碾就成了粉末,在放大镜下观看,有一些金属光泽的颗粒,这便是金属钨。

10. 铬(Cr)

　　在金属元素中铬以坚硬著称,它是由法国化学家沃克兰发现的。那是在 1796 年,他曾从西伯利亚的一个矿井里得到了一种"西伯利亚红铅矿"的矿石,呈鲜红色,很像朱砂,沉重并呈半透明,研细后成黄色的粉末。沃克兰对这种美丽的矿石进行初步分析,认为含有铅、铁和铝。与此同时,俄国的一位矿物学家马廓尔对此种矿石也作了分析,认为含有钼、镍、钴、铁的氧化物。显然,两个人的分析结果差距太大,不知哪个分析结果对。

　　沃克兰决心要解决这个分歧。第二年,他重新仔细地分析这种矿石。他将矿粉与浓碳酸钾一起煮沸,得到了白色碳酸铅沉淀和一种鲜黄色的溶液(即 K_2CrO_4),后者是由一种性质不明的酸所生成的钾盐。若往这种黄色溶液中加入汞盐,就会有一种美丽的棕红色沉淀物析出来;加入铅盐溶液,就会有一种鲜艳的黄色沉淀物析出来;加入氯化亚锡的盐酸溶液,则此溶液就变成鲜绿色($CrCl_3$),他确信这是一种未知元素生成的酸。第二年,沃克兰着手提取这种新元素,经过艰苦努力取得了成功,得到了金属铬,命名该元素为"Chromium"(铬),这个词的希腊文原意是"美丽的颜色"。

11. 铂(Pt)

金属铂在许多河流的冲积层砂土中都可以找到,它的主要产地在南美洲及俄罗斯的乌拉尔。1735年,法国和西班牙两国联合派遣过一支科学考察团去秘鲁和厄瓜多尔,考察团中有一位西班牙的海军军官,叫得·乌罗阿,他在秘鲁平托河附近的金矿中发现一锭铂金,因为它很像银,但又不溶于硝酸,就给它取了个名字叫"Platina"(铂),其西班牙文的原意为"平托地方的银"。

在铂被发现后的几十年中,它的命运很不佳,因为它常被一些商人掺入黄金中,以图重利,以致西班牙政府曾一度下令禁止开采,甚至下令把它抛入大海。在它被发现后的六七十年间都没有找到多大用途,只有化学家们用它来制成坩埚,用以分解矿物,因为它不受碱、硫酸、硝酸甚至氟化氢气体的腐蚀。直到19世纪20年代以后,铂作催化剂的性能被发现后,它的巨大意义在工业上才体现出来。

12. 碲(Te)

最先得到碲的人是奥地利的矿物学家牟勒。1782年的一天,他在萨拉特纳地方的一个矿穴里看到一种色泽美丽的矿石,银白色略显黄色,并带有浅蓝的光泽,当地的人称它为"可疑金""奇异金"。他拿回来后从中提取出了一小粒银灰色的金属,外貌很像金属锑,但其化学性质和锑不一样,牟勒想它可能是一种新金属,但没有把握,就将剩下的一点标本寄给了贝格曼教授,请求帮助判断。由于标本太少,无法进一步分析,贝格曼只能告诉他,这物质的确不是锑。

16年后的1798年,法国矿物学家克拉普罗特把它从该矿石中提取出来,经过仔细研究后,克拉普罗特判定它是一种新金属,命名为"Tellurium"(碲),意思是"地球"。次年的1月25日,他在柏林科学院宣布这个发现,从此"地球"元素才名声大振。但是克拉普罗特并不贪图虚名,更无掠美之意,在报告中他一再强调牟勒早在1782年就发现了元素碲。

13. 铍(Be)

含铍的主要矿石是绿宝石,有如海水般透明蔚蓝的,是人们所珍爱的宝石,对一块绿玉,一般人都以鉴赏的眼光赞美它的光润碧绿、晶莹可爱,商人见了它,想到的是它值多少钱,但分析化学家和矿物学家见了它,最感兴趣的却是它的化学组成。有一位德国亲王伽利青(Gallitzin)非常喜欢研究矿物。一天,他把一块秘鲁产的绿宝石交给克拉普罗特,请他分析一下成分。克拉普罗特分析的结果是:硅石66.25%,铝土31.25%,氧化铁0.50%。一些著名的分析化学家,如贝格曼、阿沙尔(Acard)、宾特海姆(Bindheim)和沃克兰也分析过这种绿宝石,他们也认为是一种硅酸铝钙化合物。这就是说氧化铍的成分在他们眼前都展现过,但都溜了过去。

后来,法国的结晶学家与矿物学家阿羽伊(Rene Just Hauiy)发现绿柱石与绿宝石的晶形和物理性质极相似,他怀疑这两种矿石是同一种物质,于是请沃克兰对这两种矿石进行分析。沃克兰于1798年重新分析绿宝石,在进一步的研究中发现,过去他认为是铝土的成分,不仅不能溶于稀碱溶液,在其他方面也与氢氧化铝不相同。例如,这种沉淀能溶于碳酸铵中,将这种沉淀溶于硫酸后,加入硫酸钾,不能析出明矾样的结晶,而且它的盐有甜味,就把它叫甜土,由于当时发现了钒土也是甜味,为了避免混淆,克拉普罗特建议改为"Earth Beryllia"(铍土)。铍土是两性的,但比铝土弱得多。铍土是碱土金属,以后法国化学家勒莆用电解法才制得高纯度的金属铍。

14. 锆(Zr)

含锆的主要矿物是锆英石,即硅酸锆,这种矿物在地球上分布很广,在我国东南沿海各省就有很多,斯里兰卡是它的著名产地。这种矿石由于含有杂质而常带上橙红色彩,加上它的晶莹透明,自古就被当做宝石。锆在地壳中的含量比铜还要多,但发现它的年代却拖到18世纪末,这是因为锆土(氧化锆)的性质很像铝土。锆英石用碱熔化分解后,一旦加酸,锆土就像氢氧化铝一样成为白色絮状沉淀析出来,所以长期以来人们都误把它当成了铝土。直至1789年,克拉普罗特才正确地分析了这种矿物,断定它是一种还不为人知的土质,于是称为"Zirconerde"(锆土),阿拉伯文是"朱砂"之意。又经过100多年,才从锆土(氧化锆)中提炼出纯金属锆,最终获得成功的是荷兰的两位工程师勒利和汉布格,他们将四氯化锆与金属钠一起放入一个真空球中,并用电炉加热,才把金属锆还原出来。

15. 钛(Ti)

钛是锆的同族元素,含钛的主要矿物为钛铁矿($FeTiO_3$)和金红石(TiO_2),它在地壳中的分布比锆更广。由于它与氧的结合非常牢固,自然界很难找到它的游离态。

钛是在研究和分析以上两种矿石时发现的,发现者是一位分析化学家格累高尔,他是英国教会的一位牧师,精于分析技术,喜欢研究英国各处的矿石,最引起他兴趣的是默纳陈山谷中所产的一种黑色磁性矿石。他进行了分析,得到棕红色矿渣,他把研究结果写成论文(1791年),他相信这种棕红色矿渣中肯定含有某种迄今还不为人知的新金属,因为它的特性与已知的任何金属都不相同,但他的论文当时没有引起人们的重视。

1795年,克拉普罗特在分析匈牙利布伊尼克地区产的红色金红石时,注意到其外表颇像格累高尔所得到的默纳陈矿石,于是他便拿来作对比研究,发现两者的主要成分果然相似,只是默纳陈矿石中有铁。他坚信这是一种新金属的氧化物,并给这种新元素取了个名字叫"Titanium"(钛),这个名字是引用了一个神话中的人物,希腊神话中说,天与地第一代儿子叫"Titans"(太阳种族)。直到1910年,将很纯的四氯化钛和钠的混合物放在耐高压的钢罐中(这种钢罐可以耐 4 万公斤的压力),然后将钢罐加热到红热,这时内部发生爆炸反应,冷却后,从反应产物中洗去氯化钠,才得到了纯度高达 99.9% 的金属钛。

16. 钇(Y)

稀土家族的元素是指钪、钇和全部镧系元素,总共 17 个成员,是周期表中很大的一个家族。它们的化学性质极其相似,在矿物中又总是共生在一起。这个家族中第一个出世的成员是钇,早在 1788 年,一位瑞典的军官阿累尼乌斯在斯德哥尔摩附近的伊特比小镇上发现了一块黑色的石头。这块石头后来辗转到了著名化学家加多林手里,加多林是芬兰人,他分析了那块矿石,从中得出一种白色氧化物,其性质与已知的氧化物都不一样,但外观很像 CaO 和 Al_2O_3,似乎是一种新土质,所以加多林就给它起一个名字叫"Ytterbia"(钇土),用以纪念它的产地。

17. 锶(Sr)

1787 年在苏格兰斯特朗丁(Strontain)村附近的铅矿里发现了一种新矿物,称为菱锶矿。有些矿物学家把它归入萤石(CaF_2)一类,但是大多数科学家认为菱锶矿是毒重石(钡矿物的一种)。1790 年苏格兰的内科医生克劳福德(A. Crawford)全面研究了这种矿物并得出如下结论:用盐酸和菱锶矿作用时,得到的盐与氯化钡不同,它较易溶于水,它的晶体有不同的形状。克劳福德断定菱锶矿中含有一种以前还不知道的金属土(氧化物)。

1791 年末,苏格兰化学家荷普参与菱锶矿的研究,并证实毒重石和菱锶矿是不同的。荷普还注意到锶土和水的反应要比生石灰与水的反应更剧烈,在水中溶解比氯化钡容易得多,所有锶的化合物都可以使火焰转为红色,荷普还证明这种新土不是钙土和钡土的混合物。拉瓦锡也认为这是一种新的金属土,但是直到 1808 年戴维才用电解方法得到金属锶,证明了这一点。

18. 铀(U)

对人类社会影响非常大的元素的发现,应当是铀元素的发现。这种发现为人类后来进入原子时代提供了一种重要元素。铀元素的发现人是德国的马丁·克拉普罗特,1789 年,克拉普罗特独立研究沥青铀矿,他从中提炼出一种新元素,命名为铀,是天王星(Uranus)的意思。实际上,克拉普罗特当时获得的并不是金属铀,而是铀的氧化物,一直到 15 年以后,才搞清这一点。克拉普罗特潜心研究学问多年,他发现了铀,为以后的放射化学、辐射化学、核化学打下了基础,他还为德国培养了一批化学人才。在克拉普罗特发现铀后的 34 年,即 1823 年,阿尔贝逊用氢还原氧化铀取得成功,得到不太纯的金属铀。后来,法国化学家彼利高特用金属钾还原无水氯化铀,获得纯净的金属铀。铀的发现,奠定了核时代的基础,随着历史的发展,该元素的影响与日俱增。

三、19 世纪 70 年代前发现的新元素

19 世纪一共发现了 51 种元素,我们主要介绍 1869 年元素周期律发现前的一

些元素的发现。

1. 铝(Al)和钒(V)

贝采里乌斯有一个很得意的门生,名叫维勒,他是德国人,是专门到瑞典贝采里乌斯实验室访学的。维勒是一名多才多艺的学者,他不但喜欢化学还喜欢文学、诗歌、美术,喜欢收集矿物标本,23岁时就获得了医学博士学位。学成以后,在化学上曾为人类做出了两大贡献:第一是1827年独立提炼出单质铝;第二是1828年用化学方法人工合成了有机物尿素。

维勒曾跟贝采里乌斯工作过4年,1827年回到柏林。维勒在德国的工作条件十分艰苦,远远比不上在瑞典的实验室,但他并不气馁。他把宿舍隔开,一半作卧室,一半作实验室,买了些简单的仪器,就开始了研究工作。维勒的研究工作首先是继续在瑞典的工作,从铝矾土中设法提炼单质铝。1827年底,他提炼出比较纯净的三氧化二铝,然后把三氧化二铝放在铂坩埚中用金属钾进行还原,终于在人类历史上第一次制得了粗制的金属铝。

由于铝是很活泼的金属,一旦制出以后,它又会很快和空气中的氧发生反应,所以制备纯铝十分困难,因此在当时,铝的价格比黄金要贵得多,后来,化学家们研制出电解铝的方法,才使铝像普通金属一样便宜。人们为了纪念维勒,用铝给维勒铸了一个挂像。

维勒在瑞典斯德哥尔摩学习时,贝采里乌斯教授让他分析一种黄铅矿的成分,希望能从中发现点新的成分。维勒接受了课题,在分析过程中,他发现了一种特别的沉淀物。本来,如对这种沉淀物进行认真的分析,就会有新的发现,但非常遗憾,维勒未能细致地分析,就认定这种氯化物是铬的化合物,他虽曾闪过进一步分析一下的念头,但很快这念头就消失了,最后还是草草地将"铬的化合物"这个结论写在实验报告上。

维勒回国以后,贝采里乌斯让瑟夫斯特木接替了维勒的工作,瑟夫斯特木在分析中,发现了维勒发现过的同样的沉淀物,但是,瑟夫斯特木是一个严谨认真的人,他把沉淀物过滤出来,加热烘干,经过还原,发现了一种新元素,取名为钒娜迪斯(Vanadis),意思是"北方女神",译成中文就是钒。瑟夫斯特木发现钒以后,使维勒十分震惊,非常懊悔。他正在自责时,收到了老师贝采里乌斯的一封信,信中说:"我今天寄给你一份新发现的钒样品,还要告诉你一段故事。在古老的北方山林中,住着一位漂亮的女神,名字叫做钒娜迪斯,她年轻美貌,独身一人,居住在秘密的别墅里。一天,有人来敲她的房门,但女神依旧舒服地坐着,心想,先考验考验来人是否真心,让他多敲一会。没想到,敲门人敲了几下就停止了,而且转身走下了台阶。女神想,是谁呢?这样没有耐心。女神走到窗口想看看那个掉头离去的人。啊!是维勒这个小伙子,他长得倒是很英俊,如果他再坚持一会,我会请他进来的,这次让他白跑一趟是应当的,你看他那种漫不经心的样子,走过我窗口时都没回一下头儿。过了一段时间,又有人来敲女神的门了,女神和原来一样,一动不动地坐着,还是矜持地想考验这次来的人。女神没想到,这次来的人很有耐性,一直敲个不停,使女神无法再拒绝了,只好开门迎客,进来的小伙子是瑟夫斯特木,女神和他一见钟情,结为伴侣。他们结合以后,就生下了新元素钒。"

贝采里乌斯不愧为大科学家、大教育家,他用典型事例和生动的语言教育他的学生,贝采里乌斯最后安慰了维勒,说:"你在合成尿素时表现出了智慧和力量,比发现10种新元素都要高超。"维勒收到贝采里乌斯的信以后,心潮起伏,夜不成眠,他立即给老师回了信,信中写道:"我十分感谢您,亲爱的教授,你给我讲的女神钒娜迪斯的故事,美妙而动人。说老实话,我为我的粗率,没有能拜访到北方女神,感到十分烦恼。"维勒对自己没有能发现钒,确实十分后悔,他在给他的好友有机化学家李比希的信中说:"金属钒的发现者是我的师弟瑟夫斯特木,实际是我的恩师贝采里乌斯。我过去曾拿到这种黄铅矿石,也曾发现过一种沉淀物,但没有能把钒发现出来,工作草率、粗糙,我简直是一个笨蛋!"维勒在研究工作中的成功与失误,是科学家给人类留下的一份珍贵的遗产,人们可以从中获得收益。维勒在1882年10月9日离开人世,他一生对他的恩师念念不忘,他尊敬爱戴他的恩师贝采里乌斯,他的房间中,一直悬挂着他恩师的大幅照片。

2. 伏打电池

早在远古的时候,人们对电的现象就有了察觉,那就是自然界中的雷电。后来人们在生活中逐渐发现了静电现象,毛皮摩擦过的橡胶棒、丝绸摩擦过的玻璃棒,都带电荷,能吸起碎纸片。以后又把电分成阴电和阳电,人们又用莱顿瓶来储存电,以后又发明了静电起电机。但是这些静电不能提供稳定的电流,无法进行电化学实验。

1780年的一天,意大利波洛纳大学的解剖学教授伽法尼(Galvani)在实验室做解剖实验。他在一块潮湿的铁案台上解剖一只青蛙,打开青蛙的肚皮,取出了内脏。无意中他把解剖刀接触到死蛙背脊的神经上,这个死蛙的大腿突然抽搐了一下,并翘了起来,把他吓了一跳。再试一下,蛙腿又抽动了一下,这种奇怪的现象引起了他的兴趣。他最初认为与放在旁边的静电起电机有关,但拿走了静电起电机后,仍有这种现象。他认为,可能是青蛙的神经中有一种看不见的生命流体,当金属导线与其接触形成通路时,生命流体就会顺着导线在青蛙脊椎骨和腿神经之间流动,这种流动刺激蛙腿发生了痉挛现象。这种含糊不清的解释的根据是什么,他自己也说不清楚。于是,伽法尼把这个实验现象连同他的解释写成一篇论文,在一个刊物上发表。这篇论文引起了一些科学家的兴趣。

意大利物理学教授伏打读了这篇论文以后,就在自己的实验室里重复了伽法尼的实验。他是搞物理研究的,在观察问题、思考问题的角度上与解剖学家不同。伏打的注意点在那一对金属线上,而不是在青蛙的神经上。他想,这是否与电有关,因为人体接触到静电时就会感到肌肉发麻与抽搐。他推想,是否两种不同的金属接触后会发生电的现象?于是他设计了一种能检验很小电量的验电器,进行了很多次实验研究,结果证明,只要两种金属片中间隔以用盐水或碱水浸过的硬纸、麻布等东西,并用金属导线把它们接触起来,不管有无青蛙的肌肉,都有电流通过。这说明电并不是从青蛙的组织中产生的,蛙腿只不过是一种非常灵敏的"验电器"而已。伽法尼在解剖青蛙时,案台是铁的,手术刀是铜的,青蛙的体液是电解质溶液,因此产生了电流。以后伏打又进行了许多实验,发现金属起电的顺序:锌—铅—锡—铁—铜—银—金,这个序列的意思是说,其中任何两个金属相接触,都是位序在前的金属带负电,位序在后的金属带正电。

伏打还发现这种"金属对"产生的电流虽然微弱,但是非常稳定,后来他把 40 对、60 对圆形的铜片和锌片相间地叠起来,每一对之间都放上用盐水浸湿的麻布片,再用两条金属导线分别与顶面上的锌片和底面上的铜片连接起来,则两条金属导线端点间就会产生几伏的电压,足以使人感到强烈的"电震",而金属片的对数越多,电流越强,如果把铜片换成银片则效果会更好。这样产生的电流不仅相当强,而且非常稳定,可供人们研究使用,后来人们都把它叫做伏打电堆。

不久,他发现在锌、铜片之间的湿布慢慢干燥后,电堆产生的电流也逐渐变小。于是他改用一大串杯子,里面放上盐水,每杯中插入一对铜、锌片,然后用金属导线把一个杯子中的锌片和另一个杯子里的铜片连接起来,这样就得到了经久耐用的电池。后来他又发现,把杯里的盐水改为稀硫酸溶液效果更好。这种电池后来被人们称为铜锌伏打电池,是世界上第一个实用的电池。

3. 钾、钠、钙、锶、钡、镁 6 个金属元素

伏打电池诞生后,传到了英国皇家学会。英国化学家尼科尔森和卡里斯尔立即用伏打电堆进行了电解水的实验,结果在阴极上得到 H_2,在阳极上得到 O_2,并且氢气的体积是氧气的两倍。英国的化学家戴维(H. Davy,$1778\sim1829$,图 3.9)在进行电解水研究时,发现阴极附近有碱性物质,阳极附近有酸性物质,这是怎么回事? 戴维是一位思维敏锐又精于实验的人,他经研究后指出,氢、碱类、金属氧化物等被阴极吸引,被阳极排斥,它们带阳电;而氧、酸类被阳极吸引,被阴极排斥,它们带阴电。戴维实际上已经指出了溶液中离子有带电现象,他这种见解后来被贝采里乌斯接受、推广,提出著名的"电化二元论"。

图 3.9　戴维

1807 年,戴维决定用电解法揭开苛性钾与苛性钠之谜。最初,他通电于苛性钾饱和溶液,两极上都冒出气泡,都有气体产生,并且温度也急剧上升。经分析,阳极上放出的是 O_2,阴极上放出的是 H_2,实际上只是水被电解了,而碱毫无变化。于是他想,既然水会起妨碍碱分解的作用,说不定在无水条件下进行电解能够成功。但是,干燥的苛性钾(K_2O)不导电,因此必须先把

苛性钾熔化后才行。他把盛有一块苛性钾的铂金勺放在火上烧,为了获得高温,戴维不断向酒精灯吹氧气,几分钟后,碱被熔化,成了透明的液状物。然后,他把铂金勺与电堆的阳极接通,在电堆阴极上接一根铂金导线,导线的另一端与熔融物的表面接触。通电后发现熔融物中立即冒出一些小气泡来,而在铂金导线周围则出现了燃烧得很旺的火苗。戴维看到后非常高兴,他在兴奋之余,又经过冷静的思考,认为强碱的确是分解了,这是毫无疑问的,但分解的产物,在高温下又立刻被烧得精光,显然,这是加热温度太高造成的。于是,他想利用电流来熔化苛性钾,不用火烧,看看情况如何。下面是他在 1807 年 10 月 6 日的实验记录:"把一小块纯粹的苛性钾先放在大气中暴露几分钟,吸收空气中的水与 CO_2,使其表面有导电能力,然后放在绝缘的铂金盘中,把铂金盘和处在高度活性状态的 250 对铜锌伏打电堆组(每一对是 6 英寸×4 英寸的锌板和铜板)的负极连接起来,同时用铂丝把电堆的正极连在苛性钾的上表面,整个装置是暴露在空气中的。通电一段时间后,苛性钾在与电极相接触的两端开始熔化,上表面与正极接触的地方剧烈地产生气泡,下面铂金盘与负极接触的地方,没有气体放出,但可以看到富有金属光泽的、很像水银珠子的东西出现。但这种东西一经生成,立即燃烧,伴随着爆鸣声,冒出明亮的火焰,有时还散落到地面上,好像细小的陨石,燃烧以后,剩下的东西就失去光泽了,成为一小撮白色的粉末。"戴维的弟弟约翰·戴维曾这样描述他哥哥:"他看到从铂金盘里跳出的小钾珠,与空气一经接触就立即着火时,他抑制不住自己的兴奋,在屋子里狂喜地跳起舞来,经过半天后才能安静下来继续做实验。"

但是,戴维毕竟还是没能得到这种新金属,他继续总结经验教训:"我们的做法还是不太对头,可以把碱放在坩埚里,用石墨把它包严,这样使电解出来的金属尽量减少与空气接触,也许会多少得到一些金属。"于是新的改进实验又开始了,这样戴维终于得到这种银白的金属,并且掌握了它一系列的性质。他在笔记中写道:"这些亮晶晶的金属颗粒经我反复实验之后,证明就是我要寻找的东西,这种特殊的可燃元素就是苛性钾的基质。至于铂,它在这个实验中没有受到丝毫的影响,仅在电解作用上充当了一种媒介物而已。若用一块铜、银、金,或石墨作为电极,只要使电流通过,照样可以获得这种可燃性的金属颗粒。"他还有这样的描述:"这种小小的金属颗粒只能在阴极上才产生出来,把它投入水中时,起初在水面上急速地旋转,发出嘶嘶的尖叫声,随即变成一个紫色的小火球在水面上燃烧。"这种金属是来自木灰碱(Potash 即碳酸钾)的苛性钾,所以把它命名为"Potassium"(钾)。

戴维又以同样的方法从苛性苏打中电解出一种金属,命名为钠。

顺便说一下,戴维在实验中付出了一定的代价,负了伤,流了血。那天电解实验结束时,他切断了电流,用钳子把热坩埚夹出来,并几次把它的底部触及水面使其冷却,当他认为坩埚已经充分冷却了,便小心翼翼地把坩埚投进一个盛有水的大烧杯里,结果看到烧杯中的水沸腾起来——气泡发出咕噜咕噜的响声,接着突然燃烧起来,发出震耳欲聋的爆炸声。邻近实验室的同事们跑来一看,戴维躺在地板上,用手捂着面孔,血流满面,戴维感到右眼痛得很厉害。幸好伤势并不严重,只是玻璃杯的一些碎片刺伤了这位科学家面部的好几处地方。

由于戴维制得了金属钾、钠,在科学上做出了重大贡献。这年(1807 年)的 12 月,尽管当时英国和法国之间正在进行着战争,法国的皇帝拿破仑还是发布了一项命令:"鉴于英国化学家汉弗莱·戴维在电学研究方面的卓越功绩,特颁发勋章一枚以示嘉奖。"消息传到英国,戴维认为这是很高的荣誉。但英国皇家学会的不少人认为不应当去领奖,伯纳德爵士说:"现在正和法国打仗,不应当接受奖赏,但是我们应该感到自豪的是,甚至连敌人也承认我们的成就,这是你的成就,戴维。""我不同意你的意见,伯纳德爵士,"戴维表示反对,"我是为科学,为全人类工作的,科学家如果要展开斗争,那只是为了争取理想的胜利,即为了证实真理,因此,我坚决要到法国去。"后来戴维去了法国,法国为他举行了隆重的授奖大会。

碱土金属钙存在于人们常见的石灰、大理石、白垩之中,直到 18 世纪末,大多数化学家还认为石灰、重土等土质都是元素,但拉瓦锡这时则认为它们都是氧化物。在他 1793 年出版的著作《化学元素论》中就有这样一段话:"我可以预期,这些土质不久就会被证明不是单质了,按我的见解,这类土质之所以不能和氧化合,表现对氧十分'冷淡',正是由于它们与氧的结合已达到饱和了。根据这种观点,这些土质可能是金属氧化物,即某些单质氧化到一定程度的产物。"此外,拉瓦锡还清楚地指出:"我们目前所认识的金属不过是自然界中一小部分。凡是对氧比碳更有亲和力的那些金属,它们都不易被碳还原成金属,所以我们只能看到它们的氧化物。这些氧化物很像土质,例如,我们常认为是土质的重土,大概十之八九就是某种金属的氧化物,其性质与其他金属氧化物十分相似。严格说来,我们目前称为土质的东西,大概都是用现有方法还不能还原的金属氧化物。"戴维相信拉瓦锡的这种见解,他在制取出金属钾、钠后,决心从石灰、重土中制取出新的金属来。

戴维知道这些金属肯定是非常活泼的,很容易被氧化、燃烧。于是他根据制取钾、钠的经验,先用石脑油把潮湿的碱土质掩盖住,再通上电流,结果只有很弱的分解作用,因为碱土质的熔点高于苛性碱,石灰的熔点为 2 580 ℃,重土的熔点为 2 923 ℃,而苛性钾的熔点只有 366 ℃。可见,要想用电流把石灰熔化,就需要很大的电流。可当时,戴维还没有这样大的电流,他就想起了另一种方法,他知道钾与氧能迅速化合,并能从水中夺取氧,那么钾也可能从石灰中把氧夺取出来。于是,他把干燥纯净的石灰、重晶石、苦土等粉末和几小粒金属钾混合,将它们放在玻璃试管中加热,但还是没有看到新的金属产生,这条路仍然不通。

戴维并不甘心失败,他又返回来用电解的方法,为了促进石灰、重土导电,他先把石灰放在坩埚中加热,待它们熔化后通电,不久看到许多金属状颗粒浮升在液态表面上,但很快就燃烧起来,当火焰熄灭后,余烬是白色粉末,与原土质毫无区别。

戴维又失败了,虽然感到失望,但仍不甘心。他又谋划出另一种方法,想用汞把产生的金属转变为汞齐,这样或许可以把它们保护住,以免被烧掉。于是他把石灰和三仙丹(HgO)混在一起,如上法炮制,这次真的得到了一些钙汞齐,但是所得的量实在太少。1808 年 5 月,戴维收到了从瑞典发来的一封信,署名是鼎鼎大名的贝采里乌斯教授,信上提到他与瑞典国王御医蓬丁博士曾将石灰与水银混合在一起加以电解,成功地分解了石灰,并且还说他们用这种方法电解重土制取钡汞齐也获得了初步成功。戴维从此信中得到了启示,他就把潮湿的石灰与氧化汞,按3∶1 的比例混合起来,放在一个铂皿中,铂皿与电池组的正极相连,他在密闭的混合物的上方挖了一个小洞,放上一大滴水银,并用一根铂金丝插在水银滴中,铂金丝与电池组的负极相连。他这次采用的是 500 对铜锌极板的大电池组,用更强大的电流,戴维终于成功了,这回取得了相当数量的钙汞齐,在化学史上,他第一次制取出银白色的金属钙。

不久,他又从锶矿石、重晶石和苦土中制得金属锶、钡、镁。戴维是一个谦虚和实事求是的人,1808 年 7 月 10 日,他给贝采里乌斯和蓬丁写信,汇报了自己的实验收获,并对他们给予的巨大启示和热情支持表示衷心感谢。

4. 戴维的故事

汉弗莱·戴维被称为"诗人兼哲学家",1778 年 12 月 17 日出生在英格兰彭赞斯城附近的乡村。戴维和道尔顿是同时代的化学家,比道尔顿小 12 岁。戴维 5 岁时就能把文章读得很流畅,11 岁时,就能像一个真正的演员一样站在别人面前朗读任何一种文学作品,不仅在阅读方面,而且已经能理解课本上的知识。他的老师劝他父母把他送到彭赞斯去学习,找一位好老师培养,一生就会有很大的成就。但戴维家在农村,生活很贫苦,父亲是个农民兼做手工业,戴维兄弟姊妹五人,七口之家,仅靠几亩薄田和一点手工收入度日,生活很艰难,尽管如此他父亲还是下决心把他送去彭赞斯上学。但戴维 15 岁时,他父亲突然病死,真是雪上加霜。他母亲靠在农庄的一点收入,养活不了 5 个孩子,后来把农庄卖了,迁到她兄弟住的彭赞斯小镇,在亲戚的帮助下开了一个女帽制作店。虽然很贫苦,但她还是认真考虑了儿子的前途。她与戴维的外祖父商量,把戴维安排到博莱斯的药房当学徒,这项工作很符合戴维的志趣。他一方面充当医生的助手,护理病人,学习行医的本领,另一方面必须天天调配各种药物,用溶解、蒸馏等方法配制丸药和药水,真正地操作化学实验。这时他才明白自己的知识太浅薄了,于是开始勤奋地学习,抓紧时间认真阅读拉瓦锡的《化学概论》、尼科尔森的《化学辞典》等化学著作。通过学习,他做实验的内容和目的明确了,凡是著作中讲过的实验,他尽可能地一一试试。凡是好书他都设法借到,如饥似渴地阅读。遇到学识渊博者,他就主动求教。恰好此时有个叫格勒哥里·瓦特(发明家詹姆斯·瓦特的次子)的人来到彭赞斯考察,小戴维闻讯后,登门求教。瓦特很喜欢这个聪明好学的年轻人,热情地帮助他答疑解惑。由于刻苦学习,戴维的知识增长很快。次年他被聘请到克里夫顿大学担任气体研究室的实验室主任,他研究的第一个课题是一氧化二氮(N_2O)的性质,是贝多斯博士建议的。一天贝多斯博士来到实验室考察,一不小心碰倒一个大铁架,弄翻了盛

N_2O 的器皿。戴维立即跑过来看他。贝多斯博士很抱歉地对戴维说:"请你原谅我。"一向以孤僻和冷漠闻名的贝多斯博士,突然带着令人费解的微笑望着他。"汉弗莱,你太爱开玩笑了,你怎么可以把铁架和玻璃器皿放在一起呢? 它们碰撞起来的声音是多么响亮啊!"接着就哈哈大笑起来。"的确是一件很开心的事。"戴维同意他的意见,也跟着大笑起来,这两位科学家面对面地站着,不停地哈哈大笑。笑声震撼了整个实验室,这种不平常的喧闹,引起了隔壁实验室助手们的注意,他们跑来,站在门边愣住了,"他们怎么啦? 犯精神病啦?"助手们用手捂住鼻子,大声喊:"快出来,你们需要呼吸新鲜空气,你们中毒了。"助手们把他俩拉出实验室,贝多斯与戴维在新鲜空气中才渐渐地恢复了神态。以后,戴维发现 N_2O 对人体有刺激作用,使人体产生快感,并且有麻痹作用,可以用于外科手术。

1801 年戴维移居伦敦,被聘为助理教授。戴维口才很好,博览群书,知识渊博,风度潇洒,每次讲课都吸引很多人。所以,在他任教的第二年,就升任为教授。他很会讲课,使听众倾倒,博得了雄辩的声誉,在很短的时间内,戴维成了伦敦风靡一时的人物。戴维边教学边研究,他开始试验用电和化学结合的办法来进行研究,这是一种大胆而巧妙的构思。当时的电,主要是来源于串联化学电池,是直流电,他用直流电作用于化学物质,然后观察阴极和阳极的情况。这实际上是创造了一种新的研究方法,即"电解法"。戴维首创了"电解法"以后,写成了一篇著名的文章《关于电的某些化学作用》,文章在 1806 年发表,引起学术界的轰动。

戴维用他发明的电解法在 1807 年制得了金属钾和钠。他曾用制得的钠当众做演示实验,当钠和水反应时,人们看到一个小火球在水面上跑来跑去,感到十分惊奇。据说,只要戴维作学术报告,听报告的不仅有大学生、科学家、科学爱好者,还有伦敦的知名人士,包括小姐太太们等都踊跃去听,尽管她们对戴维所讲的每句话都莫名其妙,她们还是怀着仰慕的心情来听这位著名的博士讲课,报告厅里总是人满为患。每当戴维作报告时,就连剧院的上座率都会大大下降。

戴维研究了氯,发现盐酸是无氧酸,指出拉瓦锡关于无机酸必含氧的错误。1812 年 4 月 8 日,他获得了英国的最高奖赏,英国皇家授予戴维爵士称号,并为他举行了隆重的授勋仪式。

英国王子亲自用镀金的宝剑碰了一下跪在地上的戴维肩膀,说:"你在发展科学方面建立了功勋,你无愧获得勋爵的称号。从今天起,汉弗莱·戴维爵士,你成了英国王位的卫士。"近代,欧洲许多国家都把爵士称号或其他荣誉称号授予科学家、工程师、医生,用以提倡科学精神,倡导文明。正是这种制度,才推动了科学技术的进步;而科学技术的进步,又反过来推动了整个社会的进步。

戴维一生贡献极多,除了化学以外,他还考察过火山、土壤、矿物,1816 年他发明了安全灯,从而确保了采矿工人的安全,推动了采矿业的发展和生产的进步。因为这个发明,戴维获得了一枚勋章。1820 年,戴维被选为英国皇家学会主席,这是他一生中获得的最高学术职位,也是当时世界上最显赫的学术职位。

戴维获得勋爵称号后两天,便同一个富有的寡妇珍妮·艾普利斯结婚了,她给戴维的后半生带来了许多麻烦。戴维每次外出考察,她务必跟随,但她又不乐意在旷野中过艰苦生活,对科学考察毫无兴趣,只是住在考察地附近的高级旅馆里,有时还独自去寻欢作乐。戴维病重以后,她却离开戴维外出旅游,只是在戴维临死之前,她才不得不去日内瓦看看。戴维婚后,蜜月旅行时还带了一个特别的流动实验室,带的唯一的助手是迈克尔·法拉第。虽然当时法英在打仗,但拿破仑很尊重他,准许他通过法国去意大利,他在巴黎受到热情的接待。在意大利,他用火燃烧了金刚石,证明了金刚石与木炭的组成是一样的。那是在托斯卡纳别墅里发生的事情,戴维虽然善于雄辩,但他无法让伯爵相信金刚石是由纯碳组成的,伯爵从手指上摘下镶嵌着钻石的戒指,把它递给戴维:"请你确证一下,这个极好看的金刚石是由碳组成的吗?把它烧着了,我就相信你。""多么糊涂啊,金刚石是一件珍宝。""别担心,托斯卡纳伯爵的珍宝多得很!""法拉第,"戴维对站在身边的法拉第说,"把聚光镜拿来,把燃烧炉点起来,我们给伯爵证实一下。"很快一切准备好了,法拉第先把金刚石放在燃烧炉中烧,到滚热后再把用聚光镜聚焦的强烈阳光照到这块闪闪发光的宝石上,过了一会儿,戒指熔化了,可是金刚石仍然未变。伯爵洋洋得意地观察着:"钻石烧不掉吧?"但是,并没有持续多久,当温度升到足够高时,金刚石跟着变小,最终消失了。伯爵大为惊讶:"真奇怪,我的金刚石溜走了。""它不是溜走了,而是烧光了。"

5. 卤素元素的发现

(1)氯元素的发现,我们在前面已经作了介绍。

(2)碘的发现很有意义。1811年,从事制硝业的法国人库特瓦(Courtois)经常采集海藻类植物,并把它烧成灰,再用水浸渍制成母液。有一次,他在用硫酸处理海藻灰母液时,由于酸过量,从溶液中突然冒出一种紫色的蒸气,这种蒸气形成"彩云"冉冉上升,并且有和氯气相似的使人窒息的气味,这种蒸气接触到冷的物体时,并不凝结成液态,而是直接凝成大片暗黑色的结晶,光泽和金属一样。库特瓦把它交给化学家克莱曼和德索尔姆研究。这两位科学家研究结果表明,这种物质是某种未知元素的化合物。

1813年秋天,他们在工业学校的走廊上遇到了著名的化学家盖·吕萨克,谈起了这件事情,盖·吕萨克跟他们到实验室去,详细地问了情况,说到这个物质与汞化合后生成鲜红色沉淀。

"请把这件东西给我拿点来,我想亲眼看看。"盖·吕萨克说。

"很抱歉,已经没有了,一星期以前汉弗莱·戴维到我们实验室来过。他对这东西也感兴趣,我就把所有的样品都给了他。"听了这话后,盖·吕萨克猛然从沙发上站起来了。"不可原谅的错误,多么不可挽回的错误!把最后的一点剩余送给了一个外国人,多么轻率!这回戴维就会发现这个元素,并发表他自己的成果。发现新元素的荣誉将属于英国,而不属于法国。""我完全没有想到这一点。"克莱曼很窘地低声说道。"无论如何必须超过戴维,这种元素是在法国发现的,是法国科学家发现的,而现在呢? 由于偶然的疏忽,这一荣誉将属于英国。不行! 一万个不行! 库特瓦现在在哪儿?""找他干什么?"德索尔姆问道。"他应该赶快把这种物质交给我们,哪怕很少的一点也行。应该立即开始工作,昼夜不停地工作,我们必须关心自己国家的荣誉。"盖·吕萨克跑出实验室,找到了库特瓦,简单地说明了事情的经过,把偶尔留下的一点物质样品拿走了。实验室的工作沸腾了,夜以继日,几天以后,盖·吕萨克成功地得到了这种纯净的新元素,是一些小小的鳞片,像金属一样闪闪发亮,加热时很快蒸发,沉甸甸的深紫色的蒸气充满了烧瓶,蒸气的气味很像氯的气味,这种元素和氯一样也能和氢化合,生成的酸也与盐酸相似。这再一次证明生成的酸并不一定非要有氧不可。盖·吕萨克命名该元素为"Iode"(碘),即紫色之意。盖·吕萨克的担心不是没有理由的,在他的论文发表的同时,戴维的研究报告也出来了。

(3) 溴的发现。1824 年,法国巴黎大学化学系教授巴拉(Balard)在用氯气处理盐湖水时,得到了红棕色液体,有很不好闻的味道。1826 年这种新元素被命名为"Bromine"(溴),即"恶臭"之意。

(4) 氟的发现———一篇悲壮的历史。早在 1768 年,法国矿物化学家马格拉夫曾用硫酸处理萤石而得到氢氟酸。以后,德国物理和化学家安培就向戴维提出氢氟酸一定是一种未知元素与氢的化合物,并且建议命名为"Fluorine"(氟)。1864 年,英国化学家奥德林在元素系表中就写上氟的原子量为 19,与氯、溴同属于一族。

从 19 世纪初起,各国化学家就在自己的实验室中摸索使氟游离出来的方法。戴维在英国,盖·吕萨克与泰勒在法国,同时分别在试验,并且都因为吸入少量的 HF 而病倒,遭受了很大的痛苦。

1813 年,戴维用电解法制氟的过程中,发现氢氟酸不仅能腐蚀玻璃,还能腐蚀银,只有用铂金和角银矿(AgCl)制的器皿才能储存它。但把这种酸放入铂金皿中进行电解时,在阳极上产生了一种性质剧烈的物质,把铂金的器皿毁了,没有取得所需要的物质。后来,戴维又找到了萤石,用它制作了耐氢氟酸腐蚀的器皿。但是,当他用这种器皿电解氢氟酸时,结果在阳极上产生的却是氧气,可见分解的是水,而不是 HF。盖·吕萨克的实验也未取得成功。在这同时,苏格兰的两兄弟乔治·诺克斯和托马斯·诺克斯曾用萤石制成一种很精巧的器皿,在里面放入氟化汞,在加热下用干燥的 Cl_2 处理,并在器皿上方的接收器里放了金箔。加热了一段时间后,得到了 $HgCl_2$ 的结晶,而金箔却遭到了腐蚀。为了弄清金箔被腐蚀的原因,他们把这块金箔放在玻璃瓶中,再用硫酸去处理,结果玻璃又遭到了腐蚀,说明产生了 HF 气体,当然表明原来的 HgF_2 被分解了,并释放出氟。可是他们二人不仅没有得到游离的氟,反而因此都中了剧毒,托马斯几乎丢掉了性命,乔治被送到意大利休养了 3 年才恢复了健康。

　　此后,比利时首都布鲁塞尔的一位化学家鲁耶特(Louyet)不避艰险地重复诺克斯兄弟的实验,并力求慎重,以期不重蹈他们的覆辙,但终因长期从事这项研究中毒太深,为科学献出了自己宝贵的生命。

　　1850 年,法国自然博物馆馆长、工艺学院化学教授佛累密(Firemy)决心再做一番尝试。最初他试用电解法来分解无水氟化钙、氟化钾、氟化银。结果在阴极上得到了金属钙、钾、银,同时在阳极上有气体放出,这似乎应该是氟气了。但因这种气体太活泼,温度又高,它与周围的物质(如电极、器皿等)一经接触,就发生了化合,所以仍然没有看到氟气。后来,他又尝试电解无水 HF 来制取氟,但仍然没有成功。看来,氟碰到谁就和谁化合,它的化学亲和力大得太神奇了。这种情况下,佛累密只好把这个看来无望的实验暂时搁置起来。以后又把这个未完成的意愿交给了他的学生摩瓦桑去做,摩瓦桑最终完成了这项伟大的事业。

图 3.10　摩瓦桑

　　摩瓦桑(H. Moissan,1852~1907,图 3.10)1852 年出生于巴黎,因家境贫寒,18 岁中途退学,在药店当学徒,学习一些化学知识。1872 年他带着强烈的求知欲望来到自然博物馆,靠着半工半读,向佛累密教授、台赫仑教授学习。由于他刻苦学习和聪敏过人,被台赫仑教授看中,留下来在实验室进行化学研究。他终于在 27 岁那年,得到了高等药剂师的证书,次年他发表了一篇关于铬的氧化物论文,并获得博士学位。1884 年,他接手佛累密老师提取氟的研究课题。他思考着前人走过的路,特别是他老师的经验,他认为,由于氟的腐蚀性太强了,一旦与各种电极材料相接触,就要起化合作用,它不能游离出来。在低温下电解,可能是解决这一矛盾的一个途径。所以,不应该选择像 NaF、CaF$_2$ 这样高熔点的原料来进行电解,而应选择氟化磷、氟化砷一类低熔点的化合物,在很低的温度下进行电解,可能会避免电极遭到腐蚀,也许可以得到氟的游离态。于是他用氧化砷、硫酸和萤石为原料,将它们混在一起进行蒸馏,得到了氟化砷(沸点 63 ℃,熔点-8.5 ℃),他用铂金作电极,对 AsF$_3$ 进行电解,虽然经过许多次的失败,并因中毒而 4 次中断实验,但终于在阴极上得到了粉末状的砷;在阳极上看到少量气泡冒出来(铂电极还是被腐蚀了),然而遗憾得很,当这些气泡在升达液面之前,就被周围的氟化砷吸收了(变成络合物)。

　　1886 年,他总结老师电解无水 HF 的经验,无水 HF 的熔点(-83 ℃)很低,但它不导电,因此,他把氟氢化钾(KHF$_2$)加到无水 HF 中,使它变成了导体,他用铂制的 U 形管来放置这种电解质,用铂铱合金做成电极,用萤石做成螺旋帽将管口盖住,他用液态氯仿把 U 形管冷却到-23 ℃,根据以往的经验,他知道 SiF$_4$ 是非常稳定的化合物,因此当实验中一旦有 F$_2$ 产生,并和 Si 接触,就会猛烈反应而起火燃烧,因此可以用硅来检验是否有氟气。

功夫不负有心人,成功终于到来了。1886 年 6 月 26 日,从摩瓦桑的 U 形管阳极口终于冒出了气体,用硅检验,立即冒起火来,闪出耀眼的白光,F_2 终于被分离出来了,它是一种淡黄绿色的气体。由于他不是法国科学院的院士,所以他请高等师范学院教授德柏雷(Debrary)代表他向科学院报告提取 F_2 的情况。这个报告引起了众位院士的浓厚兴趣。科学院院长指派当时知名的 3 位法国化学家贝特罗、德柏雷与佛累密组成调查小组,审查他的工作。但是第一次审查很不顺利,可能是太紧张了,在这些权威人士的面前,摩瓦桑怎么也得不到一个 F_2 气泡。第二天他更新了试剂,使表演取得了成功,审查小组的教授大为满意,祝贺他确实提取了这种最难捉摸的气体元素。佛累密兴奋地说:"看到自己的学生能青出于蓝而胜于蓝,这永远是做老师最感欣慰的事。"

这项伟大的科学成就,使摩瓦桑获得了卡柴奖金。1891 年被选为法国科学院院士,1896 年英国皇家学会赠给他戴维奖章,1903 年,德国化学会发给他霍夫曼奖章,1906 年他荣获诺贝尔化学奖。但是,由于他长期接触这种有毒气体,身体受到损害,缩短了他的寿命,1907 年 2 月 20 日,才 54 岁就与世长辞了。

6. 用金属钾作还原剂发现了硼、硅、铝等元素

1807 年英国的汉弗莱·戴维用电解法,制得了钾与钠的消息很快轰动了全世界的科学界。法国科学院为此召开了一次会议,会议的参加者对这个消息兴致勃勃,议论纷纷。师范学院的著名教授贝托雷(Berthollet),心情激动地登上讲台,发表讲话:"我国政府对汉弗莱·戴维的巨大成绩评价很高,我国和英国目前虽说正处于战争状态,但我国皇帝还要亲自把勋章授给戴维。不过,政府向法国科学家提出了一项重大任务,这就是在我们法国也要安排生产这两种金属。资金会拨给的,现在缺少的是人,需要一批热心的年轻人,主要是有才干的人。我提个建议,依我看,能去完成这项艰巨任务的最合适的人选莫过于盖·吕萨克和泰勒。"大厅里响起了一阵阵赞同声和热烈的掌声。

盖·吕萨克和泰勒是亲密的同事,都是当时知名的化学家。他俩是终生的挚友和工作同伴。次日,这两位化学家就开始了筹备工作,装配了功率强大的电池组。最初他们的生成效率不高,耗费了不少的劳动,也花费了很多钱,可得到的只是一点点金属,它的价格比黄金还贵一倍,于是他们又动脑筋探索制备这两种金属的其他方法。经过反复的试验,最后终于成功了。新的方法是在密封的容器内把苛性碱与铁屑一起加热,利用铁在强碱介质中具有的强还原性。这显然是一个大进步,操作简单,成本低廉,产品数量也大为增多。但新方法在试验阶段非常危险,发生过好几次爆炸,两位科学家几乎为此丧了命。盖·吕萨克因受伤卧床不起 40 多天,但是他们终于拿到了相当大量的金属钾。

以后,他俩用纯钾还原硼酸,加热反应后,得到一种淡绿色的灰色粉末,是硼酸钾与硼的混合物。加入少量水,稍加热一下,硼酸溶解了,再把其中的不溶部分烘干,他俩对它作了几个星期的研究。例如把这粉末放在氧气中燃烧,又得到了人造

硼酸。这样他俩断定这是一种新元素,提议给它命名为"Bore"(硼)。在这同时,戴维也几乎用了相同的方法制取了单质硼。

在提取单质硼成功以后,盖·吕萨克和泰勒曾将四氟化硅和钾蒸气共同加热,发生强烈的反应,结果生成一些红褐色的粉末,是不纯净的硅。

丹麦的化学家兼医师厄斯泰德(Oersted)把干燥的过量无水氯化铝与含 1.5% 金属钾的钾汞齐混在一起加热到红炽,氯化铝被分解,生成了铝汞齐与 KCl,在隔绝空气下加热铝汞齐,使汞挥发出去,结果得到一些光泽与颜色很像锡的金属,就是铝。

7. 用分光镜发现新元素

有一些元素在地壳中含量既少又分散,用寻常的化学分析方法很难发现,幸而在 1860 年,本生(Bunsen)与基尔霍夫(Kirchhoff)发明了分光镜才开始突破了这一点。

(1) 早期的焰色反应

说起利用焰色反应,我们先讲一个小故事。唐代武则天做皇帝时,一次她赏给凤阁侍郎刘玮之很多黄金。刘玮之觉得十分光彩,在同僚和好友面前很是得意。一日,凤阁舍人唐诜(音深)来拜访他,见了这些黄金,没有恭维他,却冷笑着说:"是假的,不信你烧烧看,如果冒出五色火焰,就证明是药金。"什么是药金呢? 就是红铜与炉甘石(ZnCO₃)的矿粉一起烧炼,能炼成很像金子的黄澄澄的黄铜,炼丹家常用来骗人。因唐诜青年时曾炼过丹,所以能认出来。刘玮之试了试,果然红红的火焰中冒出了亮绿色的火苗,火焰变得红、黄、橙、蓝、绿,五颜六色,绚丽多彩。刘玮之空欢喜一场,后来这事传到武则天耳朵里了,她很生气,说唐诜诬蔑皇帝,就把他贬官到天台山那里去了。

说起焰色反应,还有更早的。南北朝时,梁代有一个著名学者、炼丹大师叫陶弘景,人称华阳真人。他在《本草经集注》中写过:"硝石疗病与朴硝相似,仙家用此消化诸石,今无真识此者,或云与朴硝同山,所以朴硝一名硝石也,又云一名芒硝,今芒硝乃是炼朴硝作之,并来核研其验,有人得一种物,色与朴硝大同小异,握之如握盐雪不寒冰,烧之紫青烟起,云是真硝石也。"华阳真人所说的芒硝或朴硝是指 Na₂SO₄,硝石是指 KNO₃。当时人往往分不清,而他可以明确地说,用火焰试烧法从颜色上来区别这两种硝。

18 世纪,德国一位著名的矿石分析家马格拉夫也提到用焰色反应区别钠盐和钾盐。当时,欧洲常用的碱,一种是天然碱,叫苏打(soda),一种是草木灰浸液出来的植物碱,叫锅灰碱(potash),它们可以用来煮制肥皂,烧制玻璃,人们都以为是同一种东西。1758 年,马格拉夫在一次实验中曾把两种碱撒在了酒精灯的火焰上,他注意到苏打把火焰染成了亮黄色,锅灰碱却把火焰染成了紫色,但他比华阳真人要迟 1 300 多年。

(2) 光谱学的创立

伟大的科学家牛顿,1666 年用棱镜把白光分为各种颜色的光谱。1802 年,英国化学家武拉斯顿细心地观察了太阳的光谱,发现光谱中各种颜色间并不是连续的,其中夹杂着不少暗线,但他却误以为是棱镜出的毛病,未去进一步探索。

1814 年,德国的物理学家夫琅禾费则紧紧抓住这个现象,他精心制作了棱镜,还用放大镜来看光谱,他把油灯、酒精灯、蜡烛光等作光源进行观察,发现光谱中总在某一位置出现两条明亮的黄线。于是他又进一步研究太阳光,他本想在太阳光谱中找到那两条黄色的亮线,没有找到,却在太阳光谱中发现了许许多多的暗线,仔细数一下,竟大约有 700 条,于是他用 A,B,C,D,E,…来标上其中最显著的 8 个位置。后来人们称之为夫琅禾费暗线(图 3.11)。他又观察行星的光谱,发现其中也有暗线,并且和太阳光中的暗线位置相同,他也观察了电弧光谱,发现它们与太阳光谱截然不同,它们的光谱是不连续的,是由一系列相隔开的亮线组成的。他把太阳光谱与火焰光谱相对比之后,发现火焰光谱处的两条明亮的黄线恰恰是落在太阳光谱中被标上了编号 D 的两条暗线的位置上。好像太阳光谱中偏偏没有这两条黄色光线似的。那么太阳光谱中的暗线是怎样形成的? 火焰中明亮的黄线为什么又恰恰落在 D 暗线的位置上? 他百思不得其解。

图 3.11　太阳光谱

① 原子发射光谱。

1825 年,英国的物理学家托尔包特(Talbot)在这一年制造了一种研究火焰光谱的仪器。并把各种盐放在火焰上烧,观察其光谱。他不仅观察到各种钾盐都发射出一条红线,各种钠盐都发射出两条黄线,而且他可以说是第一个意识到把某一特征光谱线和某一特定物质的存在联系起来的人。他把分别浸过锶盐和锂盐的棉芯放在酒精灯火焰中点燃,虽然火焰都被染成了几乎相同的鲜艳红色,用眼睛简直无法分别,但在这两种火焰的光谱中,他看到的情况则完全不同,有锶盐的火焰呈现一条明亮的蓝线和几条红线、橙线、黄线,而含锂的火焰呈现一条明亮红线和一条较暗的橙线,位置与锶火焰也不相同。托尔包特大为兴奋,于是他在实验报告中激动地写上了:"我能毫不含糊地说,借助分光光谱分析,即使把极小量的锂与锶混在一起,我也能够把它们区别出来。"

1852 年,瑞典物理学家昂斯特朗发表了一篇论文,他指出:"某种金属和它的化合物给出了相同的光谱。"这就是说,火焰光谱中那些有特征性的明亮谱线是分别属于某种元素而不属于化合物。也就是说,若在火焰光谱中某几条特征谱线出现,就表明火焰中存在某种元素,或者说某种特征谱线是某种元素的标志。1854

年,美国物理学家阿尔特(Alter)根据大量的研究成果,正式提出了光谱定性分析的建议,他说:"一种元素的发射光谱与其他元素的发射光谱比较,无论是光谱线的数目、强度和位置都不相同(图 3.12),因此对发射光谱的观测,可以简便地检出某种元素,利用一块棱镜就可以将星球和地球上的元素检验出来。"

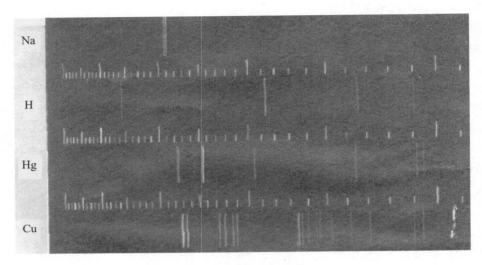

图 3.12　原子发射光谱

比较全面创立光谱分析的人是本生(R. W. Bunsen,1811～1899,图 3.13)和基尔霍夫。本生是德国化学家,1811 年生于哥廷根,家庭条件较好,世代书香,父亲是大学著名教授,母亲也很有教养,教子有方。本生从小受到良好的教育,19 岁就获得博士学位,他是当时哥廷根大学最年轻的博士,毕业后,到海德尔堡大学任教授,在那里从事化学教学达 55 年之久。1854 年,本生在化学教学实践中,制造了一种煤气灯,这种灯不但可随意调节火焰的大小,而且几乎没有焰色,温度可达3 000 ℃,这种灯至今还在化学实验室中使用,为了纪念他,人们把这种灯称为本生

图 3.13　本生

灯。本生极善化学实验,他独立创造了一系列化学实验仪器,他创建的实验方法和制造的实验仪器,有的现在还在使用。也许是本生偏爱他自己做的本生灯,也许是他想系统地做灼烧实验,他准备了各种盐,分别在无焰色的本生灯上灼烧,他发现,钾盐的火焰是紫色,钠盐的是黄色,锶盐的是洋红色,钡盐是黄绿色……经过一系列的实验,本生高兴极了。他想,这下可好了,只要把化学物质拿来,在灯上一烧,它是什么成分,一下子就知道了。本生相信,自己已发现了重要的分析方法,这种方法,可以大大减轻传统化学分析的难度,而且使问题变得简单,只要把待分析

物加以灼烧就可以了。可是,问题比想象的要复杂得多,纯净物质当然没有什么问题,但复杂的物质分析起来就难了。因为大部分复杂物都含有钠,钠火焰为亮黄色,会把其他焰色都掩盖住。这怎么办? 本生想尽了几乎一切能想到的办法,他用各种不同的滤光镜把各种不同的颜色分开,效果虽好一些,但仍不很理想。本生想,利用焰色,肯定可以进行最简便的化学分析,这已经被证实了,下一步就是想办法克服复杂物质焰色互相掺杂的困难。本生一连思考了几天,经过几个月的研究问题仍没有得到解决,这时,他想起了他的一位年轻的朋友,叫做基尔霍夫,是学物理学的,思想敏锐,推理严密。基尔霍夫 1824 年 3 月 12 日生于肯尼希斯堡,大学毕业以后,也来到海德尔堡大学任教,他比本生小 13 岁。本生找到基尔霍夫以后,两人在林荫大道上边走边谈,本生谈了他几个月来的研究工作,谈到他遇到的困难。基尔霍夫想了一会说:“你说出了一个伟大的设想,不过,我总想从物理学的角度来解决问题,如果我们去观测各种物质的光谱,而不是看它们的颜色,也许能实现你的愿望,如果弄好了,还可以分析天上的星星。”本生非常赞同基尔霍夫的见解,他们立刻回到实验室,动手做实验。基尔霍夫用三棱镜和一架旧望远镜改装成分光镜,实际是一架最原始的光谱仪。本生负责配制各种化学药品。简陋的光谱仪准备好了,各种药品也配制好了。本生负责灼烧,基尔霍夫负责观察,他们先把纯净的钾、钠、钙、镁、锶的单质灼烧,观察并记录其光谱。然后,本生对基尔霍夫说:“你等着,我配混合的药物灼烧你再看。”本生配好药,一边灼烧一边像考基尔霍夫一样问道:“这次你看到什么谱线?”基尔霍夫答道:“你把钾、钠、钙、镁 4 种盐混在一起了,而且其中钾盐放得最多,镁盐只有一点点。”本生没有回答。又把各种不同盐的混合物一一灼烧,让基尔霍夫观察,基尔霍夫都答对了。“太好了!”本生最后兴奋地说:“所有回答完全正确!”他们二人互相祝贺,就这样,世界上第一台光谱仪诞生了,光谱分析方法也建立起来了。他们还证明:一种元素,无论是游离态还是化合态,它的特征光谱线是一样的,所以,光谱法分析的结果是可靠的。后来人们注意到,本生和基尔霍夫所说的特征光谱线,就是指元素的原子光谱,分子光谱则是 20 世纪研究的成果。原子的特征光谱线是明线,是原子发射光谱,用现在的原子结构理论讲,是原子中的电子从高能级跃迁到低能级放出的能量以光的形式发出,由于原子不同,电子层结构不同,发出的光谱线也不同。

② 原子吸收光谱。

火焰光谱中的亮线弄清楚了,但是太阳光谱中的暗线又是怎么回事呢? 夫琅禾费暗线是怎么形成的? 为什么太阳光谱中的暗线 D_1 和 D_2 恰好和钠的两条黄线位置重合? 难道太阳上缺少钠元素吗? 这些问题引起本生和基尔霍夫的极大兴趣。1859 年 10 月,基尔霍夫重复了夫琅禾费的实验,他想,太阳光谱中位于 D_1 和 D_2 处的两条暗线如果真的说明太阳中缺少钠元素,那么我就用金属钠的火焰来补上它,不知能否弥补这两条暗线? 他让太阳光穿过本生灯的火焰,再照到谱镜的入射狭缝上,并用白金丝蘸上食盐水,放在火焰上,满心想看到太阳光谱中的 D 双暗线会消失,有明线出现。可是结果适得其反,暗线却变得更加明显,可是挡住太阳光,钠的两条明亮的黄线就出现了,而且准确地落在那两条暗线的位置上。"这是怎么回事?"基尔霍夫是个善于推理、勇于思考的人。他苦思苦想了一天一夜,"是不是炽热的钠蒸气既能发射D线又能吸收D线呢? 只有这样,这种现象才好解释。"要设计实验证实这个设想,必须利用一个能发射连续光谱(图3.14)的光源。这时他想到了石灰光,因为把白石灰用氢氧焰去煅烧时所发出的耀眼白光是连续光谱,其中没有D暗线。于是他在石灰光与分光镜之间放上本生灯,烧起钠焰。真的,石灰光的连续光谱上出现两条暗线,恰好落在D线的位置上,再往火焰上加其他的盐类来试,又出现了新的暗线,位置也恰恰和那种盐的特征谱线相重合。他兴奋极了:"弄清楚了,在太阳上并不是没有钠,而是有钠! 原来这些夫琅禾费暗线和煤气灯火焰光谱中的亮线一样,也能反映出太阳中有什么元素。"后来科学家们才弄清楚,钠原子蒸气被激发后会发射D谱线,而基态的钠原子又会吸收D线,形成原子吸收光谱。太阳中心温度很高,发射出来的原本是连续光谱,但太阳周围的气体温度较低,存在于太阳外层中元素的基态原子就会把连续光谱中某些相应的谱线吸收掉,形成原子吸收光谱。这正像本生灯中的钠蒸气能使石灰中的连续光谱中出现D暗线一样。1859年10月20日,基尔霍夫向柏林科学院报告,他经过光谱的考察,证明太阳中含有氢、钠、铁、钙、镍等元素。这个新发现和卓越的见解立即轰动了科学界,在地球上居然测定离地球1.5亿千米以外的太阳组成。从此光谱分析法不仅成了化学家开展科学研究的重要武器,也成了物理学家、天文学家开展科学研究的重要武器。

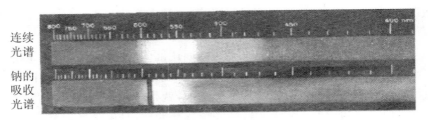

连续
光谱

钠的
吸收
光谱

图3.14 连续光谱

本生把毕生的精力都献给了化学事业,他的发明和发现极多,在任教期间,他总是自己亲自做化学实验,认真地演示给学生们看,一次意外的实验事故,使他的右眼失明,但他在眼睛治好以后,仍然照常搞科研。本生一生获得了许多荣誉称号、勋章和奖章,但他自己对这些看得很淡,他对朋友说:"这些东西唯一的价值就是能使我母亲高兴,可惜她已经不在人世间了。"本生为了事业,终生未娶,也有人给他介绍女朋友,但他没有去追求,有人问他为什么不结婚,他总是回答说:"我总是没有工夫。"本生对他的学生十分负责,也非常亲切,他把学生都看成是自己的儿女,许多学生都获得过他的资助。1899年8月16日,本生十分安静地去世了,终年88岁。基尔霍夫虽然比本生小13岁,但因过度劳累却比本生早逝12年,终年63

岁。本生与基尔霍夫为化学分析开拓了一种全新的方法,史家评论说,他俩是"为化学家安装上眼睛的人"。人们为了纪念本生和基尔霍夫,把他俩称为"光谱分析的两个父亲"。

（3）从光谱分析中发现了新的元素

1860 年,本生在研究一种矿泉水时,先分离出了 Ca、Sr、Li 后,将母液滴在火焰上,用分光镜研究,发现两条从没有见过的鲜艳的蓝色明线,经过详细对比,判断是一种新元素,命名为"Cesius"（铯）,即"天空的蓝色"之意。

铯发现以后,本生和基尔霍夫利用分光镜,又信心十足地开始了新的发掘。他们在研究一种鳞状云母时,先将其制成溶液,然后除去碱金属以外的其他金属,再加入氯化钾,得到相当多的沉淀,于是他们便用分光镜检验沉淀,最初只有钾的明线,但当不断用热水洗涤沉淀后,终于在灼烧沉淀的火焰中钾线完全消失,而呈现出红、黄、绿色的新明线数条,这些明线都不属于当时已知的元素,特别是一条深红的明线,位置正在太阳光谱最红的一端,于是他们判断分离出了一种新的元素,命名为"Rubidium"（铷）,其意为"最深的红色"。

在本生宣布发现铷后不久,1861 年,英国化学家和物理学家克鲁克斯（Crooks）分析一种从硫酸厂出来的残渣时,先将其中的硒化物分离掉,然后用分光镜检试残渣的光谱,发现它呈现出两条从来没有见过的美丽的绿线,便断定存在一种新元素,命名为"Thallium"（铊）,即"绿树枝"的意思。

1863 年,德国化学家赖希（F. Reich）与李希特（Richter）研究闪锌矿,想从中寻找到铊。赖希将矿石煅烧后,除去了其中大部分硫与砷,然后用盐酸溶解,却剩下了一种草黄色的沉淀,经过研究,他判断这是一种新元素的硫化物。他想用光谱来检验一下,可真遗憾,他是个色盲。他只好请李希特协助,李希特用分光镜观察,发现一条靛蓝色的明线,位置与铯的两条蓝色明线不重合,肯定是新元素,命名为"Indium"（铟）,意思是"靛蓝"。以后他们又提纯得到了金属铟粉。

19 世纪前半叶还发现了不少其他新元素,像铂族元素、稀土元素等等,有兴趣的同学可以参看赵匡华编著的《107 种元素的发现》（北京出版社,1983）一书。

思　考　题

1. 古代人们发现了哪 10 种金属元素与哪 4 种非金属元素?
2. 氢气是哪位科学家首先发现的?
3. 铝与钒分别是由贝采里乌斯的哪两个学生发现的?
4. 钾与钠是哪位化学家发现的? 他是用什么方法制得钾与钠的?
5. 为了制得单质氟,哪些科学家做出了努力? 最后哪位化学家获得了成功?
6. 现代光谱分析方法是由哪两位科学家创立的?

第三节　化学元素周期律

自 18 世纪中叶到 19 世纪中叶的一百年时间中,一系列新的元素随着生产和科学实验的大发展,接连不断地被发现,平均每两年半左右就有一种新元素被发现,到 1869 年已经有 63 种元素为人们所认识,关于各种元素的物理及化学性质的研究资料,这时也积累得相当丰富了。但这些材料是很繁杂而纷乱的,缺乏系统性。面对这些大量而无头绪的材料,人们就提出:地球上究竟有多少种元素? 怎么去寻找新元素? 各种元素之间是否存在着一定的内在联系? 对这一连串的问题,人们在思索着,不断在寻求答案。

19 世纪以来,随着整个自然科学的发展,新的定律、新的理论、新的学说不断在人们长期的实践中被概括和总结出来。例如,能量守恒与能量转化定律、细胞发现和细胞学说、达尔文的进化论这三大发现,揭示了自然界的普遍联系。在这个条件下,门捷列夫总结了前人的经验,发现了元素周期律。

一、元素周期律发现的实践基础

(1) 原子量的测定日益精确。

我们前面介绍了许多科学家为测量原子量做出了不懈的努力,测量方法也逐步先进、科学,利用原子热容定律、同晶定律、蒸气密度法测定分子量等,使得原子量的测定相当精确。

(2) 元素化合物性质的研究,积累了大量的资料。

(3) 元素发现的积累量达 63 种。元素发现的手段,除了传统的化学分析法,还有电化学方法和物理的光谱分析法。

(4) 原子化合价逐步确定。

化学研究者们从大量确定的分子式中逐渐认识到,某一种元素的原子与其他元素的原子相结合成分子时,在原子数目上有一定量的关系,这就是原子价或称化合价。

19 世纪下半叶,英国化学家弗兰克兰在研究金属有机化合物时,发现每种金属的原子只能和一定数目的有机基团相结合。他又研究了无机化合物分子式,归纳出原子与原子之间结合时具有一定量的关系,指出了这是元素原子的特征,赋予了亲和力的性质。

1857 年,德国化学家凯库勒把亲和力改成"原子数",也就是原子价,还确认 C 是四价元素。但凯库勒认为一种元素只能有一种不变的化合价。以后,苏格兰化学家古柏尔认为一种元素可以有不同的原子价。

原子价的建立揭示了各种元素的一个重要的性质,阐明了各种元素的原子相结合成分子时所遵循的规律,为化学元素周期律的发现提供了重要的依据。

二、元素周期律发现的理论准备

1. 拉瓦锡的分类

1789 年,拉瓦锡在他的《化学大纲》一书中,重新提起了玻意耳对元素所下的定义并表示赞许,还进一步补充说化学元素是"化学分析所达到的终点",这就比玻意耳更加确切了。他把自己确认为可信的 33 种元素分为金属、非金属、气体和土质四大类:

（1）气体元素:光、热、氧、氮、氢。

（2）非金属（氧化物为酸）:硫、磷、碳、盐酸基、氟酸基、硼酸基。

（3）金属（氧化物为碱）:锑、银、砷、铋、钴、铜、锡、铁、锰、汞、钼、镍、金、铂、铅、钨、锌。

（4）能成盐的土质:石灰、镁土、钡土、铝土、硅土。

2. 德国人贝莱纳的"三素组"

1829 年,德国人贝莱纳（Johann Wolfgang Döbtreiner）对元素的原子量和化学性质之间的关系进行研究,他在当时已知的 54 种元素中发现有几个相似元素组,每组包括 3 种元素。他确定三元素组有:① 锂、钠、钾;② 氯、溴、碘;③ 钙、锶、钡;④ 硫、硒、碲;⑤ 锰、铬、铁。

同组内的元素,不仅性质相似,中间一种元素的性质介于前后两种元素之间,而且其原子量也差不多为前后两元素的算术平均值。

当时只发现了 54 种元素,他的分类仅限于局部元素的分组,没有把所有元素作为整体来考虑,但他的分类工作对后人很有启发。

3. 法国人尚古多的螺旋图

1862 年,尚古多提出元素的性质随原子量数值变化的论点,创造了一个螺旋图（图 3.15）。他将 62 种元素按原子量由小到大循序标记在围绕圆柱体上升的螺线上,这样就可清楚地看出某些性质相近的元素都出现在同一条母线上,如 Li—Na—K、S—Se—Te、Cl—Br—I……

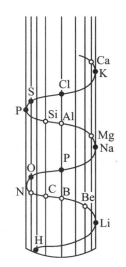

图 3.15　尚古多的螺旋图

于是他提出元素的性质有周期性重复出现的规律。由于当时元素没有全部发现,并且客观上构成性质相似的一组元素之间原子量差值并非总是等于 16,这样一来,一些性质根本不相同的元素,如 S,Ti,K 与 Mn 都跑到一组去了。

尚古多把论文交到科学院,很遗憾,科学院不接受。因此,他的螺旋图在周期律的发现上没有起到应有的作用。但从认识论的观点上看,他第一个从元素整体上提出了元素性质和原子量之间存在关系的思想,并且初步提出了元素性质的周期性。

4. 德国人迈尔的六元素表和《原子体积周期性图解》

对于化学元素周期律的发现,做出杰出贡献的首先是德国化学家迈尔(Julius Lother Meyer)。罗泰尔·迈尔 1830 年 8 月 19 日出生在德国的法累尔,家庭成员都很有教养,父亲是医生,母亲是护士,迈尔从小受到良好的教育,后来成了著名的物理化学家,他的弟弟也是颇有影响的物理学家。迈尔童年时,智力和体力有很大的反差,他极为聪明,智力超群,上中学时每次考试都是第一名,但体力不佳。为此,他的父母亲经常带他去野外旅行,有时爬山,有时去收集自然标本,有时让他在院子里学种花。1854 年,24 岁的迈尔获得医学博士学位,但他对医学不大感兴趣,学医只是为了让父母高兴,他主要的兴致在于研究自然科学,特别是化学。为了学习物理学与化学,他很快就放弃了医生职业,到海德尔堡拜本生和基尔霍夫为师,每天除读书以外,多数时间都在实验室工作。1858 年,迈尔被提升为讲师,可以独立进行研究工作。

1864 年,德国的迈尔提出了一个"六元素表"(表 3.1)。他在用原子-分子论观点编写的《现代化学理论》一书中阐明了当时物理、化学的最新知识,顺着原子量的次序,详细地讨论各种元素的物理、化学性质,粗拟出一张化学元素周期表,即六元素表。这张表的基本内容已经反映了周期律的核心思想。

表 3.1　六元素表

—	—	—		Li	Be
C	N	O	F	Na	Mg
Si	P	S	Cl	K	Ca
—	As	Se	Br	Rb	Sr
Sn	Sb	Te	I	Cs	Ba
Pb	Bi	—	—	(Tl)	—

这张表是按原子量排列成序的,对元素的分族做得已经很好了。已经有了周期表的雏形,并且还留有未发现元素的空位。他还明确指出:"在原子量的数值上具有一种规律性。"

1869 年,迈尔又发表了一张新的元素周期表,表中包括了 55 种元素。为了更好地说明元素的周期性,他发表了著名的《原子体积周期性图解》,以原子量和原子体积为坐标轴,描绘出一条元素原子体积随原子量的变化曲线,这条曲线上有 6 个波峰和 6 个波谷,非常精彩地表达了化学元素性质(原子体积)

随着原子量的变化呈现出周期性,原子体积随着原子量的变化周期性地起伏波动(图3.16)。

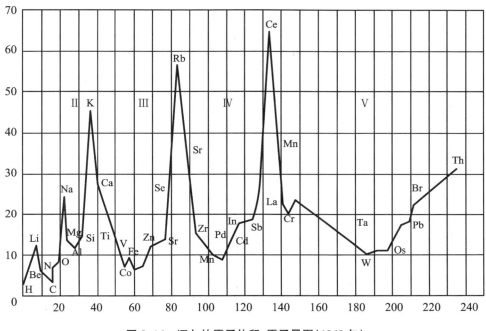

图 3.16　迈尔的原子体积-原子量图(1868 年)

他明确表示,元素的性质是它们的原子量的函数。不过他的研究比较偏重于元素的物理性质。迈尔的周期表与门捷列夫的周期表是同时发表的,但深度不及门捷列夫,影响也不大。

迈尔在研究化学元素周期律时,综合考察了各种元素的物理性质与化学性质,并采用图表和曲线相结合的研究与表达方式,使人一目了然。因此,许多科学家都能看明白他所研究的成果,也就容易承认他的成果。迈尔的理论简明易懂,当时化学界很快了解了,并承认了它。由此,迈尔的名声日高,在1876年担任了哥廷根大学的校长,同时任化学教授,世界各国的学生都慕名到哥廷根大学来求学。

5. 英国人纽兰兹的八音律

1865 年,英国人纽兰兹把当时的元素按原子量大小的顺序进行排列,他发现,从任意某种元素算起,每到第 8 种元素就转到与第一种元素的性质相近的元素,他把这个规律称为八音律(表 3.2),就像音乐中八度音程一样。

表 3.2　八音律表(1865 年)

元素	序数	元素	序数	元素	序数	元素	序数	元素	序数
H	1	F	8	Cl	15	Co&Ni	22	Br	29
Li	2	Na	9	K	16	Cu	23	Rb	30
Be	3	Mg	10	Ca	17	Zn	24	Sr	31
B	4	Al	11	Cr	18	Y	25	Ce 或 La	32
C	5	Si	12	Ti	19	Ln	26	Zr	33
N	6	P	13	Mn	20	As	27	Di 或 Mo	34
O	7	S	14	Fe	21	Se	28	Ro 或 Ru	35

　　表 3.2 的前两直列几乎相当于现代元素周期表的第二、三周期,但从第三列起就不令人满意了,有多个地方同一处排了两种元素,有的地方为了照顾元素性质而颠倒了顺序。它的缺点是由于他没有考虑到原子质量测定可能有误差,而是机械地按照原子质量由小到大的顺序排列,同时他也没有考虑到还有未被发现的元素,没有为这些元素留下空位。因此,他按八音律排的元素表中,在很多地方很混乱,没能正确地揭示出元素间的内在联系和规律,但他前进了一大步。当他在伦敦皇家化学会上宣读他的论文时,遭到不少人的嘲笑。一个叫卡莱·福斯特(Carey Foster)的人就当面说:"你有没有尝试把元素按符号字母的次序排列,这样或许可能得到更精彩的符合。"他的论文被学会拒绝发表,纽兰兹遭到打击后,感到很失望,从而转入制糖工艺的研究。等到门捷列夫的周期表公布之后,英国人才想起了纽兰兹的功劳,1887 年补授他英国皇家学会戴维奖章。

　　由上可以看出,从三素组到八音律,正在一步一步逼近真理。

三、周期律的发现

　　在化学科学前进的过程中,由于科学资料的积累与科学研究的巨大发展,以及实践准备与理论准备,终于在 19 世纪后半叶发现了元素周期律。

1. 门捷列夫生平

图 3.17　门捷列夫

　　1834 年 2 月 7 日,门捷列夫(Д. И. Менделеев,1834～1907,图 3.17)出生在俄国西伯利亚的托波尔斯克市,他父亲是一名中学校长。他母亲生了 17 个孩子,他排行第 14。在他出生后不久,父亲双眼因患白内障而失明,一家的生活全仗着他母亲经营一个小玻璃厂而维持着。门捷列夫自幼喜好数学、物理、历史等,热爱大自然,收集过不少岩石、花卉和昆虫标本。在门捷列夫的生活中,有一个应当注意的人物是他的姐夫,名叫巴萨尔金,他是"十二月党"人,因反沙皇被流放到西伯利亚,与门捷列夫的姐姐相爱结婚,他很有学问,每天给门捷列夫上课,教他数学、物理学、化学和历史。门捷列夫从巴萨尔金那里学了很多知识。1847 年双目失明的父亲又患肺结核而死去,意志坚强的母亲决心要让门捷列夫像他父亲一样接受高等教育。1848 年,他母亲变卖了工厂,亲自送门捷列夫经过 2 000 千米以上艰辛的马车旅行来到莫斯科。为了能培养门捷列夫成才,她四处求人,希望把儿子送进大学读书,但因为他不是出身于豪门贵族,又来自边远的西伯利亚,大学不让他进。门捷列夫好不容易考上了医学外科学校,然而当他第一次观看到尸体时就晕了过去,只好改变志愿,于是母子两人把最后的钱花在路费上又去了圣彼得堡。想把儿子送到他父亲的母校圣彼得堡高等师范学校学习,可是不巧,1850 年圣彼得堡师范不招生,于是她找到教育部长,向部里递了呈文,在门捷列夫父亲的好友中央师范学院院长普列特诺夫的帮助下,门捷列夫进入中央师范学院物理系学习,并且获得了公费资格。

在门捷列夫上大学后的 3 个月,他的母亲,因一生的劳苦和千里奔波,离开了人间,她在尚存一息时说:"唯一的安慰是门捷列夫终于获得了一个受大学教育的机会。"门捷列夫对慈母的去世十分悲痛,为了不辜负母亲的厚望而发奋学习,他在大学很少说话,总是苦读到深夜,希望用优异的成绩告慰他母亲的在天之灵。一直到门捷列夫成名之后仍始终念念不忘慈母的一片深情,在他著作《论溶液》的序言中,这样写道:"这个专题的研究,是一个最小的孩子,为纪念去世的慈母而奉献给她的,慈母生前在经营一家工厂的时候,以自身顽强的工作来教育子女,用事例去启发子女,用母爱改正他们的缺点。为了自己的孩子能成才,曾带他们离开西伯利亚,因长途跋涉,耗尽了她最后一点精力和财力。她在将去世的弥留之际,曾嘱咐她的孩子说:'不要有不现实的妄想,要努力工作,不要说空话,要专心耐心地去探索科学真理。'慈爱的母亲深知空言浮诞,不足为信,告诉子女,人生有涯,知识无涯,应当孜孜不倦地去学习。她深知,人们应当依赖科学的帮助,才能扫除迷信、虚伪和过失,而科学则需要坚毅,避免暴躁。科学可以告诉人们永恒的真理,是人类发展自由、创造物质幸福和心灵幸福的保证。我本人,德米特里·门捷列夫,把母亲的临终遗言视为神圣。"

由于门捷列夫非常努力,只过了一年,他就成了班上的优等生。门捷列夫毕业时,因成绩优良,获得了"一级教师"称号和金质奖章。毕业后,他先后到过辛菲罗波尔、敖德萨担任中学教师。在教师的岗位上他并没有放松自己的学习和研究。1857 年他发表论文《硅酸盐化合物的结构》,又以突出的成绩通过化学学位的答辩。他刻苦学习的态度、钻研的毅力以及渊博的知识得到了老师们的赞赏,彼得堡大学破格地任命他为化学讲师,当时他仅 22 岁。此后他提出"研究人员需要自由、思想与行动自由",他提出要去欧洲学习,申请了两年才批准。他先去巴黎学习了3 年,后到德国著名化学家本生那里学习工作一段时间,本生十分亲切地接见了他。1860年,因为他恰好在德国,所以有幸和俄国化学家一起参加了在德国卡尔斯鲁厄举行的第一届国际化学家会议。会上各国化学家的发言给门捷列夫以启迪,特别是康尼查罗的发言和小册子。1861年返回彼得堡,获博士学位,并被聘为工业学院的化学教授,在工作了8年以后又到彼得堡大学担任教授。

1861年后他提出了"绝对温度"的实际意义(其实是气体的临界温度),后来,他发现水与酒精混合后数量会减少而形成化合物。1869年,他发现了元素周期律。随着周期律广泛被承认,门捷列夫成为闻名于世的卓越化学家。各国的科学院、学会、大学纷纷授予他荣誉称号、名誉学位以及金质奖章。具有讽刺意味的是:1882年英国皇家学会就授予门捷列夫戴维金质奖章,1889年英国化学会授予他最高荣誉——法拉第奖章,而相反,在封建王朝的俄国,科学院在推选院士时,竟以门捷列夫性格高傲为借口,把他排斥在外。后来因门捷列夫不断地被选为外国的名誉会员,彼得堡科学院才被迫推选他为院士。由于气恼,门捷列夫拒绝加入科学院。从而出现俄国最伟大的化学家反倒不是俄国科学院成员的怪事。1893年他支持学生运动,要求见部长,部长不见他,为了表示抗议,他辞了职。他给学生上的最后一堂课的结束语是:"希望学生们永远追求真理。"学生们尊重这位科学家的意见,没有举行热烈的欢送会,而是站在路旁默默地送别他们热爱的教授。

他在最后几年写自传。他写道:"和我名字相联系的只有4件事:周期律、气体强力的研究、把溶解理解为缔合和《化学原理》一书。这些就是我的全部财富,它们不是从别人那里抢来的,而是由我自己创造出来的,这是我的成果,我极为珍视它,就像珍视我的孩子一样。""对于我来说,最好的休息就是工作。停止工作,我就会烦闷而死。"他真的工作到最后一天,1907年1月20日早晨,门捷列夫逝世了。这位伟大的科学家逝世的消息震惊了整个俄国,葬礼是隆重的,送葬的人很多,在送葬的行列中,人们高举着一条很大的横幅,上面画着元素周期表,横幅在呼啸的北风中摆动,好像一只巨大的飞鸟,把这位科学家的名字传向四面八方。

2. 门捷列夫发现元素周期律的过程

对门捷列夫元素周期律的发现众说纷纭,比如有人说是门捷列夫连续三天三夜没睡觉后在梦中发现的;一些教科书、通俗读物中还说周期律是门捷列夫在玩纸牌时偶然发现的,把元素周期律的发现看成那么随机、偶然,显然是不对的。

1869年的一天,门捷列夫仔细地研究了元素化合物的性质,但它们的次序怎么排列呢?他叫仆人安东到实验室找几张厚纸,并且同筐子一起拿来。拿来之后,门捷列夫在厚纸上打上格子,让安东帮他剪开,做成卡片。他在卡片上面写上元素名称、原子量、化合物的化学式和主要性质,花了一天时间才写好。次日,门捷列夫把它加以系统整理,把卡片排来排去,摆来摆去。他紧紧地抓住原子量这种元素的基本特性去探索原子量与元素性质之间的相互关系,他按原子量的大小顺序进行排列,排着排着,他激动起来,出现完全没有料到的情况:每一行元素的性质都按原子量的增大而从上到下地逐渐变化(他是竖排的,表3.3)。例如锌的性质与镁的相近,这两种元素便排在相邻的两行中——锌挨着镁。根据原子量,在同一行中紧挨着锌的应该是砷(As),但如果把它们排在锌后,砷就与铝同排了,但这两种元素在性质上并不相近,如果再把 As 往下排,与硅同排,但 As 与 Si 的性质也不相同。因此 As 应该再往下排,放在与磷同一排上。但这样锌与砷之间留下两个空格,他认为,这两个空格是属于尚未发现的新元素,它们在性质上与铝和硅相近。

表 3.3　门捷列夫按原子量大小试排的元素表

			Ti 50	Zr 90	? 180
			V 51	Nb 94	Ta 182
			Cr 52	Mo 96	W 186
			Mn 55	Rh 104.4	Pt 197.44
			Fe 56	Ru 104.4	Ir 198
			Ni Co 59	Pd 106.6	Os 199
H 1			Cu 63.4	Ag 108	Hg 200
	Be 9.4	Mg 24	Zn 65.2	Cd 112	
	B 11	Al 27.4	? 68	Ur 116	Au 197?
	C 12	Si 28	? 70	Sn 118	
	N 14	P 31	As 75	Sb 122	Bi 210
	O 16	S 32	Se 79.4	Te 128?	
	F 19	Cl 35.5	Br 80	I 127	
Li 7	Na 23	K 39	Rb 85.4	Cs 133	Tl 204
		Ca 40	Sr 87.6	Ba 137	Pb 207
		? 45	Ce 92		
		? Er 56	La 94		
		? Yt 66	Di 95		
		In 75	Th 118?		

门捷列夫由于激动而双手颤抖着:"这就是说,元素的性质与它们的原子量是周期性的关系。"门捷列夫兴奋地在室内踱着步,然后抓起笔在纸上写道:"根据元素的原子量及其化学性质近似性,试排的元素表。"

伟大的发现就在这一天,1869 年 3 月 1 日(俄历 2 月 17 日),上午、下午,他连续地排了 3 张表。表排好后,他本来打算 3 月 6 日在俄国化学学会的会议上报告他的发现,可是,会前他突然生病了,不得不委托他的助手门舒特金在学会上替他宣读了题为《元素性质与原子量之间的关系》的论文,阐述了周期律的要点：

（1）按照原子量的大小排列起来的元素，性质上呈现明显的周期性。

（2）原子量的大小决定元素的特征，正像质点的大小决定复杂物质的性质一样。

（3）应该预料到许多未知元素的发现。例如类铝与类硅，原子量位于 65～75 之间。元素的某些同类元素将按它们原子量的大小而被发现。

（4）知道了某元素的同类元素以后，有时可以修正该元素的原子量。

门捷列夫后来自述道："最初在这方面的尝试是这样的：我从原子量最小的元素开始，把它们按原子量大小的顺序排列，发现元素的性质好像存在周期性，甚至元素的化合价也是一个接一个按原子量的大小形成算术数列。我发现 Li、Na、K、Ag 与 C、Si、Ti、Sn 或 N、P、As 等性质彼此相似，立即产生假设，元素的性质是不是表现在它的原子量上，能不能根据它们的原子量建立起元素体系，接着就朝这个体系去试验。"

门捷列夫在第一张表中初步实现了使元素系统化的任务，把已发现的 63 种元素全排列在表中，全表有 67 个位置，尚有 4 个空位，只有原子量而没有元素名称，这是他预言的未知元素。同时，他还对钍、碲、金、铋等元素的原子量表示了怀疑。

论文宣读以后，承认的人不少，反对的也大有人在，甚至他的老师齐宁也不支持，训诫他不务正业。但他深信这项工作的重要意义，不顾名家的指责、嘲笑，继续进行深入的研究，经过两年的努力，1871 年他发表了第二张元素周期表（表 3.4），他首先将周期表的竖行改为横行，使同族的元素处于同一竖行中，这样更突出了元素性质的周期性，在同族元素中，他又分为主族和副族，预言未发现的元素由 4 个改为 6 个。根据元素的性质，大胆地修改了一些元素的原子量值。他给元素周期律做出了定义："元素（以及由元素所形成的单质和化合物）的性质周期性地随着它们的原子量而改变。"

表 3.4　门捷列夫发表的第二张元素周期表

族 / 周期	I	II	III	IV	V	VI	VII	VIII
1	H 1							
2	Li 7	Be 9.4	B 11	C 12	N 14	O 16	F 19	
3	Na 23	Mg 24	Al 27.3	Si 28	P 31	S 32	Cl 35.5	
4	K 39	Ca 40	? 44	Ti 48	V 51	Cr 52	Mn 55	Fe 56,Co 59, Ni 59
5	Cu 63	Zn 65	? 68	? 72	As 75	Se 78	Br 80	

续表

周期 \ 族	I	II	III	IV	V	VI	VII	VIII
6	Rb 85	Sr 87	? Y 88	Zr 90	Nb 94	Mo 96	? 100	Ru 104, Rh 104, Pd 106
7	Ag 108	Cd 112	In 113	Sn 118	Sb 122	Te 125	J 127	
8	Cs 133	Ba 137	? La 138	? Ce 140				
9								
10			? Er 178	? La 180	Ta 182	W 184		Os 195, Ir 197, Pt 198
11	Au 199	Hg 200	Tl 204	Pd 207	Bi 208			
12				Th 231		U 240		

3. 门捷列夫发现元素周期律的主观因素

门捷列夫发现元素周期律的客观因素就是前面提到的实践准备和理论准备。但只有这些客观条件也是不行的,同时代的那么多科学家为什么都没有发现周期律,而门捷列夫就能发现元素周期律呢? 当然还有他的主观因素、主观努力。

(1) 他从原子量去探索自然规律

道尔顿的科学原子学说的主要特征就是不同元素的原子质量不同,因此从原子量与元素性质上找关系就是自觉地应用量变到质变的客观规律。门捷列夫以元素的原子量从小到大地排列,但又不是机械的,而是结合元素的性质大胆地留下空位,预言新元素,并且把 3 对元素颠倒排列:

$$\begin{cases} _{27}\text{Co } 58.93 \\ _{28}\text{Ni } 58.69 \end{cases} \quad \begin{cases} _{18}\text{Ar } 39.94 \\ _{19}\text{K } 39.10 \end{cases} \quad \begin{cases} _{52}\text{Te } 127.60 \\ _{53}\text{I } 126.90 \end{cases}$$

他主要依据原子量,但也依据性质。他当时也曾怀疑这些原子量测得不准确,虽然大家都是为寻找元素的原子量和性质之间的关系,门捷列夫能够将丰富的感性材料加以去粗取精,由此及彼,由表及里地创造性思维,归纳出一个自然界的规律,把感性认识跃迁到理性认识,而他的同辈人则停留在感性认识上。

(2) 他大胆地校正了某些元素的原子量

他前后校正了 15 种元素的原子量。他依据周期表中某一元素的前后左右 4 种元素的原子量,而发现某一元素的原子量不正确,认为是测量不准,进行了校正,以后经过实验的重新测定,证明他的大部分校正是正确的。

他对化学元素的性质和它们原子量之间关系的认识,不仅把感性认识上升到理性认识,而且懂得了应用化学元素的性质和它们原子量之间客观存在的规律性去能动地改正了一些化学元素的原子量数值。

(3) 他还大胆地预言了新元素

他不但预言新元素的存在,而且预言了新元素的一系列物理、化学性质。这些预言与后来的发现结果取得了惊人的一致,这是他高于其同时期人的一个重要方面。

当然门捷列夫也不是一个彻底的唯物主义者,他晚年又被形而上学的自然观所束缚,对于电子的发现持否定态度,他认为承认电子存在非但没有多大用处反而会把事情复杂化,丝毫不能澄清事实。他否认原子的复杂性与电子的存在,否认元素转化的可能性。这样就阻碍他进一步探索元素周期律的本质。

4. 门捷列夫预言的证实

(1) 原子量的修正被证实

门捷列夫大胆地修正了一些元素的原子量,其中不少被证明是正确的。以铟为例,当时铟的当量为 37.8,认为铟与锌共存,化合价是 2,其原子量为 $37.8 \times 2 = 75.6$。按这个原子量铟应排在 As 与 Se 之间,但从周期表上看,As 与 Se 是连接的,其间没有空位,于是门捷列夫从氧化铟与氧化铝的性质类似,而认为它是 3 价元素,原子量为 $37.8 \times 3 = 113.4$,这样恰好排在 Cd 与 Sn 之间的空位上,其性质也与该位置相符。后来依据金属铟的比热为 0.065,用原子热容法测量出它的原子量为 $64/0.065 = 114.3$。

再例如铀,当时认为其原子量为 116,是 3 价元素,但门捷列夫根据铀的氧化物与铬、钼、钨的氧化物性质相似,并且这 4 种单质性质也相近,当属一族,因此判定铀是 6 价元素,把它的原子量修正为 240,并放在正确的位置上,这一数值与现代所测的数值 238.07 相差不大。

门捷列夫以元素周期律为基础,还对当时公认的一些原子量提出重新测定的建议。例如,铂族元素,当时公认金的原子量为 196.2,而 Os、Ir、Pt 的原子量分别为 198.6、196.7、196.7,若依此结果,则 Au 应排在 Os、Ir、Pt 之前,但他认为金应该排在这些元素之后。因此他建议重新测定金的原子量,后来经重新测定,得到 Os、Ir、Pt、Au 的原子量分别为 190.1、193.1、195.2、197.2,证明了他的预见是正确的。

(2) 预言的新元素被发现

门捷列夫在他的周期表中,留下了一些未知元素的空位,其中有 3 种未知元素,根据它们的位置,门捷列夫把它们称为"类铝""类硼""类硅",并预言了它们的性质。

① 1875 年,法国人布瓦博德朗(Paul Emile Lecoq de Boisbaudran)在分析比里牛斯山的闪锌矿时,从中发现了一种新元素,他命名为"镓"(Ga),并把他所测得的关于 Ga 的性质简要地发表在《巴黎科学院院报》上。门捷列夫读完这篇文章之后,发现新发现的元素就是他预言的类铝,其性质与类铝性质相

似,但密度不对,按门捷列夫计算的密度为 5.9,而不是 4.7。于是,门捷列夫决定写信告诉他。布瓦博德朗不久就收到门捷列夫的来信,在信上门捷列夫指出:"你在报告中关于镓的密度是不正确的,它不应该是 4.7,而应为 5.9～6.0。"他怎么也不明白,门捷列夫未见过这种元素,怎么知道 Ga 的密度不对呢?于是布瓦博德朗又一次提纯了镓,重新仔细测量了它的密度,结果确为 5.94。这一结果使他大为惊讶。他才完全理解自己发现 Ga 的意义:用实验方法证明了俄国化学家的预言,从而证实了门捷列夫提出元素周期律的正确性。他在后来一篇论文中写道:"我认为没有必要再来说明门捷列夫这一理论的巨大意义了。"

表 3.5 是门捷列夫预言的类铝(用 Ea 表示)与布瓦博德朗发现的镓(Ga)各种性质的对比。

表 3.5　门捷列夫预言的类铝与布瓦博德朗发现的镓性质对比

门捷列夫预言的"类铝"特性(1871 年)	布瓦博德朗所测得镓的性质(1875)
1. 原子量约为 68,原子体积为 11.5。	1. 原子量为 69.9,原子体积为 11.7。
2. 金属的密度为 5.9～6.0,非挥发性,不受空气作用,烧至红热时能分解水汽。将在酸液和碱液中逐渐溶解。	2. 金属体(固体)密度为 5.94,在常温下不挥发,在空气中不起变化,对于水汽的作用尚不明。在各种酸和碱中可逐渐溶解。
3. 氧化物公式 Ea_2O_3,密度为 5.5,必能溶于酸中生成 EaX_3 型的盐类。其氢氧化物必能溶于酸和碱。	3. 氧化物 Ga_2O_3,密度尚未查出,能溶于酸中,生成 GaX_3 型的盐类,其氢氧化物能溶于酸和碱。
4. 盐类有形成碱式盐的倾向,硫酸盐能成矾。其盐类能被 H_2S 或 $(NH_4)_2S$ 所沉淀。其无水氯化物较氯化锌更易挥发。	4. 其盐类极易水解并生成碱式盐,所成矾类已了解。其盐类能被 H_2S 和 $(NH_4)_2S$ 所沉淀。无水氯化物比氯化锌更易挥发,沸点为 215～220 ℃。
5. 本元素将被分光分析法所发现。	5. 镓是通过分光镜发现的。

化学史上第一个预言的新元素被发现了,这件事引起了人们的普遍重视,门捷列夫的论文迅速被译成英文、法文,使全世界的科学家都知道了周期律的内容和意义,人们从此有正确的指导去寻找新元素。

② 发现镓 4 年后,门捷列夫预言的"类硼"元素被瑞典人尼尔森(L. Nilson)发现,它的一切性质与门捷列夫所预言的"类硼"完全符合,他把这种元素命名为钪(Sc)。

③ 门捷列夫预言的第 3 种元素"类硅"(符号 Es),在 1886 年,由德国人文克勒(Clemens Alexander Winkle)所发现,他把这元个素命名为锗,符号为 Ge,其性质与门捷列夫预言的相符合。性质对比如表 3.6 所示。

表 3.6 "类硅"和锗的性质对比

元素名称	类硅（Es）（1871）	锗（Ge）（1886）
原子量	72	72.32
密度	5.5	5.47
原子体积	13.0	13.22
原子价	4	4
比热	0.073	0.070
氧化物密度	4.70	4.703
氯化物密度	1.9	1.887
四氯化物的沸点	100 ℃以下	86 ℃
乙基化合物的沸点	160 ℃	160 ℃
乙基化合物密度	0.96	1.00
	EsO_2 易溶于碱，并可以用 H_2 和 C 来还原	GeO_2 易溶于碱，并可以用 H_2 和 C 来还原

当文克勒看到自己所发现的锗与门捷列夫所预言的"类硅"性质如此相似，大为惊奇。他说："再没有比'类硅'的发现能更好地说明元素周期律的正确性了，它不仅证明了这个有胆略的理论，还扩大了人们在化学方向的眼界，而且在知识领域也更进了一步。"

元素周期律的 3 次胜利，在全世界科学家中间引起了强烈的反响。1895 年以后，周期律在教科书中被广泛引用。

门捷列夫和迈尔对彼此的发现都予以承认，1887 年，英国科学协会在曼彻斯特召开国际会议，门捷列夫和迈尔同时参加，互相祝贺。他们俩还一起获得英国戴维奖章。

5. 周期律发现的意义

元素周期律的发现具有伟大的科学意义与哲学意义。

（1）周期律不是把自然界的元素看做是孤立的、互相不依赖的偶然堆积，而是把各种元素看做是有内在联系的统一体，它表明元素性质发展变化的过程是由量变到质变的过程，周期表中每一周期的元素随原子量的增加，显出各种性质逐渐地发生量变，但一到周期的末尾就显出质的飞跃。在相邻两周期既不是截然不同，也不是简单的重复，而是由低级到高级，由简单到复杂的发展过程，周期律所反映出来的严密的物质内部本质的联系，雄辩地证明了辩证唯物主义的正确性。

（2）周期律的确立把来自实践的知识经过科学的抽象而形成了理论，因此它具有预见性和创造性。

（3）周期律的发现,使化学研究从过去只限于对无数个别的零碎事实作无规律的罗列中摆脱出来,奠定了现代无机化学的基础。恩格斯曾高度评价周期律的发现:"门捷列夫不自觉地利用黑格尔的量转化为质的规律,完成了科学史上的一个勋业。这个勋业可以和勒维烈计算尚未知道的行星海王星轨道的勋业居于同等地位。"

1906 年评选诺贝尔化学奖时,一个候选人是法国的摩瓦桑(制备出氟气),另一个候选人是俄罗斯科学家门捷列夫。当时瑞典科学院化学分部投票表决时,10名委员中有 5 名投摩瓦桑的票,4 票赞成门捷列夫,1 票弃权,结果摩瓦桑以一票的优势而获奖。1907 年门捷列夫和摩瓦桑相继逝世,这样门捷列夫就没有了获奖的可能性,这不能不说是诺贝尔颁奖历史上的一大遗憾!

四、周期律的新考验——惰性气体的发现

到 1894 年以前,已知的元素达 75 种。

英国的物理学家瑞利(Rayleigh)研究了大气中各种气体的密度,他的工作极端细致,而且有一台当时最灵敏的天平,灵敏度达到 1/100 克。

1. 氩(Ar)的发现——"小数点的功劳"

瑞利在研究 N_2 的密度时,先是把空气反复通过红热的装满铜粉的管子,除掉其中的 O_2,所得的 N_2 经测定其密度是 1.257 2 克/升。然后又把 O_2 通过浓氨水中,得到氧与氨的混合气,再把它通过炽热的氧化铜,氨被氧化分解,生成氮气和水。测定这种氮气的密度,结果为 1.250 8 克/升,两个结果相差 0.006 4 克,即5/1 000,是实验出现的误差吗? 他重复了几次,仍然如此。瑞利冷静地思考:"是不是大气中的氮气残渣内留下一点点氧,所以重了。不可能,氧与氮的密度相差很小,要混进大量的氧才可能使密度相差 5/1 000。""是不是由于由氨所得的氮气混入了一些氢,所以变轻了吗?"他又检验了这种氮气,一点氢都没有。"是不是大气中所得的氮气含有像臭氧 O_3 那样的 N_3 变体,以至使密度变大了?"他又进行实验,又否定了。因为在 N_2 中引入电火花,气体体积并不缩小,密度一点也不增加。

瑞利是百思不得其解,他是个既严谨又谦虚的人。1892 年 9 月 24 日,他给《自然》(Nature)周刊写了一封信,介绍他的实验结果,想征求读者的意见,但是一时无人能回答他。1894 年 4 月 19 日,瑞利在英国皇家学会上宣读了他的实验报告,会后,苏格兰的著名化学家拉姆齐(Ramsay)来找瑞利,他认为来自大气中的氮气含有一种较重的杂质,一种未知的气体,他表示愿意和瑞利携手一起继续研究这项实验,瑞利欣然答应了。

就在这个会上,英国皇家研究院化学教授杜瓦(Dewar)向瑞利提供了一个重要而有趣的线索。他讲到英国剑桥大学的化学老前辈卡文迪什的一个小故事,卡文迪什曾经仿效普利斯特里利用起电器点燃密闭在瓶中的氢氧混合气,发现生成水,从而证明了水的组成。他还曾把瓶中气体换为空气,一旦用电火花点燃时就出

图 3.18　卡文迪什进行探索空气组成的实验装置

现一缕红棕色的烟,这种气体能溶解在水中,具有酸性。后来证明这种气体是硝酸气(NO₂)。此外,他还做过关于空气的另一个实验(图 3.18)。在这个实验中,卡文迪什把两只烧杯装满了水银,他又把 U 形管架在两个杯子上,管内的空气就被密封住了。他又在水银面上放了些苛性钠粉末,以备来吸收反应产生的 NO₂,然后,他把起电器的两根导线分别通到水银杯中,摇动静电起电器,产生的电通过导线便积累在水银杯里,到了一定时间,管内发生了一个电火花,随之产生一缕红棕色烟,但很快被苛性碱吸收了。U 形管内的空气随着氧氮的化合和被吸收而逐渐减少。卡文迪什和他的助手轮流不停地摇动起电器,U 形管内的气体体积越来越小,但缩到一定程度就不再缩小,说明氧气已经消耗完了。这时他又送进去一些氧气,再继续起电,实验就这样一次又一次地进行着,两个人干了 3 个星期,最后 U 形管内仍留下一个气泡,无论怎样放电,再也不会缩小了。他往管中注入"硫酐液"(红棕色的多硫化钾溶液)把多余的氧气吸收掉,结果还剩下一个小气泡,卡文迪什也说不清这是什么气体。

杜瓦向瑞利提供了线索,瑞利与拉姆齐立即借来卡文迪什的实验记录仔细阅读。瑞利重复卡文迪什的实验,很快也得到小气泡。拉姆齐用了另一种方法,他发现 N₂ 与 Mg 可以在加热条件下形成 Mg₃N₂,因此,他把除去水、二氧化碳和氧气的空气一次又一次反复通过炽热的装有镁粉的管子,每通过一次,测定一次它的密度。结果每通过一次,气体的体积就缩小一些,而密度就会增加一些。第一次是氢气密度的 14.88 倍,后来便是 17 倍多、18 倍多,最后气体的密度达到氢气密度的 19.086 倍就再也不增加了。拉姆齐算了一下,剩下的气体是空气的 1/80。

拉姆齐把这种气体装到气体放电管中,通上高压电后,从管里发射出闪闪的辉光,用分光镜来检查,发现它的光谱中有橙色、绿色的明线,这是所有已知气体光谱中所没有的。瑞利与拉姆齐相信这是一种新的气体了,他们让它与氯气、氟气、各种金属去反应,但结果无论是加热加压,通电火花或用铂黑作催化剂,结果该气体都不发生任何反应。

1894 年 8 月 13 日,在英国的自然科学家代表大会上,瑞利宣读了他与拉姆齐的重要发现,使全会大为震惊。空气中竟有 1/100 的新气体长期没有被发现,大会主席马登提议给这个气体元素取个名字叫"Argon"(氩),即"懒惰""迟钝"之意。

氩的发现是科学家孜孜不倦辛劳的胜利,是科学实验中精确度的胜利,是科学实验中明察秋毫的胜利。1895 年,英国皇家学会颁发给瑞利法拉第奖章,1896 年颁发给拉姆齐戴维奖章,以表彰他们俩发现氩的功绩。

2. 氦的发现

1868 年 8 月 18 日,印度发生日全食,好多天文学家去观察,法国天文学家严森也率领不少人去印度观察。他对太阳表面喷发出的巨大火焰——日珥尤其感兴趣,想弄清楚它到底是什么。那时他带去了望远镜和分光镜,他把分光镜对准日珥,看到几条亮线,一条红的,还有一条黄的,那条黄线格外明亮。红线、蓝线是氢的谱线,黄线好像是钠的 D 线,但又不相符,只是一条谱线而不是双线。他想再仔细看看清楚,但几分钟后日食结束了。次日清晨,旭日东升,他想重新试试看。当他把分光镜对着日珥部分,昨天的现象居然又出现了,这回他看清楚了,证实那不是钠 D 线。他向巴黎科学院作了报告,确认是一种未知元素,于是大家就为这种未知元素取了名字,叫"Helium"(氦),意思是太阳的元素,其来源于"Helios",是希腊神话中的太阳神。

1889～1890 年间,美国地质调查所的一位矿物化学家希尔布朗德(Hille-brond)观察到把沥青铀矿放到硫酸中加热会放出一种气体。他收集了该气体,试一试,它不燃烧、不助燃,不能使石灰水变混,他认为可能是 N_2。

1894 年,瑞利与拉姆齐发现氩气后,许多科学家又被神秘的惰性气体吸引住了。1895 年,伦敦的一个叫亨利·梅尔斯的教授在看到希尔布朗德的报告后,他转了一个念头:"沥青铀矿石中放出的气体是不是氩气?"于是他找拉姆齐谈了自己的想法:"你说氩是惰性气体,不能和其他元素化合,你可以试一试它是否可以和金属铀发生反应。"他拿出了希尔布朗德的报告请他看,"我认为应该检查一下,说不定沥青中含有铀与氩的化合物呢。"拉姆齐当然感兴趣,他派人跑遍了伦敦才买到 1 克钇铀矿。

他把钇铀矿放在硫酸中加热,果然有气泡冒出来,他收集了几毫升,后来他又用 4 天时间把这种气体纯化,注意到这种气体不与任何吸收剂反应。他用光谱检验,得到黄色谱,查对一下,是 27 年前发现的太阳元素氦,于是在地球上也找到了氦这种"太阳元素"。

3. 其他几种惰性气体的发现

拉姆齐对门捷列夫的周期律有深刻的理解,在周期表中按照原子量的大小,氦应排在氢和锂之间。但是在当时又没有这么一族,除了氩以外,它和其他已经发现的任何气体元素性质都截然不同。他想:一般来说,周期表中相邻各元素随着原子量的增加,性质是逐渐变化的,可是从氢到锂,特别是从氟到钠、从氯到钾这几对相邻元素之间性质怎么变得这么剧烈? 而且都是到了第Ⅶ族后发生这个突跃;此外,这几对相邻元素之间原子量之差值也显得特别大,也令人感到有些反常,因此他相信这里一定有一个以氦为首的惰性气体的新家族存在。大约在 1896 年他写了一篇文章,题目叫《周期律和惰性气体的发现》,在这篇文章里,他写道:"俄国的伟大科学家门捷列夫创造了元素周期分类的假说,证明元素可分成若干族,每一族由性质相似的元素组成,每一族元素按其在周期表中的顺序显示出自己相应的性质及其化合物的分子式。例如,碱金属都是柔软的轻金属,它们都可以和水发生反应;卤素都具有相似的气味,它们都具有某种颜色,都生成盐。因此我们可以预言,在 He 和 Ar 之间应有一种原子量为 20 左右的元素,性质与氦、氩一样不活泼。还可以预言,还存在两种和 He、Ar 相似的元素,它们的原子量为 82 和 129。"就在这一年,拉姆齐根据以上见解,拟出一个元素的周期表。部分周期表如表 3.7 所示。

表 3.7　拉姆齐拟出的元素周期表(部分)

氢 1.01	氦(He) 4.2	锂 7.0
氟 19.0	? 20	钠 23.0
氯 35.5	氩(Ar) 39.9	钾 39.1
溴 79.0	? 82	铷 85.5
碘 126.0	? 129	铯 132.0
? 169.0		? 170.0
? 219.0		? 225.0

　　拉姆齐与他的助手特莱弗斯蒸馏液态空气,他们把 1 千克的液态空气慢慢蒸发,沸腾到最后只剩下很小一部分时收集起来,经过检验,大部分是氧气和氮气。于是他们用红热的铜和镁把其中的氧气和氮气除去,最后只剩下 25 毫升的气体。用分光镜来检查,发现了一条黄色的明线,比氦谱线略带绿色。这是他们在 1898 年 5 月 30 日发现的新的惰性气体元素,取名叫"Krypton"(氪),含有"隐藏"的意思。他们非常兴奋,连夜测定它的原子量,年轻的特莱弗斯兴奋得把第二天要参加博士学位考试的事都忘记得干干净净。原子量测定结果为 82.9,应排在溴和铷之间。

　　他们俩在发现 Kr 之后,又想法找到处在 He 和 Ar 之间挥发性更强的惰性气体元素。它的沸点可能比 O_2 和 N_2 还要低,那么在液态空气里,它的含量就可能很少了。因为制取液态空气时,它可能并未完全凝结下来。于是他们采用使液态空气在减压下突然沸腾造成超低温的方法,把从空气中分离出来的那部分氩凝结下来;然后再使液态氩慢慢挥发,收集其中最早分馏出来的那部分,最后再检查这部分气体的光谱。把它充入普律克管(放电管)中,一经通电激发后,红光满室。特莱弗斯在笔记上写道:"由管中发出的深红色强光,就已经介绍了它自己的身世了。凡看过这种景象的人,终生也不会忘记。这个前人没有发现的新气体是以戏剧般的姿态出现的。再用分光镜来检查它的光谱,真是美极了,有许多红线,还有许多淡绿线、几条紫线,更有一条灿烂的黄线。在切断高压电后,普律克管仍闪闪发着磷光。"毫无疑义,这是另一种新的气体元素,他们给它取了个名字叫"Neon"(氖),含有"新奇"的意思。以后不久,大街的夜空中出现了闪耀、绚丽的霓虹灯广告。

1898 年 7 月 12 日,他们俩又从液态空气中分馏出沸点更高的那部分气体,用分光镜证明这是一种新的气体,取名叫"Xenon"(氙),含有"异国人"的意思。

以后,他们又用液氢作为冷凝剂,从空气中分离出一种气体,证明是 He,He 终于也从空气中分离得到。这 5 种惰性气体形成了周期表中一个完整的新族——零族。

惰性气体的发现,对门捷列夫元素周期表是一个考验,当时门捷列夫未排上这一族。但门捷列夫在零族发现后尊重客观事实,在元素周期表上排上了零族。其实,整个惰性气体家族元素的发现是与元素周期律的指导分不开的。

拉姆齐先后发现了 5 种惰性气体,他的科学成就赢得了自己祖国人民的爱戴。在伦敦著名的威斯敏斯特大教堂(Westminster Abbey)那里,还巍巍矗立着一座拉姆齐的铜像,接受着千千万万人的瞻仰。

五、门捷列夫周期表中待解决的问题

1. 排列顺序中 3 对元素原子量的颠倒问题

门捷列夫在惰性气体发现后,对于他的周期表中,3 对元素原子量自小而大的排列发生颠倒的问题,一直想给予解决,希望有一天能够颠倒过来,完全符合按原子量从小到大的顺序排列。这 3 对元素如表 3.8 所示。

表 3.8　门捷列夫周期表中 3 对原子量颠倒的元素

18 号 Ar 39.94	19 号 K 39.10
27 号 Co 58.93	28 号 Ni 58.69
52 号 Te 127.6	53 号 I 126.9

门捷列夫从老经验出发,认为这几对元素的原子量测得不准确,他年复一年地等待化学家为 Ar、Co、Te 减小原子量,但是他的希望落空了。因此不得不承认,元素性质随原子量的递增而变化的规律,也有个别特殊的情况,不符合递增的变化规律,因此就有了颠倒,为什么会有颠倒呢? 这个问题直到同位素的发现后才解决。

放射性发现后,人们发现了不少元素的原子具有放射性,到 1907 年,被分离和已经研究的放射性元素已有 30 多种,那么这些是不是都是新元素呢? 它们在元素周期表中应该怎么排列呢?

英国科学家索弟发现有些元素的原子,性质相同、质量不同,他提出元素变种概念。1909 年,瑞典化学家斯特龙·霍姆和斯维德伯格提出在元素有规律的排布中实际上存在着这样几种元素,由于它们的化学性质十分相似,所以它们在自然界中总是在一起,在实验室也极难分离,他们建议这几种元素在周期表中占据同一格子。以后化学家都赞同,将那些用化学方法不能分开的元素放在同一格子,这些元素由于处在周期表同一格位置上,它们的化学性质几乎没有任何差别,就把它们称

为"同位素"。同位素的概念丰富了元素周期律。

1919 年,阿斯登制造出第一台质谱仪,用质谱仪在 71 种元素中,发现了 202 种同位素。他很快发现了氖、氩、氪、氙、氯等元素都有同位素存在。1927 年到 1929 年,人们又利用分子光谱技术发现了碳、氮、氧的同位素,并且确定自然界中氧的同位素 ^{16}O、^{17}O、^{18}O 的比例是 500∶0.2∶1。到目前为止,人们发现地球上存在的各种元素的同位素有 489 种,其中稳定同位素 264 种,天然放射元素 225 种,还有人工放射元素 2 000 多种。同位素发现后,原子量是怎么回事就搞清楚了,原子量其实是它们元素同位素的平均值。

例如 Ar 与 K 元素:

Ar 有 3 种同位素,

$$
\left.\begin{array}{ll}
^{36}Ar & 0.31\% \\
^{38}Ar & 0.06\% \\
^{40}Ar & 99.03\%
\end{array}\right\} \text{平均为 } 39.94
$$

K 也有 3 种同位素,

$$
\left.\begin{array}{ll}
^{39}K & 93.3\% \\
^{40}K & 0.04\% \\
^{41}K & 6.8\%
\end{array}\right\} \text{平均为 } 39.10
$$

这里就可以找出它们在周期表中按原子量大小排列而产生颠倒的原因。其他两对 Co 与 Ni、Te 与 I 也是这个原因。

2. 元素周期律的本质

这个问题一直到 20 世纪才解决。20 世纪初,由于电子、放射性、同位素的发现,原子内部构造的大门打开了。

1911 年,卢瑟福提出类似行星绕太阳的原子构造模型。他注意到,一种元素的原子核里的正电荷数就是该元素在周期表中的座位号(即原子序数)。由于他当时的实验数据不够准确,他还不敢定论。

1913 年,卢瑟福的学生莫斯莱把各种元素做成阴极,精密地测量其 X 射线的波长,经复杂的研究之后,他得出结论:一切已知元素,依照它们在周期表中的位置进行计数时,所放 X 射线频率倒数的平方根和原子序数成正比例。这被称为"莫斯莱定律",用数学表示很简单:

$$
\sqrt{\frac{1}{\lambda}} = a(Z - b)
$$

式中,a 和 b 是常数,λ 是 X 射线特征波长,Z 是原子序数。这个公式说明,化学元素 X 射线特征波长倒数的平方根与原子序数(Z)呈现一种线性关系。莫斯莱发现,按 X 射线的波长排列出来的次序与它们在周期表中的座位编号是一致的。莫斯莱接着提出:周期表中的原子序数就是原子核中的正电荷数。当时,门捷列夫以元素原子量为次序排列时,有几处的排列次序必须颠倒。现在若以原子序数来排列,就不存在颠倒的问题了,这就说明元素性质的周期性应以原子序数排列更为合理。决定元素化学性质的主要是它的质子数,即核外电子数,而不是原子量。若一种物质的原子序数全部相同,这种物质就是单质。所谓同位素,是指那些原子序数相同但原子量不同的一组元素。

莫斯莱 1877 年 11 月 23 日出生在韦马斯,他的父亲是有名的牛津大学教授、物理学家。母亲极富教养,贤淑文静,弹得一手好琴,她非常注重对儿子的教育。这个家庭本来是幸福美满的,但在莫斯莱 11 岁那年,父亲突然去世,这使莫斯莱 3 天没吃东西,一直呆呆地坐在自己的房间里。

莫斯莱中学毕业后,以优异的成绩考进牛津大学的物理学院,他的入学成绩,仅比全校第一名的卡伯差 0.5 分,但他的数学成绩名列榜首。1910 年,他获得了物理学硕士学位。莫斯莱非常崇敬当时曼彻斯特大学的著名教授卢瑟福,亲往曼彻斯特拜卢瑟福为师,学习放射物理知识,莫斯莱对最新的科学内容十分赞赏和入迷,尤其是研究最新的物理知识和化学知识,更是如痴如狂。所以,卢瑟福说,莫斯莱是"一颗科学希望之星"。

莫斯莱在卢瑟福实验室中担任实验员,几乎把全部的时间都用于科研上,他实验技术娴熟,操作技巧惊人,曾获得过哈林补助金,当时能获得这一补助金的人为数甚少。

1914 年,英国全国科学协会在澳大利亚举行年会,莫斯莱被选为会议代表,他在会上提交的论文题目是"稀土元素 X 射线光谱研究",论文非常精彩,轰动全场。

正当莫斯莱的研究工作不断取得成就的时候,第一次世界大战爆发了,他参加了英国军队,担任信号员。莫斯莱是事业型人才,无论做什么工作都做得十分出色,在军队中他忠于职守,工作认真,受到多次嘉奖。1916 年 6 月 13 日,他所属的部队开赴达尔达那斯,途中他冒雨步行,全身湿透,满腿泥浆。部队到达指定地点以后不久,战斗就开始了,炮火轰鸣,子弹呼啸。8 月 10 日,正当他用电话向某师部传达命令时,一颗土耳其人的子弹,穿过他的头颅,顿时身死,年仅 27 周岁。莫斯莱入伍以前曾立下遗嘱,遗嘱中说:如果他在军中不幸死去,愿把自己的所有实验仪器和大部分财产捐赠给英国皇家学会。后来,遗嘱执行人严格执行了他的遗愿。

莫斯莱是一颗过早陨落的"科学之星",在世界上第一流的科学家当中,没有比他的事业更为短促的了。但是,他对原子结构的研究工作,他对周期律的说明,他把元素原子结构和周期表联系起来的开创性工作,已为现代科学打下了基础,起到了先驱的作用,他的名字将在科学史上永垂不朽。

元素周期律的实质就是元素原子电子层结构的周期性,元素的化学性质是原子序数的周期性函数。

3. 未发现的元素有多少

1869 年门捷列夫发现元素周期律时,已有 63 种元素,以后又发现了镓(类铝)、钪(类硼)、锗(类硅)。瑞利和拉姆齐又发现了 5 种惰性气体。到 1914 年人们广泛研究了各种放射性元素,填补了周期表中的多数空位,1923 年又找到了第 72 号元素铪(Hf),1925 年发现了 75 号元素铼。这样,到 19 世纪 20 年代末,从 1 号 H 到 92 号 U 所组成的周期表中,只留下 4 个空位,即 43、61、85、87 号元素还未发现。为了寻找这 4 种元素,化学家们花费了整整 20 年时间,这 4 种元素,除了 87 号元素外,其他 3 种元素都是人工合成的。

1937 年,美国人佩里厄(C. Perrier)和塞格瑞(E. G. Segre)用氘核轰击钼,第一次人工创造出 43 号元素,命名为锝(Tc),意为"人造的"。后来自然界也找到了它的同位素。1939 年在铀的天然放射系中找到了 87 号元素钫(Fr),1940 年考尔森(D. R. Corson)等用 α 粒子轰击铋,得到 85 号元素砹(At),1945 年又人工合成 61 号元素钷(Pm)。至此,92 种元素才全部找到了。

但是,在 92 号元素铀以后,是否还有元素呢?铀是否是元素周期表的终点呢?能不能用人工的方法合成 92 号以后的元素呢?

经过 30 年的努力,科学家已经陆续人工合成了十几种超铀元素,这进一步发展了元素周期表。1940 年,美国人麦克米兰(E. M. Memilan)和阿贝尔森(P. H. Abelson)用热中子轰击铀,制出了第一种超铀元素——93 号镎(Np),随后美国人西保格(G. T. Seaborg)等用回旋加速器加速氘核轰击铀,又制出了 94 号元素钚(Pu),钚是重要的原子反应堆燃料。1944~1961 年,西保格与齐索(A. Ghioso)等人在美国继续用人工制成 39 种超重元素,即 95 号到 103 号元素;在 1969 年到 1974 年间,又合成了 3 种新元素:104 号至 106 号元素。1976 年苏联宣布制出 107 号元素,1983 年西德又制出 109 号元素……目前元素达到 112 号。103 号至 112 号元素符号如下:Lr(铹)、Rf(𬬻)、Db(𬭊)、Sg(𬭳)、Bh(𬭛)、Hs(𬭶)、Mt(鿏)、Ds(𫟼)、Rg(𬬿)、Cn(鿔)。

六、还存在的问题

元素周期律在原子结构的研究中获得了重大发展以后,形成一个完整的体系,但是事物是一分为二的,在体现元素周期律的元素周期表中还存在一些无法说明的问题。

(1) 氢在周期表中的位置。当初门捷列夫把氢放在的第ⅠA 主族中,后来有人把它改放在第ⅦA 族。在目前的周期表中,第ⅠA 族与第ⅦA 族都有。一种元素在两族都有,为什么?

放在第ⅠA 族,理由是它与第ⅠA 族中其他碱金属元素的原子外层电子数相同,都是 1,可以失去一个电子,形成一价阳离子。但是氢离子仅能与水形成 H_3O^+,而不像碱金属的阳离子能够在晶体中存在。把它与碱金属放在一族,但它又不是金属元素。

放在ⅦA 族,理由是它同某些金属化合时生成在性质上与卤化物相似的氢化物。例如 NaH、CaH_2 与 $NaCl$、$CaCl_2$ 等。它与其他卤族元素一样,两个原子以共价键结合,形成分子 H_2、Cl_2、Br_2 等。可是氢的外层电子数是 1,而第ⅦA 族卤素原子最外层电子数是 7,这个差别太大了。根据元素周期表中元素递变的规律,由上至下,元素的金属性越来越强;由下至上,元素的非金属性越来越强;把 H 放在 F 之上,意味着 H 的非金属性比 F 还强,这又不符合实验事实。

（2）He 在周期中的位置。He 是惰性气体,在零族,可是,其他所有的惰性气体元素原子最外层电子数都是 8,而 He 是 2。按最外层电子效应应放在第 Ⅱ 族,但性质与碱土金属又大不一样。

（3）在周期表中,不仅出现横的性质相似,更出现对角线上元素的性质相似。这个特点,周期律很难说明。例如:

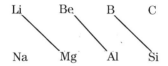

（4）还有一些元素性质很相似,但从周期表中却找不到任何暗示,例如 Cu 与 Hg、Ag 与 Tl、Ba 与 Pb。

七、现代各式元素周期表

化学元素周期表,或称化学元素系,是化学元素周期律的具体表现形式。

化学元素周期表帮助我们更深入地了解化学元素周期律的内容与实质。随着科学的发展,化学元素周期律的内容不断被补充与改进,相应地表达这一自然规律的形式也有了一定的变更与改善。

现代元素周期表通用形式两种主要有:短式与长式。短式是以门捷列夫 1906 年发表的周期表为基础的。长式是以维纳尔在 1905 年根据门捷列夫创建的化学元素周期表基础上改变得来的。除了上述两种形式外,还有不少其他形式。

塔式周期表,如图 3.19 所示。

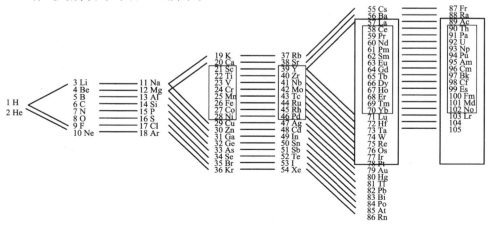

图 3.19　塔式周期表

弹簧周期表,如图 3.20 所示。

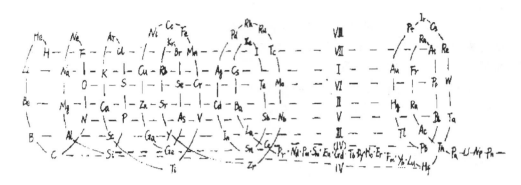

图 3.20 弹簧周期表

环形周期表,如图 3.21 所示。

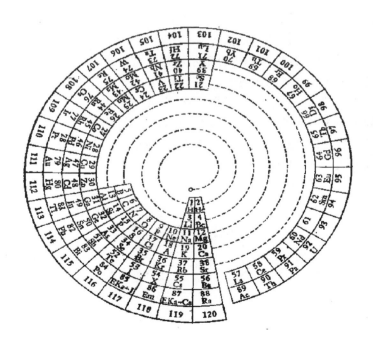

图 3.21 环形周期表

螺旋形周期表,如图 3.22 和图 3.23 所示。

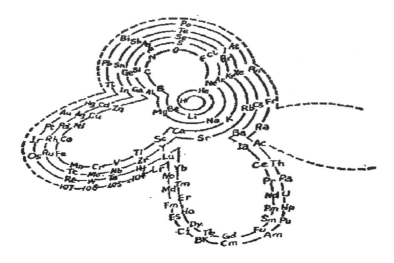

图 3.22　螺旋形周期表(Ⅰ)

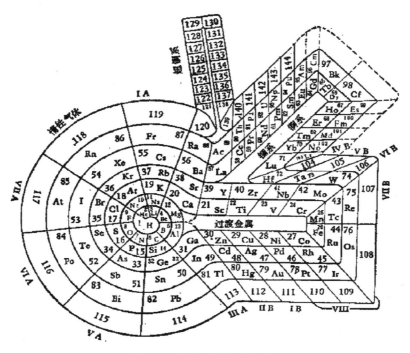

图 3.23　螺旋形周期表(Ⅱ)

螺旋时钟式周期表,如图 3.24 所示。

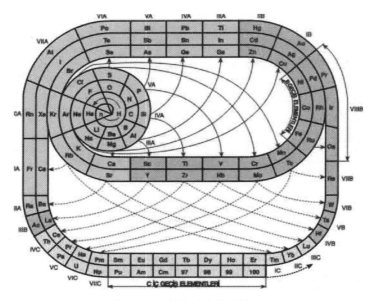

图 3.24　螺旋时钟式周期表

扇形周期表,如图 3.25 所示。

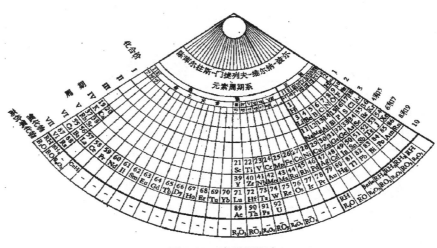

图 3.25　扇形周期表

立体层式周期表,如图 3.26 所示。

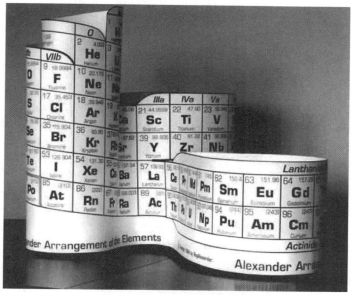

图 3.26　立体层式周期表

八、超重元素稳定岛假说

自从 1940 年以来,科学家们制造出了一种又一种的超重元素。这一方面是他们对物质的微观构造有了更深入的认识,另一方面,他们设计制造了高能加速器和掌握了一系列的研究手段和高超的分析仪器,但实验的事实说明,超铀元素的稳定性随原子序数的增加而急剧降低。例如:

100 号 Fm,半衰期 82 天;　　　　101 号 Md,半衰期 53 天;

102 号 No,半衰期 57 分钟;　　　103 号 Lr,半衰期 180 秒;

104 号 Rf,半衰期 70 秒;　　　　105 号 Db,半衰期 40 秒;

106 号 Sg,半衰期 0.9 秒;　　　　107 号 Bh,半衰期 2×10^{-3} 秒;

109 号 Mt,半衰期 5×10^{-6} 秒。

科学家们估计,如果今后即使制得 110 号元素,其半衰期也仅有 10^{-10} 秒,因此,既难合成,又难于鉴定,是否真的合成了都不能肯定,这样,元素周期表是不是到了尽头呢?

近年来,由于发现了大量稳定的放射性同位素,并掌握了它们的相对稳定性,于是核物理和核化学家们开始研究它们的稳定性所遵循的规律,科学家发现,如果做一张图以核里面的质子数为纵坐标,以核里的中子数为横坐标,把现在已发现的 105 种元素的大约 1 000 多种同位素的原子核标在这张图上,就可发现一个明显趋势,或者说是一种规律,如果把这张图比拟成一张地图的话,则稳定的核都聚积在一条狭长的地带上,这条地带从原点出发向东北方向延伸,而远离该地带的其他地区都几乎是茫茫的一片空白。所以科学家把这个狭长地带形象地描绘成为一个半岛,称之为 β 稳定岛,周围茫茫的大海则是不稳定性海洋。

通过对原子核内部微细结构的研究,核物理学家们提出了核内质子与中子排布的层状结构理论,认为具有某些数目的中子或质子组成的核具有特殊的稳定性和较大的半衰期。人们把这些数目叫做幻数(magical number),幻数值是 2、8、14、20、28、50、82、114、126、184 等,若核的质子数或中子数是幻数,其原子核就很稳定。例如 ^4_2He、$^{16}_8O$、$^{40}_{20}Ca$、$^{56}_{28}Ni$、$^{208}_{82}Pd$,中子数、质子数都是幻数,稳定性尤其高,所以科学家们把这些稳定性出现的高峰地带形象地称为幻数山、幻数岭。

根据核是双幻数就稳定的规律,科学家推断,在该半岛的东北前方,越过那个广阔的不稳定海洋,应该存在一个超重核稳定岛(图 3.27)。这个稳定岛的中心是具有 114 个质子与 184 个中子的双幻数结构的原子核。这也就是说,第 105 号以上的核都极不稳定,具有强烈的放射性,寿命极其短促,但到了 $^{298}114$ 同位素,它则是一个稳定的核,并在 164 号元素附近还有一个小的稳定岛。

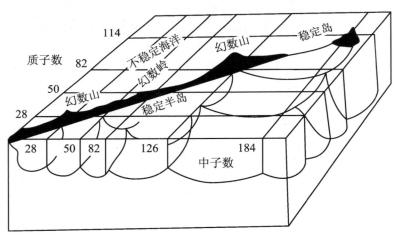

图 3.27   可能存在的超重核稳定岛示意图

当前,关于超重核稳定岛仅是一种假设。目前科学家们正在寻找或用人工方法制造超重核。到自然界去找,到地球内部、海洋深处去找,到宇宙中去找;人工合成就用更大的重离子加速器进行核反应,有人设计用 ^{238}U 轰击 ^{238}U 核:

$$^{238}_{92}U + ^{238}_{92}U \xrightarrow{\text{融合}} ^{476}_{184}[A] \xrightarrow{\text{裂变}} ^{298}_{114}Y + ^{170}_{70}Yb + 8n$$

并且认为这是合成 114 号元素最有希望的一种方法。

探索超重核稳定岛不仅具有重大理论意义,而且具有巨大的实用价值,超重核能释放出比 ^{235}U 大得多的能量。

1999 年 4 月,人类合成超重元素竖起了一个里程碑,美国劳伦斯伯克利国家实验室(LNBL)宣布,用高能 ^{86}Kr 核轰击 ^{208}Pb 核靶,融合后放出一个中子,生成

一个新核 $^{293}118$，120 微秒后，分裂出一个 α 粒子，衰变成另一个新核 $^{289}116$，600 微秒后，116 又放出一个 α 粒子，变成 114 号元素的同位素。该实验室在 11 天内共做了 3 次，人工合成了 118、116 号元素的原子各 3 种。而 118、116 号元素的半衰期是 10^{-4} 秒，若按前面的不稳定理论推算，半衰期应为 10^{-15} 秒。故该实验支持了数十年前提出的超重元素稳定岛假说（见 1999 年第 12 期《化学教育》报道）。

九、未来的元素周期表

在门捷列夫建立元素周期表后，不少研究者遵循着门捷列夫的道路，根据各元素原子量的数值，寻找更多的元素，预言它们的存在，将它们充填在化学元素周期表中。最突出的例子是他们根据氢和氦的原子量差值大约等于 4，比其他相邻两元素原子量的差值高，同时在元素周期表中氢和氦之间又空出了一大截，于是就认为其中应该还有元素存在。莫斯莱在测定了各元素原子的核电荷后，确定了各种元素的原子序数，否定了这种推想。

但是，在氢的前面是不是还可能存在其他元素，把化学元素周期表向上扩充。这种想法在门捷列夫建立元素周期表以前就已经出现了，当时有人提出，有原子量小于氢的元素存在。但实验证明小于氢的元素不存在。

在未来的化学元素周期表中，向下发展是大有前途的。曾经有人认为，元素周期表向下的边界为 $Z=105$，就是说核电荷最多不能超过 105，因为 Z 进一步扩大时，核内质子间的排斥力将超过它们之间的结合力，由此引起核分裂，但是，近年来，由于各种放射性同位素的发现和核物理学的迅速发展，事实已否定了这种论点。

在国外出版的一些自然科学杂志中还报道，在独居石矿石中已经查明存在 116 号、124 号和 126 号等元素，在陨石中存在着 114 号等元素。并且他们对未发现的各种元素作了各种预言。

怎样把这些未来的元素排进周期表中？按照规律计算，电子亚层中的最多电子数应该是这样的：

电子亚层	s	p	d	f	g	h
电子数	2	6	10	14	18	22

这样，到 118 号元素止，将填满第 Ⅶ 周期。从 119 号元素，将进入第 Ⅷ 周期。由于第 Ⅷ 周期应有 50 种元素，因此，将排到 168 号元素，填满第 Ⅷ 周期。

按照现代元素周期表的排列，第 Ⅷ 周期中的 50 种元素中，应该有 8 种元素（119~120 号，163~168 号）属于主族元素，它们属于 s、p 充填，应该有 10 种元素（153~162 号）属于副族元素，它们属于 d 充填，剩下 32 种元素，有人认为它们组成了一个超锕系元素族，列在元素周期表锕系元素的下面；另一些人认为，超锕系为 121~138 号，从 139 号起，到 153 号止，将组成另一个和镧系、锕系相似的元素系；还有人认为，第 Ⅷ 周期从 119 号开始，到 164 号止；165~172 号组成第 Ⅸ 周期。谁是谁非，且待实践来解决(图 3.28)。

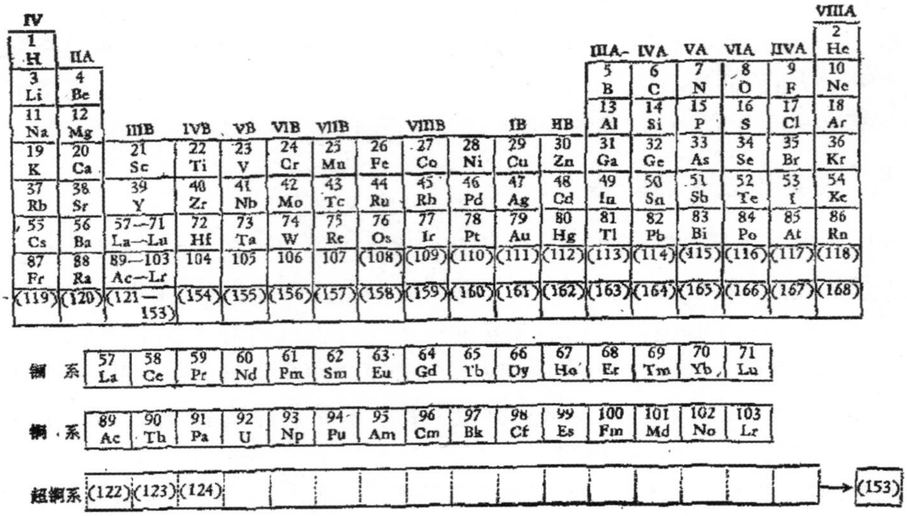

图 3.28　未来的元素周期表

思　考　题

1. 元素周期律发现的实践基础和理论准备分别有哪些？
2. 门捷列夫的伟大发现在什么时间？
3. 门捷列夫预言的"类铝""类硼""类硅"是后来发现的什么元素？
4. 元素周期律发现的重要意义是什么？
5. 哪国哪位科学家发现了 5 种惰性气体？
6. 元素周期律的本质是什么？

第四节　物理化学的建立与发展

19 世纪下半叶，资本主义生产出现了比任何时期更大的生产力，推动了自然科学的大发展，创造了高度发展的科学技术。物理化学正是在这个时期建立与发展起来的。原子-分子学说、气体分子运动学说、化学元素周期律和古典热力学的确立和形成，为物理化学的形成和发展铺平了道路。

一、物理化学的建立

物理化学是运用物理学的原理和方法研究化学运动规律的学科,是物理学与化学最早交叉的学科,是化学科学的理论。"物理化学"这个术语,在 18 世纪中叶(1756 年)首先由俄国伟大的科学家米哈伊尔·瓦西里耶维奇·罗蒙诺索夫(1711~1765)提出。到 1887 年,奥斯特瓦尔德(W. Ostwald,1853~1932,图 3.29)与范霍夫(J. H. Van't Hoff,1852~1911,图 3.30)合办的德文《物理化学杂志》创刊,"物理化学"名称才被普遍接受。

图 3.29　奥斯特瓦尔德

图 3.30　范霍夫

德国化学家奥斯特瓦尔德是物理化学创建者之一,1853 年 9 月 2 日,出生于拉脱维亚的里加。他自幼好学,对化学有特殊的兴趣和爱好。他常从药房里买回各种化学药品,做各式各样的玩具,有时做能喷三色火焰的烟火筒,有时做小巧玲珑的爆竹。1875 年他毕业于多尔帕特大学,1878 年获得哲学博士学位,1882 年成为里加工业学院教授。自此,他开始了化学动力学的研究生涯。奥斯特瓦尔德的贡献是多方面的。1887~1906 年间,他担任德国莱比锡大学教授。他对瑞典化学家阿累尼乌斯的弱电解质理论进行了深入的研究,并且有所发展。他还从很多方面研究了催化过程,顺利地完成了提取氧化氨的研究工作,为氨的合成创造了条件。这一成就使他得到世界科学界的高度评价,成为举世闻名的物理化学家。由于他在物理化学方面做出重要贡献,于 1909 年获得诺贝尔化学奖金。奥斯特瓦尔德在其一生的科学研究中,也曾有过两次严重的错误:一是他创立了"唯能论",反对唯物论;二是第一次世界大战期间,他在迫不得已的情况下,提出用极易获得的氨来大量制造硝酸,借以维持德国庞大的军火生产,使德军在战争中又苟延残喘了一年多。

范霍夫是荷兰化学家。1852 年 8 月 30 日出生于荷兰鹿特丹。这个医学博士的儿子从小就聪明过人,他在中学读书时,对化学实验很感兴趣。经常在放学以后或假日里,偷偷地溜进学校,从地下室的窗户钻进实验室里去做化学实验。少年的好奇心,使他专门选用那些易燃易爆和剧毒的危险药品做实验,后来被老师发现,告诉了他爸爸,他爸爸没有过分责备他,还把自己原来的一间医疗室让给了儿子作实验室,他干得更加起劲了。

在荷兰,当时人们轻视化学,他父亲也反对儿子当化学家。17 岁那年,范霍夫中学毕业,听从了父亲的意见,他先到德尔夫特高等工艺学校学习工业技术。在那里,他以优异的成绩博得了在该校任教的化学家 A.C. 奥德曼斯和物理学家范德·桑德·巴克胡依仁的器重,两年就学完了规定三年学习的内容。这样更增强了范霍夫毕生从事化学的信心和决心。

1872 年,范霍夫在莱顿大学毕业后,为了在化学上继续深造,他先后到柏林拜德国著名有机化学家凯库勒为师。次年凯库勒又推荐他去巴黎医学院的武兹实验室,在著名化学家武兹的指导下,范霍夫与他法国的同窗好友勒·贝尔得到了深造。此后他们双双成为新的立体化学学科的创立者。他于 1875 年发表了《空间化学》一文,首次提出了一个"不对称碳原子"的新概念。不对称碳原子的存在,使酒石酸分子产生两个变体——右旋酒石酸和左旋酒石酸;两者混合后,可得到光学上不活泼的外消旋酒石酸。范霍夫用他所提出的"正四面体模型"解释了这些旋光现象。范霍夫关于分子的空间立体结构的假说,不仅能够解释旋光异构现象,而且还能解释诸如顺丁烯二酸、反丁烯二酸、顺甲基丁烯二酸和反甲基丁烯二酸等另一类非旋光异构现象。分子空间结构假说的诞生,立刻在整个化学界引起了巨大的反响。

1878~1896 年间,范霍夫在阿姆斯特丹大学先后担任过化学教授,矿物学、地质学教授,并曾任化学系主任。这期间,他又集中精力研究了物理化学问题,对化学热力学与化学亲和力、化学动力学和稀溶液的渗透压及有关规律等问题进行了探索。他做了许多关于溶液渗透压的实验,提出了一个能普遍适用的渗透压公式:$pV=iRT$($i>1$)。式中 p 是溶液的渗透压,V 是其体积,R 是理想气体常数,T 是溶液的热力学温度。范霍夫还证明,对许多物质来说 i 值均为 1,即渗透压关系式为 $pV=RT$。少量物质的 i 是大于 1 的,什么原因他也说不清。这时瑞典有一位大学毕业不久的年轻人,名叫斯特万·阿累尼乌斯,他根据自己对溶液导电性的研究,提出了关于溶液的电离假说。但这一新理论的出现立即遭到瑞典国内不少学者的强烈反对。为了寻求理解与支持,阿累尼乌斯把自己的论文寄给范霍夫请求指正。想不到身处异国的范霍夫一口气读完了论文后,不仅马上领会了阿累尼乌斯的基本观点,并且由此受到了极大启迪。他的脑子豁然开朗:电离作用!对,电离作用!正是电离作用才使得 $i \geqslant 1$。范霍夫把自己的想法写信告诉了阿累尼乌斯,表示完全赞同电离学说。范霍夫关于电解质溶液渗透压的文章在斯德哥尔摩发表后,引起了德国科学家威廉·奥斯特瓦尔德的极大兴趣。几个月后,他专程来到阿姆斯特丹,同范霍夫进行了长时间的交谈。他俩一致认为阿累尼乌斯的电离学说是一种了不起的创造。奥斯特瓦尔德对范霍夫说:"我认为,这是一个新理论的开端,它将会成为研究溶液特性的基础。而您本人的研究,将会证实和发展这个理论。"他还倡议道:"事业需要大家更紧密地进行合作,把一切力量都联合起来。"当他得知阿累尼乌斯已决定要来阿姆斯特丹同范霍夫一起进行实验,随后还要去里加拜访他时,非常高兴。1887 年 8 月初,他们共同创办的《物理化学杂志》第一期在莱比锡问世。这标志着一门新兴的边缘学科——物理化学的诞生。范霍夫同阿累尼乌斯、奥斯特瓦尔德的友谊与协作,使他们突破了国界和学科的局限,共同为新学科的创立奠基、为新兴基本理论的确立进行了顽强的战斗。因此,他们被誉为"物理化学的三剑客"。

范霍夫毕生从事有机立体化学与物理化学的研究,取得了累累硕果,使他成为世界上第一个诺贝尔化学奖的获得者(1901 年)。

二、热学与热化学

人们对热的本质认识与对燃烧的本质认识一样,是比较晚的。古代的埃及有"蒸气球",中国北宋有"火箭",都是人类不自觉地实践着热与功转化的实例。

1. 热学

热学是属于物理学范畴的,在热力学形成之前,热学曾经历了一个独立发展的时期。热学实验中心是温度的测量,测量工具是温度计。最早的温度计是伽利略在 16 世纪末制成的,那是一支利用气体热胀冷缩原理制成的玻璃空气温度计,其后,他的学生又做出了一支上端封闭、部分抽空的液体温度计,它可以说是现代液体温度计的雏形。

1714 年法伦海特制成水银温度计,水的沸点定为 212 度,冰和食盐混合物的温度是零度,其间均匀分为 212 个分度,这便是所谓"华氏温标"。1742 年摄尔修斯(A. Celsuis)制出现在较为通用的摄氏温度计。选用温标是,水的沸点是100 ℃,水的冰点是 0 ℃,其间均匀分为 100 个分度。1848 年,汤姆孙创立了绝对温标,这种温标以−273 ℃作为零度,用于热力学计算,故称为热力学温标。现在公认的绝对零度是−273.15 ℃。因为威廉·汤姆孙在 1892 年被封为开尔文勋爵,所以他创立的温标被称为开氏温标,单位为 K。

量热研究工作是从布拉克和他的学生厄尔文开始的,布拉克在 1760 年曾用量热计测量了冰的融化热和水的汽化热,厄尔文曾测定过一系列物质的比热,布拉克区分了热与温度,提出了"潜热""比热"的概念,打下了量热学的基础。但是布拉克却是一个燃素学说的信奉者,在热学领域提出了"热质说",他将"热"看成是"热流体",认为水是"热质与冰的结合",热质论实质是燃素学说的变种或翻版。

2. 热化学的建立和发展

热化学是研究物理和化学过程中热效应规律的学科。它是化学的一支,也是物理学中热学在化学中的应用。它提供的各种热力学数据不论是对工业生产还是对自然科学研究都具有重要意义。工业生产中的各种热交换问题,燃料的利用以及相应对设备的要求,都离不开热化学数据,所以它是一门实践性很强的科学。

（1）拉瓦锡和拉普拉斯(Laplace)建立了热化学

热化学的最早研究者是拉瓦锡和拉普拉斯,他们的工作成果发表在 1780 年的

《论热》一文中,他们用冰量热计来量热,以被融化了的冰的质量来计量燃烧热。他们测定了碳的燃烧热为—98.85 千卡/摩尔,而现代值为—94.05 千卡/摩尔,即—393.7 千焦/摩尔。在当时的条件下,他们做成的工作是很出色的。

（2）盖斯定律

俄国化学家盖斯(G. H. Hess),其父亲是瑞典人,3 岁随父亲侨居俄国,他主要从事化学方面的工作,比较重视生产实践中的化学问题。1840 年,在总结许多实验的基础上,他提出"总热量恒定"的定律:"在任何一个化学过程中,不论该化学过程是一步完成还是经过几个步骤完成,它所发生的热总量始终是相同的。"当然,默认的条件是等温等压无非体积功。

盖斯定律的提出,对各种化学变化热效应的研究提供了极大的方便,使一些不易测准或暂时无法实现的化学过程的热效应可以通过间接方法推算出来。盖斯定律的理论意义在于它先于热力学第一定律,从化学运动与热运动间的关联角度得出了能量转化及守恒的结论。

（3）基尔霍夫定律

德国化学家基尔霍夫(G. R. Kirchhoff)在 1858 年提出,从某一个温度下的化学反应的热效应(焓变)来计算另一温度下该反应的热效应的公式,称为基尔霍夫定律。

$$\Delta H_T = \Delta H_{T_0} + \int_{T_0}^{T} \Delta C_p \mathrm{d}T$$

（4）贝特罗与 J. 汤姆孙的热判据

在 19 世纪下半叶,贝特罗与 J. 汤姆孙在热化学方面也做了不少工作。贝特罗在 1881 年发明了一种弹式量热计,测定了一系列有机化合物的燃烧热。这两个人还提出用反应热来判断化学反应自发方向的判据,认为放热反应能自发进行,吸热反应不能自发进行。这一判据后来被证明是片面的。

三、热力学四大定律

热力学的基础是热力学 4 个基本定律,其中热力学第一、第二定律最重要。

1. 热力学第一定律的发现

热力学第一定律又称为能量转化与守恒定律,3 个不同的人几乎同时总结出这个定律。

（1）迈尔 1842 年提出机械能与热相互转化的原理

德国物理学家、医生迈尔(Julius Robert Mayer,1814～1878),1840 年 2 月到 1841 年 2 月作为船医远航到印度尼西亚。海员告诉他,暴风雨时海水温度会升高。这就使他原来关于热与机械运动之间可以转化的思想受到了进一步启发。他还从船员静脉血颜色的不同,发现体力和体热来源于食物中所含的化学能,提出如果动物体能的输入与支出是平衡的,所有这些形式的能在量上就必定守恒。他由此受到启发,去探索热和机械功的关系。1841 年,他写出了《论力量与质的测定》

一文,而当时德国权威的《物理学和化学年鉴》拒绝发表。他的朋友就劝他用实验来证实,于是他做了简单的实验:让一块凉的金属从高处落入一个盛水的器皿里,结果水的温度上升了。他又发现将水用力摇动,水的温度也会升高,迈尔很快觉察到了这篇论文的缺陷,并且发奋进一步学习数学和物理学。1842年他发表了《论无机性质的力》的论文,表述了物理、化学过程中各种力(能)的转化和守恒的思想。迈尔是历史上第一个提出能量守恒定律并计算出热功当量的人。但1842年发表的这篇科学杰作当时并没有得到重视,反而受到一些权威的攻击和反对,并且还受到一些人的讥笑,这对他刺激很大,精神上受不了,1850年春天他曾自杀未遂,后得了精神病,治疗了近两年才好转。

图3.31　焦耳

(2)焦耳用科学实验确立第一定律

英国杰出的化学家、物理学家焦耳(James Prescott Joule,1818~1889,图3.31)是最先用科学实验确定热力学第一定律的人。1840~1848年,焦耳做了四类实验。第一类实验是将水放入与外界绝热的容器中,通过重物下落带动铜制桨状叶轮,叶轮搅动水,使水温升高。第二类实验是以机械功压缩气缸中的气体,气缸浸入水中,水温同样升高。第三类实验是以机械功转动电机,电机产生的电流通过水中的线圈,水温也升高。通过这个实验,焦耳不但确定了热功当量,还得到电学上的焦耳定律:导体放出的热量与通过导体的电流平方成正比,与导体电阻成正比。第四类实验是以机械功使两块在水面下的铁片互相摩擦,使水温升高。他做了这四类实验,经过测定,得到热功当量值是4.157焦/卡,很接近现代4.1840的数值。

1843年8月21日焦耳在英国科学协会数理组会议上宣读了《论磁电的热效应及热的机械值》论文,强调了自然界的能是等量转换、不会消灭的,哪里消耗了机械能或电磁能,总在某些地方能得到相当的热。焦耳用了近40年的时间,不懈地钻研和测定了热功当量,用事实证明了能量守恒。

(3)格罗夫通过对电的研究,发现能量守恒和转化定律

格罗夫是电压较高的格罗夫电池发明者,他指出,一切所谓物理力、机械力、热、光、电、磁,甚至还有所谓化学力,在一定条件下都可以互相转化,而不发生任何力的消失。

格罗夫是一个律师,他研究热力学是业余的。由于他是富有哲学思想的人,因此发现了热力学第一定律。

(4)第一类永动机造不出来

1705年,英国人纽康门设计出第一台可供使用的蒸汽机,1765年,英国人瓦特制造出近代蒸汽机。蒸汽机的应用使得热学受到人们的重视。蒸汽机发明后,不少人企图制造一种不需要任何燃料的"永动机"。而实践证明这种企图是错误的,

早在 1775 年,巴黎科学院就宣布不接受关于永动机的发明,因为它是违反能量守恒定律的,所以热力学第一定律又表述为第一类永动机造不出来。

2. 热力学第二定律的发现

热力学第二定律是关于热能与其他能量形式(主要是功)之间转化的特殊规律。它的建立和发展完全是由对热机,特别是由对热机效率的研究而推动的。18世纪初,在欧洲蒸汽机大量使用,但当时蒸汽机的效率比较低,仅为 5%(近代蒸汽机的效率也只有 20% 左右),所以很多人研究如何提高蒸汽机的效率问题,这极大地促进了热力学的发展。

(1)卡诺可逆热机与卡诺原理

法国物理学家卡诺(Nicolas Leonard Sadi Carnot,1796~1832)生于巴黎。其父 L. 卡诺是法国有名的数学家、将军和政治活动家,学术上很有造诣,对卡诺的影响很大。

卡诺身处蒸汽机迅速发展、广泛应用的时代,他看到从英国进口的蒸汽机性能远远超过自己国家生产的,便决心从事热机效率问题的研究。他独辟蹊径,从理论的高度上对热机的工作原理进行研究,以期得到普遍性的规律;1824 年他发表了名著《关于火的动力的想法》,书中写道:"为了以最普遍的形式来考虑热产生运动的原理,就必须撇开任何的机构或任何特殊的工作介质来进行考虑,就必须不仅建立蒸汽机原理,而且建立所有假想的热机的原理,不论在这种热机里用的是什么工作介质,也不论以什么方法来运转它们。"卡诺出色地运用了理想模型的研究方法,以他富于创造性的想象力,精心构思了理想化的热机——后称卡诺可逆热机(卡诺热机),提出了作为热力学重要理论基础的卡诺循环和卡诺定理,从理论上解决了提高热机效率的根本途径。卡诺在这篇论文中指出了热机工作过程中最本质的东西:热机必须工作于两个热源之间,才能将高温热源的热量不断地转化为有用的机械功;明确了"热的推动力并不依赖于达到做功目的的物质,物体的温度差造成了'热质'的转移,这个温度差是决定功量的唯一因素。"卡诺抓住热机运转中"纯粹的、独立的、真正的过程",设计了一部理想热机(可逆热机),让工作介质在两个温度不同的热源之间进行简单循环。他提出了著名的卡诺原理:工作于两个一定温度热源之间的所有热机,其效率都不会超过可逆热机。卡诺原理是正确的,但他在证明时应用了错误的热质论。实际上卡诺的理论已经深含了热力学第二定律的基本思想。1832 年 8 月 24 日,卡诺因染霍乱在巴黎逝世,年仅 36 岁。按照当时的防疫条例,霍乱病者的遗物一律付之一炬。卡诺生前所写的大量手稿被烧毁,幸得他的弟弟将他的一小部分手稿保留了下来。

卡诺原理公布之后,一直未受到人们注意。直到 1834 年法国工程师克拉珀龙(Clapeyron)研究了卡诺的文章,并以几何图示法将卡诺设计的简单循环表示出来,就是我们熟悉的由两条绝热线和两条等温线组成的 p-V 图(图 3.32)。

（2）热力学第二定律的开尔文说法

英国物理学家开尔文（Lord Kelvin，1824～1907）在法国学习时，偶然读到克拉珀龙的文章，才知道有卡诺的热机理论。然而，他找遍了各图书馆和书店，都无法找到卡诺 1824 年的论著。1848 年，他根据克拉珀龙介绍的卡诺理论写出《建立在卡诺热动力理论基础上的绝对温标》一文，提出了"绝对温度"的温标。1849 年，开尔文终于弄到一本他盼望已久的卡诺著作，开尔文相信卡诺原理。开尔文原是一个基督教徒，他信奉"热质论"，开始时反对焦耳关于能量转化及守恒定律。直到 1851 年，他提出热

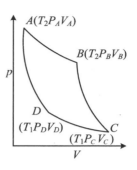

图 3.32　p-V 图

力学第二定律时，才肯定了焦耳的工作。他的热力学第二定律的说法是：不可能用无生命的机器把物质的任何一部分冷却至比周围最低温度还要低的温度而得到机械功。这一说法后来被人们叙述为：不可能从单一热源取热使之完全变成有用功而不产生其他影响。

（3）热力学第二定律的克劳修斯说法

德国物理学家克劳修斯（Rudolph Julius Emmanuel Clausius，1822～1888），很长一段时间都没弄到卡诺的原著，只是通过克拉珀龙和开尔文的论文才熟悉了卡诺理论。1850 年克劳修斯研究了卡诺的工作，澄清了能量守恒在卡诺原理中的意义，同时发现其中包含着一个新的自然规律。他将这个规律表达为：一个自行动作的机器不可能把热从低温物体传到高温物体去。这个规律后来被人们叙述为：不可能把热从低温物体转移到高温物体而同时不引起别的变化。后来又被奥斯特瓦尔德叙述为：第二类永动机不可能造成。

（4）第二定律数学表达式的建立

1854 年，克劳修斯在一篇文章中提出：如果在转换过程中，有热量 Q 由 T_1（高温）的物体转入 T_2（低温）的物体，那么 $Q(1/T_2 - 1/T_1)$ 总是正值，在一个循环过程中，全部转换的代数和也只能是正值，在可逆循环的过程中，这个代数和则为零。这样他就给出了热力学第二定律的数学表达式。他的功绩在于他将热力学第一、第二定律统一了起来，并赋予第二定律以数学形式，从而为热力学第二定律的广泛应用奠定了基础。

（5）克劳修斯提出了熵的概念和"热寂论"

1865 年，克劳修斯发表了《物理和化学分析》一文，文中将 Q/T 称为"熵"（entropy），包含"可转变性"的意思，起初叫"等值量"或"相关量"，以符号 S 表示，这是一个很重要的物理量。1867 年，他在《论热力学第二基本定律》一文中写道："功逐渐地、更多地被转变成热，热逐渐地从较热的物体转移至较冷的物体，这样，力图使所存在的温度上的差别趋向平衡，结果将得到更为均衡的热的分配。"这就是熵增加。但他无限推广，导致了哲学上的错误："在所有自然现象中，熵的总值永

远只能增加,不能减少。因此,对于任何时间、任何地点所进行的变化过程,我们得到如下所表示的简单规律:宇宙熵力图达到某一个最大的值。""宇宙越接近这个极限的状态……宇宙就越消失其继续变化的动力。最后,当宇宙达到这个状态时,就不可能再发生任何大的变动。这时,宇宙将处于某种惰性的死的状态中。"这就是"热寂论"。

"热寂论"刚刚一提出,恩格斯就给予了严厉的批判。恩格斯指出:"克劳修斯的第二原理等等,无论以什么形式提出来,都不外乎是说:能消失了,如果不是在量上,那也是在质上消失了。熵不可能用自然的方法消灭,但可以创造出来,宇宙钟必须上紧发条,然后才能走动起来,一直达到平衡状态,而要使它从平衡状态再走动起来,那只有奇迹才行,上紧发条时所耗费的能消失了,至少是在质上消失了,而且只有靠外来的推动力才能恢复。外来的推动,在一开始就是必需的。因此,宇宙中存在的运动或能的量不是永远一样的,因此,能必定是创造出来的,因而是可以创造的,也是可以消灭的。"(归谬法)一针见血地指明了"热寂论"是错误的,它必然导致上帝创造世界,导致不可知论。

(6) 玻尔兹曼熵定律

随着对分子运动论的系统研究和统计力学的发展,1877年,奥地利物理学家玻尔兹曼(Ludwig Eduard Boltzmann,1844~1906)发现了宏观的熵与体系热力学概率的关系,并导出熵函数与热力学概率的关系式:

$$S = k \ln \Omega$$

3. 热力学第三定律的发现

1906年,德国物理化学家能斯特(Walther Hermann Nernst,1864~1941),根据对低温现象的研究提出:当 $T \to 0$ 时,$\Delta G = \Delta H$,同时,$\Delta S = 0$,这就是所谓能斯特热原理。他因此获得了1920年的诺贝尔化学奖。他的主要著作有《新热定律的理论与实验基础》等。1911年普朗克也提出了对热力学第三定律的表述,即"与任何等温可逆过程相联系的熵变,随着温度的趋近于零而趋近于零"。或者表述为:各物质的完美晶体在0开时,熵等于零,即 $S_m = 0$,这就是热力学第三定律。第三定律的另一种表达为"0开不可达到"。热力学第三定律非常重要,为化学平衡提供了根本性原理。

4. 热力学第零定律的发现

人们在用温度计测量体系温度时发现了问题,为什么可以用温度计测量人的体温?温度应如何定义?解决这一问题必须要有一个热力学定律才行,并且这个热力学定律应放在热力学第一定律之前,只好叫第零定律了。

热力学第零定律为:两个体系相接触达到热平衡时,其内部的温度是均匀分布的,并具有确定不变的温度值,即两个体系的温度相同。

四、化学热力学

化学热力学和热化学不同,它主要研究物质系统在各种条件下的物理和化学变化中所伴随着的能量变化,从而对化学反应的方向和进行的程度做出准确的判断。化学热力学的主要内容是溶液理论、多相平衡、化学反应平衡等。

1. 溶液性质的研究

溶液理论的研究可以说是从测定盐在水中的浓度开始的。古代人们就知道盐能够溶于水,因而"煮海为盐"。随着制盐工业的发展,人们对溶液的研究及认识不断加深,从而推进了溶液理论的发展。

1798 年,贝托雷(Berthollet)在研究埃及湖盐时,认为溶液是没有定比的化合物。溶解是溶质和溶剂的化合,这个看法被不少化学家所接受,因为溶解一般都有热效应产生,类似化学反应;另一方面,盐从溶液结晶出来时往往含有结晶水,这是溶液形成的"化学理论"。

(1) 溶液依数性发现及其研究

1771 年,华特生(Watson)首先测定了盐的水溶液的凝固点,得出的结论是:盐的水溶液的凝固点低于水,降低的值和盐的质量成正比。1788 年,布拉格登(Charles Blagden)把食盐、硝石、氯化铵、酒石酸钾钠、绿矾等分别溶在水中,并测定出每种溶液的凝固点。他得出结论:凝固点的降低值依赖于盐与水的比例,如果几种盐同时溶于水中,凝固点的降低起加和作用。

1882 年,拉乌尔研究了 29 种不同溶液的凝固点降低值。他发现,如果 100 克水中溶有 W 克分子量为 M 的有机物,则测出的凝固点降低值 ΔT 有以下关系:

$$\Delta T = k \frac{W}{M} X$$

对于大多数有机物 $k=18.5$。但对于强酸、强碱化合物的盐的水溶液,$k \approx 37$,约为有机水溶液的 2 倍。

德国有机化学家贝克曼(Ernst Otto Beckmann,1853~1923)制造出上下都有水银槽的、可准确到 0.001 ℃ 的示差温度计,即目前我们实验室用的贝克曼温度计,可以精确测量溶液凝固点下降值,用凝固点下降法,可以比较准确地测量出溶质的分子量。

1886~1890 年,拉乌尔发表了一系列关于溶液蒸气压的文章,发现不同溶剂的溶液中 $(p_0-p)/p_0$ 和溶质分子数 n 对溶剂分子数 N 的商成正比:

$$\frac{p_0-p}{p_0} = e \frac{n}{N}$$

以后又修改为

$$\frac{p_0-p}{p_0} = e \frac{n}{N+n}$$

对于稀溶液,$e \approx 1$。这就是著名的拉乌尔定律。

1748 年,诺勒(Nollet)为了改进酒的制造,做了一个实验,他取了一个玻璃圆筒,盛满酒精,用猪膀胱封住筒口,然后把圆筒全部放进水中,他发现猪膀胱向外膨胀,表明水通过猪膀胱进入圆筒,这是第一次对渗透现象的科学观察。而定量的渗透压实验是法国生理学家杜特罗夏(Dutrochet)在 1827 年开始研究的,他用一个钟罩形玻璃容器,下面用猪膀胱封住,从上面插进一个玻璃管,容器分别盛不同浓度的糖水溶液,然后把容器放入水中,结果玻璃罩内的液柱升高。他得出结论:压力和容器内溶液的浓度成正比,这压力是由于外面的水透过膜进入溶液而产生的,他称为渗透压。

以后特劳贝将丹宁-明胶和亚铁氰化铜引进多孔磁筒,在筒内形成一层膜,这样的膜只让水透过,而不让溶质通过,后来范霍夫从理论上推导出渗透压公式: $p=RT/V$, $pV=RT$。也就是说,在稀溶液中,溶质所产生的渗透压 p 等于溶质在同一热力学温度下化为理想气体并在溶剂体积 V 时所施出的气压。在气体中,气压是由于气体分子冲击容器的壁而产生的,在溶液中由于溶质分子冲击半透膜两边,而溶剂分子(水分子)可以自由通过,因此不产生压力作用。公式 $pV=RT$ 只适用于有机物的溶液。1884 年,生物学家德莫里的实验表明,盐溶液的渗透压比蔗糖溶液的渗透压大得多(对于相同克分子浓度而言),这样不正常的现象似乎可以解释为酸、碱、盐溶液的溶质分子数要比同克分子浓度的有机物溶液多。范霍夫注意到这种现象,修正了渗透压公式: $pV=iRT$, $i>1$。这个现象给阿累尼乌斯很大启发,是电离理论建立的实验根据之一。

(2) 溶液电离理论的建立

19 世纪 50 年代,威廉逊与克劳修斯就对电解质溶液提出过他们的看法,他们认为电解质的分子与形成它的原子都处于动态平衡。分子与近邻分子不断地交换原子,因此分子的离解与原子的化合是永远连续进行的。这些离解出来的原子只能存在于很短暂的时间内。

1872 年,德夫尔指出:盐电解成它自身的组分乃是水溶解作用的结果,这个作用或者使它们(盐电解了的组分)达到了完全游离的状态,或者至少达到彼此独立的状态,这种状态很难测定,但它与最初的状态是大有区别的。

1887 年,瑞典人阿累尼乌斯发表了文章《关于溶质在水中的离解》,他和克劳修斯的观点不同,他说,盐溶入水中就自发地大量离解成为正、负离子,离子带电,而原子不带电,可以看作不同的物质,把同量的盐溶于不同量的水中,溶液愈稀,则电离愈高,分子电导 μ 也愈大。在无限稀时,分子全部变为离子,溶液电导 μ_∞ 就有最大值。他叫 μ/μ_∞ 为"活度系数"(现称为电离度),以 α 符号表示。他还指出,凡是不遵守范霍夫导出的凝固点降低公式和渗透压公式的溶液都是能够导电的溶液。这两个公式在右边都要乘上 $i(i>1)$,才能符合实验结果,这是因为分子离解成离子,使溶液内溶质粒子数增加。

奥斯特瓦尔德对阿累尼乌斯的电离理论大力支持。他研究醋酸乙酯的水化与蔗糖转化,以无机和有机酸作为催化剂,他把电导测出的每一个酸对 HCl 的相对强度和每一个酸对 HCl 的相对催化速度,分别对照醋酸乙酯的水解与蔗糖的转化,发现电导比值、酯的水解速度比值以及蔗糖转化速度比值都近似等于氢离子浓度的比值,因此得到 3 个相同比值的结果,这又是对阿累尼乌斯理论的证实。

奥斯特瓦尔德把质量作用定律用在有机酸溶液中的离子和分子平衡上,以测出定量电导比:

$$\frac{\lambda}{\lambda_\infty} = \alpha$$

由此得出所谓"稀释定律"公式:

$$k = \frac{\alpha^2}{(1-\alpha)V} = \frac{\gamma^2}{\gamma_0(\gamma_0 - \gamma)V}$$

但这个公式不适用于强电解质溶液。阿累尼乌斯的理论认为,在电解中,两极间的电位差只起指导离子运动方向的作用,并没有分解分子。相同当量的离子,不管溶质是什么,都带有同量的电荷,因而在两极沉淀的物质当量是相同的,这与法拉第的认识是一致的。

这个理论还解释了各溶液中的反应热,例如强酸与强碱的中和热,不管它们是什么,都是相同的。这是因为强酸与强碱之间的反应都是 H^+ 与 OH^- 相结合成水分子的反应,中和热当然相同。其他溶液中的反应热也可以从电离理论得到解释,这个理论还解释了分析化学中的许多现象,如沉淀、水解、缓冲作用,酸与碱的强度以及酸碱指示剂的变色等。

阿累尼乌斯的电离理论与其他科学理论一样,在开始时遭到多数人的反对,怀疑与反对该理论的有俄国的门捷列夫,英国的阿姆斯特朗、皮克林,法国的特劳贝等。门捷列夫认为电解理论也会像燃素学说一样,得到失败的下场。他们反对电离理论的主要理由是这个理论不符合当时流行的观点,电离理论认为盐的分子在溶液中自动离解成离子,而当时普遍认为溶液是溶质与溶剂间发生化学相互作用的产物,电解质在溶液中只有通过电流的作用才能进行离解。

阿累尼乌斯的电离理论只适用于弱电解质的稀溶液,适用于强电解质溶液的理论到 20 世纪才由荷兰物理学教授德拜和他的助手休克尔以及挪威物理学家盎萨格(Onsager)建立。

2. 吉布斯在化学热力学上做出的重要贡献

美国物理化学家 J. W. 吉布斯在 1873～1878 年先后发表了 3 篇重要论文:《流体热力学图解法》《物质的热力学性质的(几何)曲面表示法》和《关于复相物质的平衡》,特别是第 3 篇,长有 300 多页,包括 700 多个公式,对化学热力学做出了重要贡献,主要贡献有以下 4 个方面:

(1) 在克劳修斯等人建立第二热力学定律,特别是在熵函数的基础上,引出了平衡的判据,并将熵判据正确地限制在孤立体系的范围内。这就使一般实际问题原则上有了进行普遍处理的可能。

(2) 用内能、熵、体积代替温度、压力、体积作为描写状态的变量,提出了当时科学家们不十分熟悉的状态方程,并在内能、熵、体积的三维坐标图中,给出了完全描述体系全部热力学性质的曲面。

（3）在热力学量中引入了"浓度"这一变量,并将组分的浓度对内能的偏微商定义为"热力学势",即化学势,用符号 μ 表示,这样就使热力学可用于处理多组分的多相体系,化学平衡问题就能加以处理了。

（4）导出了体系中最简单、最本质,也最抽象的热力学关系,这就是我们所熟知的"相律",而平衡状态就是相律所表明的自由度为 0 的那种状态。

3. 多相平衡的研究

19 世纪下半叶,天然湖和盐矿综合利用的研究和冶金工业中合金性能及应用的研究广泛开展,需要用物理化学方法来迅速确定其组成与性质,同时生产上也广泛应用了结晶、蒸馏等技术,迫切需要将这方面知识加以总结和提高。并且当时热力学已经发展到比较成熟的阶段,这样就为研究相平衡提供了充分的基础和条件。先是克拉珀龙等得出单组分两相平衡的方程,后来贝特罗发现了"分配定律"。

吉布斯在 1878 年发表的论文《关于复相物质的平衡》中提出了相律,首次定义了"相"和"独立组分数",给出相律的数学表达式:

$$f = n + 2 - r$$

其中,f 是自由度,r 是相数,n 是独立组分数。

19 世纪末,范霍夫应用相律研究盐矿,发表了 50 多篇文章,并运用相律对冶金炉渣 $CaO\text{-}Al_2O_3\text{-}SiO_2$ 体系研究,对合金研究,对建筑材料水泥性质研究,取得很大成果,使相律与相图的研究发展很快。

4. 化学平衡的研究

1861～1863 年,贝特罗和圣·吉尔研究了醋酸与酒精反应及其逆向的乙酸乙酯皂化反应,发现两者都不能进行到底,反应不完全,最后达到化学平衡。1864年,古德贝格与瓦格做了 300 多个实验,提出:对于一个化学反应过程,有两个相反方向同时在起作用,一个帮助形成新物质,另一个帮助新物质再形成原物质,当这两个力相等时,体系便处于平衡。

19 世纪 50～60 年代,热力学的基本规律已经明确起来,但还不能解决化学反应的方向问题,有不少人在研究这个问题。

J. 汤姆孙与贝特罗企图从反应的热力学效应来解释化学反应的方向。他们认为反应的方向是反应物化学反应亲和力的量度,认为任何一种无外部能量影响的纯化学变化都向着产生放出热量最大的物质或体系的方向进行。虽然他们也发现一些吸热反应可以自发进行,但还是主观地这样肯定,因此得出的结论是片面的。30 年后,他们才修正为仅适用于固体间的反应。

范霍夫推导出动态平衡的等压方程式:

$$\ln K = -Q/(RT) + C$$

他认为:在物质(体系)的两种不同状态之间的任何平衡,若温度下降,平衡向着产生热量的方向移动。这一原理也分别在 1874、1879 年由穆迪埃与罗宾所提出。罗宾还指出,压力增加,平衡向着相应体积减小的方向移动。而勒夏特列进一步指出：在化学平衡中的任一体系，由于平衡诸因素中一个因素的变动，在一个方向上会导致一种变化，如果这种变化是唯一的，那么它将引起一种和该因素变动符号相反的变化。这就是化学平衡移动的"勒夏特列原理"。

五、电化学的建立和发展

电是自古以来人们就观察到的现象，开始人们只认识一些静电现象。意大利的医生、解剖学家伽伐尼在解剖青蛙时，用解剖刀碰到蛙体，发现蛙腿抽搐的现象。伏打研究了伽伐尼的实验，发现只要有两种不同的金属相互接触，中间隔有湿的硬纸、皮革或其他海绵状的东西，不管有无蛙腿，均有电流产生。他发明了能维持一定电流的"电堆"，以后又改进为"伏打电池"。

1800 年，英国科学家尼科尔莱用伏打电堆电解水获得了成功，并证明了水是由氢、氧组成的，并且氢氧的比例是 2∶1。1807 年，英国的戴维用电解法成功地电解了苛性钾、苛性钠，在阴极得到了金属钾和钠。以后他又与其他人一起用电解法得到了钙、锶、钡等碱土金属，他们的这些实验为电化学的建立和发展打下了牢固的基础。

1. 法拉第电解定律

法拉第（M. Faraday，1791～1867，图 3.33）是一个铁匠的儿子，一家四口人，家境贫寒。他 13 岁时在一个书店为租报人送报、收报，是一个勤杂童工，后来成为书店的订书工人。他一边装订书，一边看书。一次装订一本科普小册子——玛西特夫人编写的《化学对话》，他被书中所描述的奇妙现象深深地吸引住了。人们万万没有想到，一本小小的科普书，居然把法拉第引向了化学道路。法拉第所在的印刷厂负责装订英国的权威学术刊物《英国皇家学会会报》，老板知道法拉第的学识和工作态度，便把这件工作交给他去做，法拉第装订得十分精美，而且每次都从头至尾把会报的文章通读一遍。一次

图 3.33　法拉第

他在埋头看化学书时，他妈妈来找他，看他这个样子，叹气道：他被科学吸引住了，如果有钱，一定给他学习的机会。可是，一个要养活四口之家的当铁匠的父亲，怎么办得到呢？"你知道，妈妈，今天我发现了一门奇妙的科学——化学。我一定要解开它的秘密。你知道吗？我多么想成为一个有文化教养的人。"他妈妈忍不住掉下泪来，"愿上帝降福于你，儿子，要劳动，但是记住，一个人有时也要休息。"

7 年的学徒满了以后，法拉第被授予技师称号。法拉第有时还到皇家学会去

听演讲,他交上一个叫德恩斯的朋友,这个朋友是有文化教养的人。1812 年 5 月底,德恩斯找法拉第,告诉他戴维要来作报告了,他俩赶去听。在大厅中,法拉第专心地听讲,而且还做了笔记,回到家里,他尽力把课堂上听到的一切重写了一遍,还绘制了许多图表。他觉得戴维的报告很有意思,但又觉得有些不足,便给戴维写了一封信,信中说:"教授的报告非常精妙,但我觉得,电解过程很可能有某些数量关系,比如说,用多少电,可以电解出多少物质,或者说,电解一定量的物质,需要多少电。"法拉第没想到,过了没有几天,他收到这位大科学家的一封回信:

　　法拉第先生:

　　　　请你在本星期三,前来肯宁大街实验室一晤。

戴维敬启

1812 年 8 月 14 日

　　法拉第在指定的日子来到实验室,戴维问他做过些什么,对什么最感兴趣。他回答,是一个装订工,成百上千的书都经过他的手,其中很多书他都读过。"化学和物理。我想当一个化学家,我渴望把自己的一生献给科学。"戴维听后,说:"亲爱的法拉第,科学不仅需要诚心诚意,而且需要知识,你的年纪不小了,什么教育都没受过,从现在开始已经太晚了,最好还是回到装订厂去,继续读一些感兴趣的书。依我看,你的计划未免太天真了。"法拉第当时 21 岁,听了戴维的话,感到压力很大,只好向门口走去。可是又突然停了下来,转过身来,用坚定的语调说:"请原谅,我又打扰您,我仍请求您,哪怕让我在实验室里当一个勤杂工也好,我一定会是一个忠诚的仆役。"

　　过了几天,法拉第接到戴维的便条,他被录取了,高兴得一整夜未合眼,就这样,法拉第成为戴维的助手,踏上梦寐以求的科学征途。一周 25 先令,分配给他两间房子。开始,法拉第在实验室的工作是洗瓶子、擦桌子、扫地板,与其说是助手,倒不如说是实验室的勤杂工、戴维的仆人。每天他到实验室以后,打扫房间,洗刷器皿,搬运化学试剂,帮助戴维做实验,一天从早到晚地工作,勤勤恳恳,把一切都安排得井井有条,一有时间就顽强地学习,要成为伟大戴维的真正助手就应当知道很多东西。戴维由于金属钾爆炸负了伤,视力不好,而法拉第总能极其准确地完成任务。一年过去了,戴维对法拉第很满意,他还从来没遇到过这样忠实敬业的人,于是戴维允许他参加自己的各项实验工作,而法拉第也能比较准确地完成各项任务。1813 年 10 月 1 日,戴维夫妇去欧洲大陆旅行,带了一个流动实验室,只带了法拉第一个人,他既是助手又是仆役。一路上法拉第采集了许多矿石。他们一起考察过维苏威火山,拜访了当时著名电学专家伏打,还会见了其他一些知名人士,这些使法拉第大长了见识。1814 年,由于法拉第在皇家实验室工作出色,戴维推荐他当了助教。1816 年,法拉第在戴维的指导下发表了第一篇论文《多斯加尼本土生石灰的分析》。其后又连续发表了 6 篇论文,这一年,在戴维的推荐下,法拉第被任命为皇家研究院实验室主任。

1819年,法拉第研究了不锈钢与各种合金,还在皇家学会实验室中建了冶炼炉,冶炼过铑、铂、钯、金、银、铬、锡、钛、锇、铱等金属与铁的合金,并测试过它们的性质。法拉第在研究过程中,得知一条消息:丹麦物理学家奥斯特发现磁针在通有电流的导体附近会发生偏转。法拉第是位注意各学科互相交叉渗透的学者,他想,电和磁之间很可能有某种内在的联系。基于这种想法,他立即开始了研究工作,经过一段时间的努力,终于发现了电磁感应定律。同时,他还做成了一种仪器,使磁石绕着不动的导线旋转,这实际上是电动机的雏形。

1821年法拉第被推选为皇家学院实验总负责人,同年与珠宝商的女儿结了婚,他的妻子颇善于为他创造安静的工作气氛。1824年,法拉第被选为皇家学会会员,1827年成了著名教授。

1832年,法拉第通过各种实验证明,所谓"普通"电(摩擦产生的静电)与伏打电、生物电、温差电、磁电等都是本质相同的电现象。他将这些电分别接到用硫酸钠溶液润湿的石蕊试纸或姜黄试纸以及含有淀粉的碘化钾试纸上,发现负极呈碱性,使试纸变色,并有还原作用;正极都呈酸性,有氧化作用,并且都能使电流计偏转。这便逐步澄清了人们对于电这一现象的混乱认识。同时,法拉第在自己的实践中认识到电的量及其强度(即后来的所谓电流和电压)是有所区别的,他用改变极板的远近和形状来改变电场强度,结果发现电场强度对电解产物没有影响。产物的数量与通过的电量成正比,由相同的电量产生的不同电解产物,有固定的"当量"关系,这两条以后称为法拉第电解第一、第二定律,是电化学的基础。1834年他在题为《关于电的实验研究》一文中,首次明确地定义了"电解质""电极""阴极""阳极""离子""阳离子""阴离子"等概念。

稳定电流出现以后,使电学从静电学步入动电学的新阶段,"电"一下子成了人们改造自然的锐利武器。1830年出现电动机,1831年研究出电报装置,1876年发明了电话。以后电解在工业上开始广泛运用,1836年英国人开始研究银的电镀,1839年俄国开始电镀铜,1894年开始电镀镉。

2. 电解质存在状态的研究

1805年,格罗特斯(Grotthuss)认为电解质在电的作用下能离解为阴、阳离子,在负极上阳离子能够放电,在正极上阴离子能够放电,分别形成相应的分子释放出来;当没有电作用时,电解质仍旧以分子的形式存在于溶液之中。这种观点对于伏打电堆能自动提供电流不好解释,这些电的分离力是从何处来的? 直到1887年,阿累尼乌斯提出弱电解质的电离理论,1923年德拜提出强电解质静电作用理论后,结合在金属/溶液界面上形成"电化学双电层"的概念,才得到较好的说明。

3. 电动现象的发现

1807年发现,在外电场作用下,液体可以通过固体的微孔隔膜而移动,称之为"电渗"现象;发现溶液中胶粒在外电场作用下会移动,称之为"电泳"。1852年发现在液体移动方向上,任意两点间产生一个所谓的"流动电势",1878年发现微小粒子在重力作用下沉降时,产生所谓"沉降电势"。

六、表面现象和胶体化学

人们在古代时就接触和利用很多种胶体,例如,生活中遇到的面团、乳汁、油漆等均属于胶体范围。1663 年,卡西尼斯(Cassius)用氯化亚锡还原金盐溶液制得了紫色的金溶胶。从 19 世纪初,人们对胶体的研究才真正开始。

1. 表面现象

1876 年吉布斯借测量溶液的表面张力,计算液体的表面吸附量。

2. 电泳现象

1809 年列斯使用 U 形管,通电后发现"电泳"现象。

3. 布朗运动

1827 年,布朗(英国植物学家)用显微镜观察水中悬浮的藤黄粒子,发现粒子在不停地运动,这种现象后来被称为"布朗运动"。

4. 丁达尔效应

1857 年,法拉第使一束光线通过一个玫瑰红色的金溶胶,从侧面看到金溶胶中出现一条光路,后来丁达尔(Tyndall)对此现象作了广泛的研究,以后人们把这一现象称做"丁达尔效应"。

5. 胶体化学的建立

1861～1864 年,格拉阿姆对胶体做了大量的实验,为了与晶体区别,他提出了胶体(colloid)这一名称。他研究了胶体的不少性质,导致建立了一门系统性的科学——胶体化学。1907 年法伊曼明确提出胶体的概念,认为它是物质处于一定程度的分散状态,即粒子大小在 10 至 1 000 多埃(10^{-10} 米)之间,并认为胶体是一种多相体系。

6. 胶体光学性质的发现

1903 年,西登托夫(Siedentopf)与齐格蒙第(Zsimondy)发明了超显微镜,观察胶粒的散射光。

七、化学动力学的发展

物质能否发生化学反应以及它们反应能的大小,是化学中一个古老的问题。早期的化学文献中,反应时间或反应速率这个概念是与"亲和力""化学力""作用力"的概念分不开的。人们认为化学反应的快慢与物质的亲和力有关,质量作用定律也是借助于这种带有力学色彩的观念指导,在寻找亲和力的过程中逐步建立起来的。到 19 世纪中期,虽然质量作用定律已经基本形成,但仍然经常用"化学力"来表达它,一直到 1864～1865 年哈库特研究高锰酸钾与草酸反应时才用了反应速率的概念,以后范霍夫用反应速率代替了"化学力"。

1. 反应速率与浓度的关系(质量作用定律)

早期的化学工作者接受了炼金术的观点,认为化学反应之所以能够发生,是由于反应物之间存在着"亲和力",他们还通过实验得出亲和力表。

（1）1799 年,贝托雷宣读了他的第一篇论文,指出:化学反应不但要看亲和力,而且更重要的是反应中的各个物质的质量及其产物的性质(尤其是挥发性与溶解度)。他还指出,化学反应可以达到平衡。他 1799 年考察了盐湖沿岸,发现有碳酸钠沉淀出来,认为是盐湖中大量的氯化钠与碳酸钙相互作用的结果。因此,他得出结论:当产物足够过量时,一个化学反应可以按相反的方向发生。他指出那些亲和力表中的没有体现出反应物的量是一个重要的角色。

（2）1800~1802 年,贝托雷对化学亲和力进行了研究,他当时已经看到,反应速率随"作用力"而增加,而在一个反应进行的过程中,随作用力的减小而变慢,并且,因为一个物质的作用力在接近饱和时是减弱的,所以饱和过程的最后阶段比从开始到接近饱和的过程需要更长的时间才能完成,人们把这个事实叫做"化学上的欧姆定律"。他把反应过程中起作用的物质的质量称为"化学质量"。从今天的观点看,他的"化学质量"实际上是一个与当量浓度成正比的量。

（3）1850 年,威廉米对水溶液中酸催化蔗糖转化反应进行了研究,他发现,在大量的水中,在时间间隔 dt 内,转化了的蔗糖量与当时尚存在的蔗糖量 M 成正比:

$$-\frac{dM}{dt} = kM$$

1862 年,贝特罗与吉尔提出:在任一个瞬间,产物形成的量都与反应的物质成正比,与起反应的溶液体积成反比。他们尚未提到浓度,但已经注意到溶液体积的影响。

1864 年哈库特与艾逊提出:一个化学反应的速率与发生变化的物质的量成正比。他们还对反应 $H_2O_2 + 2HI \longrightarrow 2H_2O + I_2$ 进行了研究,证明这个反应的速率与 H_2O_2 的量成正比。

古德贝格与瓦格把单位体积中的反应物分子数(即浓度),叫做"有效质量",他们认为 A、B 之间的反应与 A、B 的有效质量 p 与 q 的乘积成正比,他们称比例系数 k 为亲和力系数。反应速率＝$k \cdot p \cdot q$。如果反应 $A + B \longrightarrow A^* + B^*$ 是可逆的,那么若把 A^* 与 B^* 的有效质量以 p' 与 q' 表示,k' 为亲和力系数,则 $k \cdot p \cdot q = k' \cdot p' \cdot q'$。以后范霍夫把比值 k/k' 称为平衡常数。这就是质量作用定律:化学反应速率与反应物的有效质量成正比。

古德贝格与瓦格还运用分子碰撞理论的观点,对加成反应

$$aA + bB + cC \longrightarrow \cdots, \quad 反应速率 = k[A]^a[B]^b[C]^c$$

第一次提出浓度乘积上带有相应的指数的表达式。1884 年,范霍夫建议把浓度乘积上的指数叫做反应的级数,区分了单分子、双分子和三分子的反应。

（4）对多分子反应,由动力学测出的"分子数"与计量反应式的计算系数往往不一致,例如反应

$$6FeSO_4 + KClO_3 + 3H_2SO_4 = 3Fe_2(SO_4)_3 + KCl + 3H_2O$$

实验测出速率方程为：反应速率$=k[\text{FeSO}_4][\text{KClO}_3]$，而从计量式看应有 10 个分子反应。这个问题如何解决呢？范霍夫认为，由一般计量化学反应式表达的化学变化并不代表反应进行的机理的真正图像。1895 年，诺伊斯建议，应当区分反应的分子数与反应的级数这两个概念。他说："所谓反应的级数，即一级、二级、三级，是表示反应速率的微分方程中浓度乘积上指数的和，而所谓单分子、双分子或三分子反应，则意味着在人们对物质分子状态下，一个反应作用步骤中参加反应的分子数目。反应级数和分子数对基元反应来说是一致的，但对非基元反应而言，两者不是一样的，它们的级数只能通过实验测定。"

（5）对于复杂反应，例如连续反应和平行反应，其一般理论是由奥斯特瓦尔德提出来的，但需要求实验应用的微分方程的解，对链反应，用稳态近似法可以求出中间产物。1948 年，中国化学家钱人元也曾经求出连续反应的微分方程的可实用解。

2. 温度对化学反应的影响

温度对化学反应影响强烈，早已为人所知。范霍夫通过实验，总结出来规律：温度每升高 10 ℃，反应速率常数增加 2～4 倍。范霍夫还得出 $\dfrac{\mathrm{d}(\ln k)}{\mathrm{d}T}=\dfrac{A}{T}+B$ 的两常数公式。

1889 年，阿累尼乌斯首先对反应速率随温度变化规律的物理意义给出解释，他注意到温度对反应速率的强烈影响（每升高 1 ℃，反应速率增加 12%～13%）。他认为，不能用温度对反应物分子的运动速度、碰撞频率、浓度和反应体系的黏度等物理现象的影响来解释反应速率的温度系数，因为前者远小于后者（每升高 1 ℃，前者温度系数都超过 2%）。于是他根据蔗糖转化的反应，设想在反应体系中存在着一种不同于一般反应物分子（M）的"活化分子"（M^*），后者才是真正进入反应的物质，其浓度随温度的升高而显著增加（每升高 1 ℃，增加 12%），而反应速率则取决于活化分子的浓度。阿累尼乌斯还认为，活化分子 M^* 是由非活化分子转化而成的，但必吸收一定热量 q，他把 q 叫做"活化能"。由于温度虽然不同，但反应物的性质并无显著的区别，所以还必须假定在实验所及的温度范围内，虽然活化分子 M^* 的浓度可以按 12% 的幅度增加，但其总量与非活化分子相比始终是微不足道的，这也就是说，化学反应是依靠反应体系中那些数目极小但能量很高的活化分子进行的。

他利用范霍夫公式得出阿累尼乌斯方程：

$$\frac{\mathrm{d}(\ln k)}{\mathrm{d}T}=\frac{Q}{RT^2},\quad k=Ae^{Q/(RT^2)}$$

3. 化学反应速率的理论

（1）双分子反应的碰撞理论

这个理论的两个前提首先是反应物分子必须碰撞，其次是并非每次碰撞都能发生反应，只有活化分子碰撞才能发生反应。对于活化分子是如何产生的，戈德施密特是第一个用气体动理学理论解释活化分子的人,他认为,活化分子是气体中那些具有比分子平均速率更大的分子。

实验证明,对于绝大多数的反应,理论得出的 k 值比实验值大 $10\sim100$ 倍,有的甚至大到 10^8 倍。为了补救这个缺点,往往加上一个校正因子(方位因子)

$$k = pZ_0 e^{-E/(RT)} \quad (p = 10^{-1} \sim 10^{-8})$$

(2)过渡状态理论

1935 年,艾林在总结前人工作的基础上,提出过渡状态理论。过渡状态理论仍以有效碰撞为发生反应的前提,不过,对分子碰撞瞬间的过程有较细致的描述。这个理论认为,反应物分子进行有效碰撞,首先形成一个过渡状态,称之为活化缔合物或活化物,然后分解,形成反应的产物。活化缔合物的分解是控制反应速率的决定性一步。

20 世纪又提出自由基反应、链反应的概念,还有单分子反应理论。

八、催化作用及其理论的发展

催化作用很早就被人注意,例如在古代,人们利用麯曲酿酒成醋,中世纪,用硝石催化的硫黄为原料来造硫酸,13 世纪便发现硫酸催化能使乙醇变为乙醚,18 世纪用 NO 催化氧化二氧化硫制备硫酸(铅室法)。1835 年,贝采里乌斯总结了前人的经验,研究了催化反应,例如酸催化淀粉转化成葡萄糖,铂催化氢气与氧气自动燃烧。他为了解释这些现象,首先提出"催化剂"这一名词,认为催化剂是一种具有催化力的外加物质,在这种力影响下的反应叫催化反应。

1. 对催化作用的逐步认识

1789 年,帕明特尔用酸催化了淀粉的水解。

1812 年,范霍夫发现蔗糖水解反应,当有酸类存在时进行得快,否则进行得慢。而在整个过程中,酸类没有什么变化,好像只是在促进反应,自己并不参加反应。

1862 年,贝特罗按分子比将乙酸乙酯和醋酸与水混合,经几星期后,乙酸乙酯部分水解为乙醇与醋酸,变化速率是递减的。如果从乙醇与醋酸开始,则化学变化朝相反方向进行,而最后平衡时,正逆反应的酯比例相同。这些反应很慢,但当有无机酸类存在时,则上述反应几小时内就可以达到与上述情况相同的平衡态。这样酸就成了催化剂,它的功能只是促进两个反应方向中任何一个反应尽快达到平衡速率。

1895 年,奥斯特瓦尔德对催化作用与催化剂提出了新的解释,他写道:"催化现象的本质在于某些物质具有特别强烈的加速那些没有它们参加时进行得很慢的反应过程的性能。"任何不参加到化学反应的最终产物中去,只是改变反应速率的物质即称为"催化剂"。他提出催化剂的另一个特点:在可逆反应中,催化剂只能加速平衡的到达,而不能改变平衡常数。

1905 年,哈伯与勒·罗西诺等人研究设计了氢气、氮气与氨气在各种不同温度与压力下的平衡情况后,利用各种催化剂的帮助,研究出空气中的氮气合成氨气的实验方法。1912 年,合成氨气达到了工业化。

合成氨气工业的发展,大力推动了催化作用的研究,并在工业发展上获得巨大成果。1923 年利用 $ZnO\text{-}CrO_3$ 作催化剂使一氧化碳与氢气合成甲醇,1926 年在工业上实现了一氧化碳与氢气合成人造液体燃料。

2. 催化理论的发展

催化剂为什么能够改变反应的速率,而它本身在化学反应后又不发生化学变化呢?

（1）均相催化反应

1806 年,克雷蒙与德索尔姆在研究 NO 对二氧化硫氧化的催化作用时,推测 NO 先与氧气形成中间产物,中间产物再与二氧化硫作用,把二氧化硫氧化成三氧化硫,自身又变成氧化氮,1835 年贝采里乌斯提出下列的反应历程:

$$2NO + O \longrightarrow N_2O_3$$
$$H_2O + SO_2 + N_2O_3 \longrightarrow H_2SO_4 + 2NO$$

1930 年,邢歇伍德等人以碘蒸气为催化剂进行乙醛蒸气的加热分解实验,发现均相催化反应的速率常数与催化剂的浓度成正比,而作为催化剂的碘蒸气的浓度在反应过程中保持不变。说明催化剂先与某一反应物生成中间产物,中间产物进一步转化成产物并使催化剂再生。

（2）多相催化反应

人们最早发现的催化反应不仅是在均相中进行的,而且更多是在多相中进行的。反应物在相界上的浓度会比体相中的浓度略大,这种现象称为吸附现象,吸附又分为物理吸附与化学吸附。

1824 年,意大利珀兰意提出催化反应的吸附理论。他认为吸附作用是由于电力而产生的分子吸附力。1834 年,法拉第也提出吸附理论,不过他认为不是电力,而是靠固体物质吸引而呈现的气体张力。如果催化剂表面很纯净,即没有消除吸引力的杂质,气体会在上面凝结,一部分反应分子彼此接近,当接近到一定程度时就会促进化学亲和力发生作用,抵消排斥力,因而反应容易进行。

（3）朗缪尔的吸附理论

朗缪尔 1916~1922 年发表了一系列关于单分子表面膜行为与性质研究的成果,提出吸附等温方程式,对催化剂的吸附理论影响很大。

朗缪尔是 20 世纪美国化学家与物理学家,1906~1956 年研究高温低压的化学反应,表面化学,原子结构和化学键的电子理论,热离子发射,等离子体和大气化学等,半个世纪发表了 200 多篇论文和报告,获得了 63 项专利,获得了包括诺贝尔奖(1932 年)在内的 22 种学术团体授予的奖金或奖章,是 15 所著名大学的名誉博士。

　　朗缪尔从小就对自然现象怀有强烈的好奇心,3 岁就经常向父母提出各种问题,例如,"水为什么会沸腾""水为什么会结冰",不但喜欢问,还喜欢自己动手。他说:"我最浓厚的兴趣是理解简单而熟悉的自然现象的机理。"例如,在烧杯中搅动底部有沉淀的液体后,沉淀会集结在杯子的中心处。他认为只有少数人知道这个现象的真正原因,那不是由于搅动时烧杯中心液体旋转的速度较慢,而是由于离心力的不平衡。

　　1879 年,爱迪生发明了碳丝电灯泡,库里基改用钨丝,将灯泡抽成真空,但灯泡的寿命不长,主要是泡内残余气体与钨丝作用的原因。许多人都认为要提高灯泡的寿命只有提高真空度才行。但朗缪尔却不是这样想的,而是把各种气体引入灯泡内,例如 N_2、H_2、CO_2、$H_2O(g)$、惰性气体,分别研究它们与钨丝的作用,他发现灯泡中填入 N_2、H_2 气体,钨丝的发光率高,灯泡的寿命也比较长。他自己谈到这种做法时说:"在许多场合,我发现这样的研究原则极为有用,当人们猜测避免某些不希望存在的因素(这些因素又很难避免)就能得到有用的结果时,这样有一个好方法是,逐次慎重地增强这些因素中的每一个因素,扩大它们的破坏作用,以熟悉这些因素,例如,知道在灯泡内产生高真空的方法,但怀疑如果使真空度提高100 倍,灯泡的质量会更高,这时,最好的方法是细心地降低真空度,然后,或许会发现不需要再提高真空度就行了。"这种沿相反方向去研究的方法是一种具有普遍意义的科学研究方法是递向思维的运用。

　　朗缪尔是表面化学的先驱者,1916 年,他发表了《固体与液体的结构和基本性质》的论文,首次提出固定吸附气体分子的单分子层吸附理论,推出朗缪尔公式:

$$y = K\theta = \frac{\alpha\rho}{1+\alpha\rho}$$

　　他对液面上的有机物的物理性质与化学性质进行了大量的研究,脂肪酸 $C_{17}H_{35}COOH$ 溶于水,脂肪酸被吸附在水面上,他设计了著名的水面油膜实验。1917 年还设计了一种"表面天平",测定水面上的溶质引起水的表面张力的微小变化,计算不溶物质表面积,从而计算出其分子截面积。1932 年,他获得了诺贝尔化学奖。瑞典科学院的索特鲍姆教授谈到诺贝尔奖金应奖给朗缪尔时说:"当前,虽然有许多科学家勤奋而且成功地从事表面化学的研究,然而,更大的荣誉应该给予开拓了新领域的第一个人,而不是给予在已经清理过的基地上工作的人,不管他们是多么努力。诺贝尔奖金授予朗缪尔,以表彰他在表面化学领域内的发现与作用。"

　　第一次世界大战中,朗缪尔研制了潜艇探测器,很好地对付了德国的潜水艇。第二次世界大战中,他发明了防止飞机在高空飞行时机翼结冰的技术,还发明了烟雾发生器。另外,他还在世界上首次进行了人工降雨。

　　朗缪尔积极主张科学思想的交流。1934～1938 年,他周游了日本、东南亚许多国家,旅途中来到中国的北平,向我国科学界做了题为《高真空管壁上的电子发射与放电》的报告,受到我国科学界的热烈欢迎。

(4) 活化中心理论的提出

合成氨的生产中,人们发现原料气中少量的杂质对催化剂的活化性能具有很大的影响,其他催化剂也有类似的现象,还发现催化剂对某一过程会因中毒而很快失去活性,但对另一过程却仍保持催化活性,仅当中毒更高时才失去活性。为了对此现象做出解释,1925 年泰勒提出活化中心理论,他认为催化剂表面是不均匀的。

1929 年,巴兰金提出了关于催化剂活性中心的结构理论之一——多位催化理论。主要论点是:催化剂活性中心的结构应当与反应分子在催化反应过程中发生变化的那部分结构处于几何对应。这个原则是以催化剂活性中心的概念为基础的。他把催化活化看做是反应分子中的几个原子或反应物分子与催化剂活性中心的几个原子,即多位体的相互作用的过程,而且,这个作用不仅会引起反应物分子中价键的变形,还使反应物分子活化,促进反应物中新价键的形成。

1939 年苏联人柯巴捷夫提出活性集团理论,认为活化中心是催化剂表面上非晶相中几个催化剂原子组成的集团,组成这种集团的原子数目与反应机理有关,他用统计力学进行了处理。

3. 催化作用在工业生产中的应用及催化剂的发展

催化技术主要应用于化学工业,例如合成氨、合成硫酸和硝酸等,这些重要的化工生产过程都是通过使用催化剂来实现的。

石油化工中大量使用催化剂,如合成纤维、合成橡胶。

在催化反应的科研发展过程中,常常出现发现一种新的催化剂导致工业生产发生了重大革新的现象。例如,1884 年发现在含有汞盐的硫酸作用下,可实现将乙炔水合变为乙醛。1959 年,发明了氯化钯-氯化铜催化剂,可在水溶液中将乙烯用空气直接氧化生产乙醛。20 世纪 50 年代,齐格勒和纳塔将氯化钛-烷基铝作为催化剂,实现了高分子的聚合。

酶是人们最早熟悉的催化剂,也是当前研究最活跃的一类催化剂。酶有特殊的选择性,高度的专一性。许多酶中都含有重金属离子,重金属离子起活性中心的作用。因此模拟酶的特异功能,仿照酶的结构合成高效的模拟酶催化剂是催化作用理论在实践中的重大研究课题。

思 考 题

1. 什么是物理化学?对物理化学这门学科的建立做出重要贡献的科学家是哪三位?

2. 热力学四大定律的重要内容有哪些?

3. 吉布斯先生在化学热力学上主要贡献有哪些?

4. 你对朗缪尔的"反向研究方法"有什么看法?

第五节　近代化学传入中国

在古代经验化学时期,我们中国在化学工艺上,在认识物质的哲学理论上以及在炼丹、医学方面,都远远超过了同时代的欧洲。但是到了近代,欧洲社会较早地脱离了封建社会,进入了资本主义社会,推动了自然科学的发展,作为自然科学中的一个重要部分——化学,也由经验性的水平提高到系统化的科学水平,形成了近代化学。我国虽早已有了高度发展的经验性化学,但未能单独地进入近代化学时期。我们知道,我国的近代化学知识是从欧洲传来的。四大发明西流,近代化学东传,这是值得国人深思与探讨的问题。当然国家之间的文化交流也是常见之事,在今天,科学文化交流更加广泛。

一、近代化学传入中国的时间

近代化学是什么时期传入中国的? 它传入中国的时期相当于中国哪一个时期? 这是我们学化学的中国人应该知道的事情。

1. 明末清初的天主教徒是否带来近代化学知识

从 16 世纪 70 年代起,即明朝万历年间,有些西方天主教徒奉了罗马教皇之命,陆续东来我国传教,他们事实上是欧洲商业资本主义远东扩张的先锋队。他们当中有不少人懂得欧洲科学知识,把天文、数学、物理、地理、水利等方面的知识介绍到了中国,同时也介绍了一些化学知识,但不是近代化学知识,因为欧洲到 19 世纪的道尔顿时代才开始形成近代化学。因此 16 世纪的传教士只能介绍了欧洲早期的经验化学知识,像亚里士多德的四元素说等,没有近代化学知识。

2. 近代化学传入中国的时间

1840 年鸦片战争前后,英、美等帝国主义就可耻地开始向我国进行经济侵略,在开来的商船与炮舰上可能已经使用化学品,被雇到船上或在"夷馆"里工作的中国工人可能与化学药品有所接触,学习一点近代化学知识,因此可以认为,1840 年是近代化学传入我国的开端。

1855 年出版了一本木刻本的书,是英国医士合信(Benjamin Hobson)编著的《博物新编》。他于 1839 年来到中国,写过一些医学和化学方面的书籍,这本木刻书《博物新编》现存在于北京图书馆。《博物新编》这部书一共三"集":第一集讲气象学、物理学和化学知识;第二集讲天文知识;第三集讲动物知识,并附有木刻图。其中,有关化学物质部分提到:"天下之物,元质五十有六,万类皆由之以生。"元素仅有 56 个,反映了 1840 年前后西方化学知识水平,书中还介绍了氢气、氧气、氮气、一氧化碳和各种强酸的制备方法。据目前所知,它是西方传入中国最早的一部介绍近代化学等科学的图书。不过,《博物新编》中所用的化学名词与现代所用的名词有一定的区别,通过下面比较可以看出。

现代所用的名词	《博物新编》中的相应名词
氧气	养气或生气
氢气	轻气或水母气
氮气	淡气
一氧化碳	炭气
硫酸	磺强水或火磺油
硝酸	硝强水或火硝油
盐酸	盐强水

1862 年清政府在上海设立制炮局,1865 年制炮局扩充为上海江南制造局,主要制造各种兵器。江南制造局内设翻译馆,翻译化学、制造等西文书籍。中国 19 世纪后期出版的化学书籍,绝大多数出自江南制造局翻译馆。同期北京同文馆也翻译了不少西方科技书,其中也有化学方面的书。其中徐寿实际上是西方化学知识传入中国初期阶段的一位十分重要的启蒙人物。

二、我国近代化学的启蒙者——徐寿

鸦片战争、太平天国之后,清朝统治阶级中出现了一个“洋务派”,提倡学习西方。其中曾国藩、李鸿章为代表人物,搞洋务、翻译西方书籍。上海江南制造总局于 1867 年附设一个“翻译馆”,翻译西方书籍,其中化学书籍占了相当重要的部分。而出版的化学书绝大部分是由英国人傅兰雅口译、我国学者徐寿执笔写成的。欧洲文字与中国文字有极大的区别,几乎全部化学物质的名称与术语都得创造出中文词汇。想来傅兰雅不过口述原书之意,而变成确定的中文都是执笔者徐寿的工作,徐寿成功地完成了该项艰难工作。因此,历史学家公认他是我国近代化学的启蒙者。

1. 徐寿的生平

徐寿(1818～1884,图 3.34),江苏无锡人,字生元,号雪邨,清朝嘉庆二十三年(1818 年)出生在江苏省无锡市郊外一个没落的地主家庭。5 岁时父亲病故,靠母亲抚养长大。母亲宋氏年轻守寡,终身未再嫁,守节持家,教子成名,被乡里称为贤德孝妇。在他 17 岁那年,母亲又去世。幼年失父、少年丧母,清贫的生活使他养成了吃苦耐劳、诚实朴素的品质,正如后人介绍的那样:“赋性狷朴,耐勤苦,

图 3.34　徐寿

室仅蔽风雨,悠然野外,辄怡怡自乐,徒行数十里,无倦色。"青少年时,徐寿学过经史,研究过诸子百家,常常能表达出自己的一些独到见解,因而受到许多人的称赞。然而他参加取得秀才资格的童生考试时,却没有成功。经过反思,他感到学习八股文实在没有什么用处,就毅然放弃了通过科举做官的打算。此后,他开始涉猎天文、历法、算学等书籍,准备学习点科学技术,为国为民效劳。这种志向促使他的学习更加主动和努力,他学习近代科学知识,涉及面很广,凡是数学、几何、重学(即力学)、矿产、汽机、医学、光学、电学、音乐的书籍,他都看。这些书籍成为他生活中的伴侣,就这样,他逐渐掌握了许多近代科学知识。

　　在徐寿的青年时代,我国尚无进行科学教育的学校,也无专门从事科学研究的机构。徐寿学习近代科学知识的唯一方法就是自学。坚持自学需要坚韧不拔的毅力,徐寿有这种毅力,因为他对知识和科学有着真挚的追求。在自学中,他的同乡华蘅芳(近代著名的科学家,擅长数学,比徐寿年幼15岁)是他的学友,他俩常在一起共同研讨遇到的疑难问题,相互启发。

　　在学习方法上,徐寿很注意理论与实践相结合。他常说:"格致之理纤且微,非藉制器(即不靠实验)不克显其用。"1853年,徐寿、华蘅芳结伴前往上海探求新的知识。他们专门拜访了当时在西学和数学上已颇有名气的李善兰,李善兰当时在上海墨海书馆从事西方近代物理、动植物、矿物学等书籍的翻译。他们虚心求教、认真钻研的态度给李善兰留下了很好的印象。从上海回乡,他们不仅购买了许多书籍,还采购了不少有关物理实验的仪器。

　　回家后,徐寿根据书本上的提示进行了一系列的物理实验。为了攻读光学,买不到三棱玻璃,他就把自己的水晶图章磨成三棱柱,用它来观察光的七彩色谱,结合实验攻读物理,从而较快地掌握了许多近代物理知识。有一次,他给包括华蘅芳的弟弟华世芳在内的几个孩子做物理实验演示。先叠了一个小纸人,然后用摩擦过的圆形玻璃棒指挥纸人舞动,孩子们看了感到非常惊奇。通过这样的演示,他就把他学到的摩擦生电的知识传授给了他人。

　　1856年,徐寿再次到上海,读到了墨海书馆刚出版的、英国医士合信编著的《博物新编》中译本,这本书的第一集介绍了诸如养气、淡气和其他一些化学物质的近代化学知识,还介绍了一些化学实验,这些知识和实验引起了他的极大兴趣。他依照学习物理的方法,购买了一些化学实验器具和药品,根据书中记载,边实验边读书,加深了对化学知识的理解,同时还提高了化学实验的技巧。徐寿甚至独自设计了一些实验,表现出他的非凡创造能力。通过坚持不懈的自学、实验与理论相结合的学习方法,他终于成为远近闻名的掌握近代科学知识的学者。

　　鸦片战争失败的耻辱,促使清朝统治集团内部兴起了举办洋务的热潮。所谓洋务即是应付西方国家的外交活动,购买洋枪洋炮、兵船战舰,还学习西方的办法兴建工厂、开发矿山、修筑铁路、办学堂。但是,作为封建官僚权贵,洋务派大都不懂这些学问,兴办洋务,除了聘请一些洋教官外,还必须招聘和培养一些懂得西学的中国人才。洋务派的首领李鸿章就上书请求,除八股文考试之外,还应培养工艺技术人才,专设一科取士。在这种情况下,博学多才的徐寿引起了洋务派的重视,曾国藩、左宗棠、张之洞都很赏识他。

1861 年,曾国藩在安庆开设了以研制兵器为主的军械所,他征聘了徐寿和他的儿子徐建寅,对徐寿的荐语是"研精器数、博学多通",同时也聘请包括华蘅芳在内的其他一些国内学者。这样徐寿等就来到安庆的军械所。

徐寿在学习科学知识的同时,很喜欢自己动手制作各种器具。当年他曾在《博物新编》一书中得到一些关于蒸汽机和船用汽机方面的知识,所以徐寿等在安庆军械所接受的第一项任务是试制机动轮船。根据书本提供的知识和对外国轮船的实地观察,徐寿等人经过 3 年多的努力,终于独立设计制造出以蒸汽为动力的木质轮船(安庆人称为小火轮)。这艘轮船命名为"黄鹄号",是我国造船史上第一艘自己设计制造的机动轮船。船长 55 尺(1 米=3 尺),载重 25 吨,船速顺水可达 14 千米/时。图 3.35 是竖立在安庆市长江岸边,纪念徐寿等制造的我国第一台蒸汽机的石雕模型;图 3.36 是我国第一台蒸汽机介绍。

图 3.35 徐寿等制造的我国第一台蒸汽机的石雕模型

为了造船需要,徐寿在此期间翻译了关于蒸汽机的专著《汽机发初》,这是徐寿翻译的第一本科技书籍,它标志着徐寿从事翻译工作的开始。

1866 年底,李鸿章、曾国藩要在上海兴建主要从事军工生产的江南机器制造总局。徐寿因其出众的才识,被派到上海筹办江南机器制造总局。徐寿到任后不久,根据自己的认识,提出了办好江南机器制造总局的 4 项建议:"一为译书,二为采煤炼铁,三为自造枪炮,四为操练轮船水师。"把译书放在首位,是因为他认为,要

图 3.36　我国第一台蒸汽机介绍

办好这 4 件事,首先必须学习西方先进的科学技术,译书不仅能使更多的人学习到系统的科学技术知识,还能探求科学技术中的真谛,即科学的方法、科学的精神。正因为他热爱科学,相信科学,在当时封建迷信盛行的社会里,他却成为一个无神论者,他反对迷信,从来不相信什么算命、看风水等,家里的婚嫁丧葬不选择日子,有了丧事也不请和尚、道士来念经。他反对封建迷信,但也没有像当时一些研究西学的人,跟着传教士信奉外来的基督教,这种信念在当时的确是难能可贵的。

为了组织好译书工作,1868 年,徐寿在江南机器制造总局内专门设立了翻译馆,除了招聘包括傅兰雅、伟烈亚力等几个西方学者外,还召集了华蘅芳、季凤苍、王德钧、赵元益及儿子徐建寅等略懂西学的人才。所翻译的化学著作有《化学鉴原》《化学鉴原续编》《化学鉴原补编》《化学考质》《化学求数》等。

年复一年,经过他们共同努力,克服了层层的语言障碍,翻译了数百种科技书籍。这些书籍反映了当时西方科学技术的基本知识、发展水平及发展动向,对于近代科学技术在我国的传播起了很大的作用。

徐寿和他的译书馆,随着一批批介绍国外科学技术书籍的出版发行,声誉大增。在制造局内,徐寿对于船炮枪弹还有多项发明,例如他能自制镪水棉花药(硝化棉)和汞爆药(即雷汞),这在当时确是很高明的。另外他还参加过一些厂矿企业的筹建规划,这些工作使他的名气更大了。李鸿章等人都争相以高官厚禄来邀请他去主持他们自己操办的企业,但是徐寿都婉言谢绝了,他决心把自己的全部精力都投入到译书和传播科技知识的工作中去。

到 1884 年逝世时,徐寿共译书 17 部,105 本,168 卷,共约 287 万余字。

为了传授科学技术知识,徐寿和傅兰雅等人于 1875 年在上海创建了格致书院。这是我国第一所教授科学技术知识的场所。它于 1876 年正式开院,1879 年正式招收学生,开设矿物、电务、测绘、工程、汽机、制造等课目。同时定期地举办科学讲座,讲课时配有实验表演,收到较好的教学效果。为我国兴办近代科学教育起了很好的示范作用。

在格致书院开办的同年,徐寿等创办发行了我国第一种科学技术期刊——《格致汇编》。刊物始为月刊,后改为季刊,实际出版了 7 年,介绍了不少西方科学技术知识,对近代科学技术的传播起了重要作用。

到晚年,徐寿仍将自己的全部心血倾注在译书、科学教育及科学宣传普及事业上。1884 年病逝在上海格致书院,"以布衣终",享年 67 岁。综观他的一生,不图科举功名,不求显官厚禄,勤勤恳恳地致力于引进和传播国外先进的科学技术,对近代科学技术在我国的发展做出了不朽的贡献。

徐寿有 3 个儿子,其中 2 个是清朝末年的化学工作者。一个儿子徐建寅(1845～1890),学习传播西方科学知识,也翻译过很多书,是徐寿的助手,曾当过中国驻德使馆的参赞。1890 年,他在武汉试制无烟火药(硝化纤维),发生火药爆炸事故,被炸殒命。另一个儿子徐毕封,也在江南制造局任职,一度担任译书的校对工作,后来在上海广艺公司办肥皂厂,成了中国早期的化学工业的民族资本家。徐寿的遗物包括遗稿、科学实验仪器、"黄鹄号"机动船模型,都由他保管。

2. 徐寿所译的化学书

徐寿翻译的 12 部化学书如下:

《化学鉴原》	6 卷	《化学鉴原读编》	24 卷
《化学鉴原补编》	7 卷	《化学考质》	8 卷
《化学求数》	8 卷	《物理迁热改易记》	4 卷
《西艺知新》	6 卷	《西艺知新续刻》	9 卷
《宝芷兴焉》	16 卷	《营陈发轫》	卷数不明
《测地绘图》	4 卷	《法律医学》	26 卷

还有两部:《化学材料中西名目表》《西药大成中西名目表》。原书无编者姓名,大家考证是徐寿逝世后出版的,还有别人的工作。

徐寿还发表过多篇论文,《格致汇编》中不少文章是徐寿写的。这 14 部书与一些论文,在我国近代化学的发展上起了一定的作用。

3. 徐寿的工作对于我国近代化学发展所起的作用

(1) 徐寿创造了一套化学基本物质的中文命名。我们今天用的元素名称基本上就是采用徐寿那时决定下来的原则,我们大家知道,西方的拼音文字与我国的方块汉字在造字的原则上有根本的区别,大部分的化学元素在我国的语文里是没有现成名称可用的,这个问题如何解决呢?

在徐寿生活的年代,我国不仅没有外文字典,甚至连阿拉伯数字也没有用上。

要把西方科学技术的术语用中文表达出来是一项开创性的工作,做起来实在是困难重重。徐寿他们译书的过程,开始时大多是根据西文的较新版本,由傅兰雅口述,徐寿笔译。即傅兰雅把书中原意讲出来,继而是徐寿理解口述的内容,用适当的汉语表达出来。西方的拼音文字和我国的方块汉字,在造字原则上有极大不同,几乎全部的化学术语和大部分化学元素的名称,在汉字里没有现成的名称,这是徐寿在译书中遇到的最大困难。为此徐寿花费了不少心血,例如他把气体定律公式写成这样形式:$\dfrac{己'亥'}{己亥}=\dfrac{甲'\perp酉'}{甲\perp酉}$,我们现在看来陌生,实为 $\dfrac{T'}{T}=\dfrac{p'V'}{pV}$。再如硫酸 H_2SO_4,他写成"硫养 4 轻 2"。他译的书尽量把化学知识与符号用中文方块字表达出来。

在徐寿之前,对于最普通的元素,像金、银、铜、铁、锡、铅、硫、碳之类,早已采用我国原有的名称,此外可知的气体,如养气、轻气、绿气、淡气之类,是根据它们的主要性质来命名的。到了徐寿时代,元素已有 64 个,根据性质原则无法命名元素了。因此不得不采用音译的方法。徐寿巧妙地采用取西方第一个音节来造新汉字的原则,创造出中文化学元素的命名。绝大部分的金属元素的名称,如钠、钾、锰、镍、钴、锌、钙、镁等都是他创造出来的汉字,这种原则至今一直保留,少数被后人改变了,例如"锆"改为"铈"。当时,虽然他也曾硬性地提出每种元素只能用一个汉字命名,但还是保留了"养气""轻气"的双音节命名。后来才一律改为单个汉字,用"氧""氢"来命名。徐寿采用的这种命名方法,被我国化学界所接受,这是徐寿对中国化学的一大贡献。

后来发现的许多元素或科学名词的中文命名都采用徐寿的方法,制造出新的汉字,如 93 号镎、95 号镅、103 号铹等等。再如热力学中熵函数的熵,英文是 entropy,1923 年我国著名的物理学家胡刚复教授依据徐寿的方法,创造了字典上没有的新汉字"熵",表示 entropy 具有热温之商的意义,极为妥帖。

（2）徐寿第二个贡献是介绍化学知识时注重系统性。以前的人介绍的化学知识都是零星的常识,不系统。徐寿全面系统翻译出版了有关近代化学知识的所有化学书籍,全面地把近代化学传入了我国。

徐寿这样有系统有步骤地译述科学书籍,传播新的化学知识。系统性与实践性是近代科学的特点,徐寿充分注意到这些特点。所以日本派了柳原前光等人来向他学习。

（3）徐寿介绍西方近代化学知识,对我国当时清末的改良派影响很大,谭嗣同就是受到影响的一个人。因此,徐寿传播近代化学知识也有助于我国社会思想的进步。

（4）徐寿的工作使当时中国青年资本家接触到化学知识,他们办了一些小化工厂,例如制肥皂厂、造火纸厂、化妆品厂,推动了民族工业的发展。

由上所述可知,徐寿是 19 世纪中期的一位在自然科学方面自学成才的知识分子。他所译的百卷科学书籍推动了近代科学知识,特别是化学知识在我国的传播。我们现在所用的汉字元素名称、用汉字来表达复杂的化学知识,都是徐寿的功绩。因此他是中国近代化学的启蒙者,是一位值得大家敬重的人。

思 考 题

1. 近代化学知识是在何时、如何传入中国的?
2. 为什么说徐寿是我国近代化学的启蒙者?

第四章 现代化学的发展

19 世纪末 20 世纪初,物理学的三大发现,特别是 1897 年电子的发现,打开了原子的大门,原子不再是不可分割的最小微粒,而是有复杂的结构。在新的原子结构理论基础上研究化学问题,推动化学发展进入了现代化学时期。

第一节 原子大门的打开

19 世纪科学技术日新月异,真空技术不断进步。1855 年,德国科学家普吕克(J. Plücker,1801~1868)发现,对封闭在真空管中的两个电极加上直流电压后,阴极会射出一种看不见的射线,能使对着阴极的玻璃管发出荧光,这种射线称为阴极射线。后来英国物理学家克鲁克斯(W. Crookes,1832~1919)发现阴极射线在磁场影响下会弯曲,从而确定阴极射线是带负电荷的微粒流。阴极射线的发现非同小可,是打开原子大门的一声春雷,引发了一系列有重大意义的发现。

一、X 射线的发现

1895 年 11 月 8 日晚,德国物理学家伦琴(W. K. Röntgen,1845~1923)为了进一步研究阴极射线的性质,用黑薄纸把一个真空放电管严密地套封起来,在完全黑暗的室内做实验。在接上高压电流后,他意外地发现离放电管 1 米以外的一个荧光屏(涂有荧光物质铂氰化钡的纸屏)上出现了绿色荧光。一旦切断电源,绿色荧光就立即消失。这个现象使他非常惊奇,于是他全神贯注地不断重复实验。他发现即使把荧光屏移到离放电管 2 米处,屏上仍有绿色荧光出现。伦琴确信,这个新奇现象不是由阴极射线造成的,因为已证明阴极射线只能在空气中前进几厘米,而且还不能透过玻璃管。他决定继续对这个新发现进行全面检验。一连六个星期,他都在实验室里废寝忘食地反复做实验,最后他确定这是一种未知的新射线。这种射线的本质一时还不清楚,他取名为"X 射线"(后来科学界也称之为伦琴射线)。他在 12 月下旬写的论文中初步说明了 X 射线的如下性质:① 阴极射线打在固体表面上便会产生 X 射线;固体元素越重,产生的 X 射线越强。② X 射线是直线传播的,在通过棱镜时不发生反射和折射,不被透镜聚焦。③ 与阴极射线不同,不能借助磁体使 X 射线发生任何偏转。④ X 射线能使荧光物质发出荧光。⑤ 它能使照相底片感光,而且很敏感。⑥ X 射线具有很强的贯穿能力,可以穿透上千页的书、两三厘米厚的木板、几厘米的硬橡皮,也能穿透 15 毫米厚的铝板以及不太厚的铜板、银板、金板,但不能穿透 1.5 毫米厚的铅板。伦琴在一次检验铅对 X 射线的吸收能力时,意外地看到了自己拿铅片的手的骨骼轮廓。于是他请夫人把手放在用黑纸包严的照相底片上,用 X 射线照射,底片显影后,看到了夫人的手骨像,手指上的结婚戒指也非常清晰,这是一张有历史意义的照片。图 4.1 是一张在 X 射线照射下的手骨像,X 射线很快就被应用到医学和金属探伤等领域,从而创立了 X 射线学。X 射线究竟是一种电磁波,还是一种粒子流?经过多年争论,1912 年德国物理学家劳厄和他的助手发现 X 射线通过晶体后产生衍射现象,才证明 X 射线是一种波长很短的电磁波。

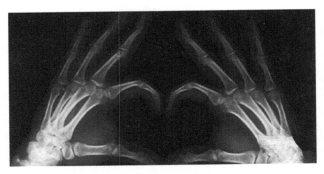

图 4.1　在 X 射线照射下的手骨像

　　X 射线的发现具有十分重大的意义,它的发现对于化学的发展也有重要意义:1913 年,根据对各种元素的特征 X 射线波长的研究发现的莫斯莱定律,确定了元素的原子序数等于核电荷数,这对元素周期律的发展和原子结构理论的建立起了重要作用。以 X 射线晶体衍射现象为基础建立起来的 X 射线晶体学,是现代结构化学的基石之一。伦琴由于发现 X 射线,于 1901 年成为第一个诺贝尔物理学奖获得者。

二、天然放射线的发现

　　1896 年法国著名数学家和物理学家庞加莱(H. Poincáre,1854～1912)注意到 X 射线是从受阴极射线轰击而发出荧光的玻璃管壁上产生的。他提出一个问题:是不是所有能强烈产生荧光和磷光的物质都能发射出 X 射线?法国物理学家贝克勒尔(H. A. Becquerel,1852～1908)受到庞加莱的启发,想用实验来检验一下。他把许多能产生荧光的物质一一放在密封的照相底片上,放在阳光下曝晒。他是这样设想的:这些物质在阳光作用下会发出荧光,若同时产生 X 射线,X 射线就会使下面用黑纸包着的照相底片感光。但实验的结果是底片没有感光。他想起 15 年前他和父亲一起制备的磷光物质硫酸铀酰钾晶体,于是他找到一块硫酸铀酰钾晶体,将它放在日光下曝晒,直到它发出很强的荧光,然后把它和用黑纸包封的照相底片放在一起,结果他真的发现底片感光了。开始他错误地认为是这种晶体发射X射线,但贝克勒尔是一个很仔细的人,他想重复这个实验,看看每次实验的结果是否都相同。不料,当他把一切都准备好,要进行实验时,天却下雨了,没有阳光就不能实验。他只好把黑纸包封的照相底片与能发出磷光的硫酸铀酰钾晶体一起放在抽屉里。一连几天太阳都不露脸,到 3 月 1 日,太阳终于出来了,他想继续实验,为了慎重起见,他想检验一下照相底片是否完好。贝克勒尔把一张密封的底片拿去冲洗,显影后发现一件奇怪的事:这张底片已经感光了,上面有很明显的铀盐的影像,和上次经过日晒的铀盐产生的影像同样清晰,显然铀盐发出了一种神秘射线。那么,究竟日晒、荧光和铀盐发出的这种神秘射线有没有关系呢?于是他用纯试剂合成了一些不含铀的硫化物荧光物质,并设法加强它们的荧光,但它们日晒后都不能使底片感光。经过几个月的反复试验,贝克勒尔确信使底片感光的真实原因是铀和它的化合物不断地放射出一种奇异的射线,日晒与荧光都与照相底片感光无关,他把这种射线称为"铀射线"。

1896 年 5 月 18 日,贝克勒尔宣布:发射铀射线的能力是铀元素的一种特殊性质,与采用哪一种铀化合物无关。铀及其化合物终年累月地发出铀射线,纯铀所产生的铀射线比硫酸铀酰钾强 3~4 倍。它的穿透能力不如 X 射线,不能穿透肌肉和木板。

三、放射性元素钋和镭的发现

铀射线的发现,立即引起科学界的极大兴趣,当时在巴黎大学攻读博士学位的居里夫人,这位伟大的女性科学家,决定深入研究铀射线的本质。玛丽亚·斯克沃多夫斯卡·居里(波兰语:Marie Skłodowska Curie,1867~1934),通常称为玛丽·居里或居里夫人,是波兰裔法国籍女物理学家、放射化学家。玛丽·居里的成就包括开创了放射性理论,发明了分离放射性同位素的技术,以及发现两种新元素钋(Po)和镭(Ra)。在她的指导下,人们第一次将放射性同位素用于治疗癌症。她是巴黎大学第一位女教授,也是第一个荣获诺贝尔科学奖的女科学家,并且是第一个两次荣获诺贝尔奖的科学家。

四、居里夫人的故事

玛丽亚·斯可罗多夫斯卡于 1867 年 11 月 7 日生于波兰华沙的一个正直、爱国的教师家庭。玛丽亚是家中五个子女中最小的,也是最聪明的一个。她的父亲是一名收入十分有限的中学数理教师,妈妈也是中学教员。玛丽亚的童年是不幸的,她的妈妈得了严重的传染病,是大姐照顾她长大的。后来,大姐和妈妈在她不满 10 岁时就相继病逝了。她的童年生活充满了艰辛。这样的生活环境不仅培养了她独立生活的能力,也使她从小就磨炼出了非常坚强的性格。

玛丽亚从小学习就非常勤奋刻苦,对学习有着强烈的兴趣和特殊的爱好,从不轻易放过任何学习的机会,处处表现出一种顽强的进取精神。从上小学开始,她每门功课都考第一。15 岁时,她就以获得金奖章的优异成绩从中学毕业。她的父亲早先在圣彼得堡大学攻读过物理学,父亲对科学知识如饥似渴的精神和强烈的事业心,也深深地熏陶着小玛丽亚。她从小就十分喜爱父亲实验室中的各种仪器,长大后她又读了许多自然科学方面的书籍,更使她充满幻想,她急切地渴望到科学世界探索。16 岁中学毕业后,因为当时在俄国统治下的华沙不允许女子进入大学,加上家庭经济困难,玛丽亚只好只身来到华沙西北的乡村做家庭教师。

1889 年她回到了华沙,继续做家庭教师。有一次她的一个朋友领她来到农业博物馆的实验室,在这里她发现了一个新天地,实验室使她着了迷。之后只要有时间,她就来实验室,沉醉在各种物理和化学的实验中。她的实验技巧就是在这里培养起来的。

玛丽亚为了实现留学的梦想,整整做了八年的家庭教师。1892 年,在父亲和姐姐的帮助下,她到巴黎留学的愿望实现了。来到巴黎大学理学院后,她决心学到真本领,因而她学习非常勤奋。她每天乘坐 1 小时马车早早地来到教室,选一个离讲台最近的座位,以便清楚地听到教授所讲授的知识。为了节省时间和精力,也为了省下乘马车的费用,入学 4 个月后,为了能安静读书,她从姐姐家搬出,迁入学校附近一所住房的阁楼。这间阁楼没有灯,没有水,只有屋顶上有一个小天窗,依靠它,屋里才有一点光明。一个月仅有 40 卢布的她,对这种居住条件已很满足了。她一心扑在学习上,虽然清贫艰苦的生活日益削弱她的体质,然而丰富的知识使她的心灵日趋充实。1893 年,她终于以第一名的成绩毕业于物理系。第二年她又以第二名的成绩毕业于该校的数学系。由于玛丽亚的勤勉、好学和聪慧,她赢得了李普曼教授的器重,被聘请到他的实验室工作。玛丽亚在荣获物理学硕士学位后,就来到了李普曼教授的实验室,开始了她的科研活动。1894 年初,玛丽亚接受了法兰西共和国国家实业促进委员会提出的关于各种钢铁的磁性科研项目,在做这个科研项目的过程中,她结识了理化学校教师皮埃尔·居里,他是一位很有成就的青年科学家。

皮埃尔·居里 1859 年生于巴黎的一个医生家庭,幼年时,因为他具有独特的富于想象的性格,他父亲没有把他送进学校,而是在家里自行施教。这种因材施教的培养模式使皮埃尔 16 岁就通过了中学的毕业考试,18 岁通过了大学毕业考试并获得了理科硕士学位,19 岁被聘任为巴黎大学理学院德山教授的助手。1883 年皮埃尔被任命为新成立的巴黎市理化学校的实验室主任。当他与玛丽亚相识时,他已是一位有作为的物理学家了。由于志趣相投、相互敬慕,玛丽亚和皮埃尔之间的友谊发展成爱情,1895 年他们结为伉俪,组成一个志同道合、和睦相亲的幸福家庭。玛丽亚结婚后,人们都尊敬地称呼她为居里夫人。玛丽亚·斯可罗多夫斯卡是波兰语,她到法国巴黎后加入法国籍,于是就使用法语 Marie(玛丽)作为名字,结婚后称为玛丽·居里或居里夫人(图 4.2)。

1896 年,居里夫人以第一名的成绩通过了大学毕业考试。第二年,她又完成了关于各种钢铁的磁性研究。但是,她不满足已取得的成绩,决心考博士,并确定了自己的研究方向。1896 年,法国物理学家贝克勒尔发现一种铀盐能自动地放射出一种性质不明的射线。这一发现引起了居里夫妇的极大兴趣,他们觉得这是一个极好的研究领域。在一间原来用作贮藏室的闭塞潮湿的房子里,玛丽利用极其简单的装置,开始向这个新领域进军。仅仅几个星期,她便取得了可喜的成果。她证明铀盐的这种惊人的放射强度与化合物中所含的铀量成正比,而不受化合物状况或外界环境(光线、温度)的影响。她还认为,这种不可知的放射性是元素的特征。难道只有铀元素才有这种特

图 4.2　居里夫人

性? 她决定检查所有已知的化学物质。通过繁重而又艰巨的普查,她发现了另一种元素钍的化合物也能自动地发出与铀射线相似的射线,由此她深信具有放射现象绝不是铀的独有特性,而是一种自然现象。对此她提议把这种现象叫做放射性,把铀、钍等具有这种特性的物质叫做放射性物质。

她的调查很快从盐和氧化物扩展到矿物。她毫不厌倦地用同一方法去研究大量的物质,终于有了新的发现:有些矿物的放射性强度比其单纯含铀或钍物质的放射性强度大得多。经过一二十次重复测量,确定这些矿物中含有放射性比铀、钍强得多的某种未知元素。这是一个十分重要而吸引人的推断。尽管一些同行劝她谨慎些,她还是很兴奋,下定决心把这一新元素找出来。

玛丽的研究工作太重要了,使得不仅是丈夫而且是战友的皮埃尔决定暂时停止他在晶体方面的研究,协助妻子共同来寻找这一未知元素。皮埃尔的参加,对于玛丽来说无疑是一个极大的鼓励和支持。这种未知元素存在于铀沥青矿中,他们根本没有想到这种新元素在矿石中的含量只有百万分之一。他们废寝忘食,夜以继日,经过不懈的努力,1898 年 7 月,他们终于寻找到一种新元素,它的化学性质与铅相似,放射性比铀强 400 倍。皮埃尔请玛丽给这一新元素命名,她安静地想了一会,回答说:"我们可否叫它为钋?"玛丽以此纪念她念念不忘的祖国,那个已经被俄、德、奥瓜分掉的国家——波兰。为了表示对祖国的热爱,玛丽在论文交给理科博士学院的同时,把论文原稿寄回祖国,所以她的论文差不多在巴黎和华沙同时发表。她的成就为祖国人民争得了骄傲和光荣。

　　发现钋元素之后，居里夫妇以孜孜不倦的精神，继续对放射性比铀强900倍的含钡部分进行分析。经过浓缩，分步结晶，终于在1898年12月得到少量的不很纯净的白色粉末。这种白色粉末在黑暗中闪烁着白光，据此居里夫妇把它命名为镭，它的拉丁语原意是"放射"。镭的发现，给科学界带来极大的不安。一些物理学家保持谨慎的态度，说要等研究出进一步成果，才愿意承认。一些化学家则明确地表示，测不出原子量，就无法表示镭的存在。要从铀矿中提炼出纯镭，并把它们的原子量测量出来，这对于当时既无完好的实验设备，又无购买矿石资金的居里夫妇，显然比从铀矿中发现镭难得多。为了克服这一困难，他们四处奔波，争取有关部门的帮助和支援。在他们的努力下，奥地利国家捐赠1吨铀矿炼渣，他们又在理化学校借到一个破漏棚屋，开始了更为艰辛的工作。这个棚屋，夏天燥热得像一间烤炉，冬天却冷得可以结冰，不通风的环境迫使他们把许多炼制操作放在院子里露天进行。工人们都不愿意在这种条件下工作，居里夫妇却在这一环境中奋斗了四年。四年中，不论寒冬还是酷暑，面对繁重的劳动和毒烟的熏烤，他们从不叫苦，对科学事业的执着追求使艰辛的工作变成了生活的乐趣，百折不挠的毅力使他们终于在1902年，即发现镭后的第45个月，从数吨沥青铀矿的炼渣中提炼出0.1克纯净的氯化镭，并测得镭的原子量为225。镭是一种极其难得的天然放射性物质，它是有光泽、像细盐一样的白色结晶，镭具有略带蓝色的荧光，而就是这点美丽的淡蓝色的荧光，融入了一个女子美丽的生命和不屈的信念。在光谱分析中，它与任何已知的元素的谱线都不相同，证明镭是一种新元素，后来人们把居里夫人称为"镭妈妈"。镭虽然不是人类第一个发现的放射性元素，但却是放射性最强的元素。利用它的强大放射性，能进一步查明放射线的许多新性质。医学研究发现，镭射线对于各种不同的细胞和组织，作用大不相同，那些繁殖快的细胞，一经镭的照射很快就被破坏了。这个发现使镭成为治疗癌症的有力手段，这种新的治疗方法很快在世界各国发展起来，在法兰西共和国，镭疗术被称为居里疗法。从此镭的存在得到了证实，那些持怀疑态度的科学家也不得不承认。这么一点点镭盐，凝聚了居里夫妇多少辛勤劳动的心血！夜间，当他们来到棚屋，不开灯而欣赏那闪烁着荧光的氯化镭时，他们完全沉醉在幸福而又神奇的幻境中。每当居里夫人回忆起这段生活，她都认为这是"他们夫妇一生中最有意义的日子"。

　　居里夫妇是一对将自己的一切都无私地奉献给科学事业的伟大科学家，然而法国有关部门给予他们的待遇是不公平的，对于他们的科研成果反应是迟钝的。首先承认居里夫妇的才干并提议给他们安排一个相应职务的是瑞士政府。1900年，当时皮埃尔·居里还只能为每个月500法郎而在缺乏设备的实验室工作时，瑞士的日内瓦大学愿以年薪1万法郎和教授的待遇聘请他开设物理学讲座。但是为了提炼出纯净的镭而从不考虑金钱和待遇的居里夫妇婉言谢绝了。他们的第一枚奖章是英国赠予的，由于他们发现了放射性新元素钋和镭，开辟了放射化学这一新领域，1903年英国皇家学会邀请他们到伦敦讲学，并授予英国皇家学会的最高荣誉——戴维奖章。1903 年底,居里夫妇和贝克勒尔一起被授予诺贝尔物理学奖。

居里夫人虽然天下闻名,但她既不求名也不求利。她一生获得各种奖金 10 次,各种奖章 16 枚,各种名誉头衔 107 个,却全不在意。有一天,她的一位朋友来她家做客,忽然看见她的小女儿正在玩英国皇家学会刚刚颁发给她的金质奖章,于是惊讶地说:"居里夫人,得到一枚英国皇家学会的奖章,是极高的荣誉,你怎么能给孩子玩呢?"居里夫人笑了笑说:"我是想让孩子从小就知道,荣誉就像玩具,只能玩玩而已,绝不能看得太重。"

在聘书、荣誉接踵而来的情况下,法国巴黎大学才于 1903 年授予居里夫人物理学博士学位。1904 年巴黎大学理学院才为皮埃尔开设了讲座。1905 年皮埃尔才被推举为法兰西科学院的院士,只讲奉献不求索取的居里夫妇并不计较这些在他们看来没有价值的东西。伴随着荣誉而来的是繁忙的社交活动和频频的记者采访,他们的工作和生活,以及他们的女儿都成了新闻,成为时髦酒馆的谈话资料。对此他们感到烦恼和不安,他们需要的是安静,是继续工作,而不是骚扰。为此,他们不得不像逃难者一样,化了装,躲到偏僻的乡村去。一个美国记者机警地去寻找她。这位美国记者走到村子里一座渔家房舍门前,向赤足坐在门口石板上的一位妇女打听居里夫人的住处。当这位妇女抬起头时,记者大吃一惊,原来她就是居里夫人。玛丽很坦率地告诉这位美国记者:"在科学上,我们应该注意事实,不应该注意人。"一些要在美国创立制镭业的技师们,建议居里夫妇申请这项发明的专利,他们夫妇商议后做出决定:"不想由于我们的发现而取得物质上的利益,因此我们不去领取专利执照,并且将毫无保留地发表我们的研究成果,包括制取镭的技术。若有人对镭感兴趣而向我们请求指导,我们将详细地给以介绍,这样做,对于制镭业的发展将有很大好处,它可以在法国和其他国家自由地发展,并以其产品供给需要镭的学者和医生应用。"如此声明可见居里夫妇无私、宽阔的胸怀,他们把自己的科研成果看做全人类的共同财富。

1899~1904 年,居里夫妇共发表了 32 篇学术论文,集中反映了他们在开拓放射学这个新的科学领域的贡献。当他们正以倍增的热情继续前进时,一件不幸的事情发生了。1906 年 4 月 19 日,皮埃尔在参加了一次科学家聚会后,步行回家横穿马路时,被一辆奔驰的载货马车撞倒,当场失去了宝贵的生命。对于居里夫人,这个打击太沉重了,一度几乎使她成为一个毫无生气、孤独可怜的妇人。但是对科学事业的热爱,以及居里生前的嘱咐——"无论发生什么事,即使一个人成了没有灵魂的身体,也都应该照常工作"激励着她,她勇敢地接替了居里生前的教职,成为法国巴黎大学的第一位女教授。当她作为物理学教授作第一次讲演时,听课的人们挤满了梯形教室,塞满了理学院的走廊,还有些人因挤不进理学院而站到索尔本的广场上。这些听众中除学生外,还有许多与玛丽素不相识的社会活动家、记者、艺术家及家庭妇女。他们赶来听课,更重要的是为了向这位伟大的女性表示敬意。

　　丈夫皮埃尔去世后,玛丽不仅生活上要养老扶幼,更重要的是要继承皮埃尔的事业,把放射学这门课教得更好,要建设起一个对得起皮埃尔的实验室,使更多的青年科学家在这里成长,为此她接过了皮埃尔的所有担子,继续贡献出她全部的才智和心血。

　　1908年,皮埃尔·居里的遗作由玛丽整理修订后出版;1910年,玛丽自己的学术专著《放射性专论》问世。经过深入而细致的研究,玛丽在助手们的帮助下,制备和分析金属镭获得了成功,再一次精确地测定了镭元素的原子量为226。她还精确地测定了许多放射性元素的半衰期,在这些研究基础上,玛丽又按照门捷列夫的周期律整理了这些放射性元素的蜕变转化关系。1910年9月,在比利时布鲁塞尔举行的国际放射学会议上,为了寻求一个国际通用的放射性强度单位和镭的标准,成立了包括玛丽在内的10人委员会,委员会建议以1克纯镭的放射强度作为放射性强度单位,并以居里来命名。1912年该委员会又在巴黎开会,选择了玛丽·居里亲手制备的镭管作为镭的国际标准,作为世界上镭的第一个标样,直到现在它还放置在巴黎的国际衡度局内。由于玛丽·居里在分离金属镭和研究它的性质上所作的杰出贡献,1911年她又荣获了诺贝尔化学奖。1914年,巴黎建成了镭学研究院,居里夫人担任了学院的研究指导。以后她继续在大学里授课,并从事放射性元素的研究工作。她毫不吝啬地把科学知识传播给一切想要学习的人。

　　1932年,65岁的居里夫人回到祖国波兰,参加华沙镭研究所的开幕典礼。居里夫人从青年时代起就远离祖国,到法兰西共和国求学,但是她时刻也没有忘记自己的祖国。小时候,她的祖国波兰被俄国侵占,因此她就非常痛恨侵略者。

　　1934年7月4日,长期积蓄体内的放射性物质所造成的恶性贫血即白血病终于夺去了居里夫人宝贵的生命。1935年,她与丈夫皮埃尔·居里一起移葬在先贤祠。她虽然离开了人世,但是她为人类所作的贡献以及她的崇高品行将永远铭记在人们的心中。她有两个女儿,大女儿伊雷娜·约里奥·居里获1935年诺贝尔化学奖。她的小女儿艾芙·居里在她母亲去世之后写了《居里夫人传》。在20世纪90年代的通货膨胀中,居里夫人的头像曾出现在波兰和法国的货币和邮票上。化学元素锔(Cm,96号)就是为了纪念居里夫妇所命名的。

　　爱因斯坦说:"在所有的世界著名人物当中,玛丽·居里是唯一没有被盛名宠坏的人。""居里夫人的品德力量和热忱,哪怕只有一小部分存在于欧洲的知识分子中间,欧洲就会面临一个光明的未来。"

五、居里家族对中国科学的帮助

　　爱好和平,热爱科学、正义和自由的居里家族,为了中国科学的发展,积极给予帮助,和中国人民有着良好的友谊。早在1921年3月8日,54岁的居里夫人就接见过北京大学校长蔡元培。蔡元培还邀请居里夫人来北京大学讲学,她愉快地答应了,但没有成行。居里夫人培养了两个中国学生:一个是1933年获得博士学位的郑大章(1904～1941),其博士学位评委会主席正是居里夫人。郑大章,1904年12月13日生于合肥东乡撮镇。1929年郑大章去法国留学,成为居里夫人的第一个中国学生,其博士论文被巴黎大学理学院一致通过,评为"最优等"。1935年郑大章回国加入北平研究院镭学研究所工作。1941年,37岁的郑大章因心脏病突发英年早逝。他是"中国放射化学的奠基人"。另一个是施士元博士(1908～2007),他1929年去法国留学,研究锕系元素镁的放射化学性质,成为居里夫人的学生。1932年12月,居里夫人等主持了他的博士论文答辩。在一次茶话会上,居里夫人还对施士元说:"我了解你美丽的祖国。"施士元是居里夫人为中国培养的唯一的物理学博士,他发现了 α 射线精细结构与 γ 射线能量严格相等的现象。1933年初夏之际,施士元回国,应中央大学之聘来到南京,成为中央大学物理系教授兼系主任。当时,他只有25岁,是全国高等学校中最年轻的一位教授。他是被称为"中国的居里夫人"吴健雄的授业恩师。

　　居里夫人的小女儿艾芙·居里,在抗日战争时期来过中国后方访问,还讲到她母亲居里夫人很尊重、关切中国学生。居里夫人的大女儿伊雷娜·居里(1897～1956,图4.3),在她母亲的影响下也从事放射性的研究。1924年居里夫人接受郎之万教授介绍的学生弗里德里克·约里奥(1900～1958,图4.4)到她的实验室做研究助理,大女儿伊雷娜·居里与他相识、相爱,1926年结婚。约里奥为了表示对居里家族的敬意,兼用岳父母姓氏,采用复姓"约里奥-居里"。在居里夫人的指导下,约里奥-居里夫妇进步很快。1931年,他们发现中子,后来又发现可用人工核反应方法来制造出新放射性元素。为此,夫妻俩获得1935年诺贝尔物理学奖。

图 4.3　伊雷娜·居里

图 4.4　弗里德里克·约里奥-居里

　　1937～1940年,约里奥-居里夫妇培养出一个中国博士钱三强(1913～1992,图4.5),即发现铀三分裂的我国核科学家。1937年9月,钱三强在导师严济慈教授的引荐下，来到巴黎大学镭学研究所居里实验室攻读博士学位。该实验室是居里夫人创建的，居里夫人逝世后，由居里夫人的大女儿伊雷娜主持。伊雷娜·约里奥-居里夫人就是钱三强的导师。伊雷娜像她的慈母居里夫人一样，潜心于科学研

图4.5　钱三强

究，忘我工作，作风严谨，品格高尚，待人谦和、热忱。在这样一个导师的教导下学习，是一个难得的好机会。钱三强在实验室里主要做"物理"工作，而放射源是要用化学方法制备的。因此，他很希望兼做"化学"工作。一天，约里奥-居里夫人问钱三强："钱先生，那位化学师你不是认识吗？如果你回国做放射源，就需要'学会化学'工作，你就去和她学学吧！"钱三强心里十分高兴，他想导师为我想得多么周到！于是欣然答应了。化学师葛勤黛夫人是一位有名望的科学技术专家，她放手让钱三强独立做钋的放射源。为了使钱三强有更多的学习机会，约里奥-居里夫人又提议，让钱三强到其丈夫约里奥先生主持的法兰西学院的原子核化学研究所学习，并允许他一段时间在这里工作，一段时间在那里工作。在约里奥先生的实验室中，钱三强不仅向先生学到科学技术，还学到他的科学思想、科学道德，这使他受益终身。1939年1月的一天，约里奥教授让钱三强看一张照片，原来这是一张用云雾室拍下的铀受中子轰击后产生裂变的碎片的照片。这是当时第一张直接显示裂变现象的照片，是十分珍贵的。不久，约里奥-居里夫人又邀请钱三强和她合作证明核裂变理论。在两位导师的指导下，钱三强很快完成了博士论文——《α粒子与质子的碰撞》。1940年，钱三强获得了法国国家博士学位。钱三强取得了博士学位后，继续跟随第二代居里夫妇当助手。1946年，他与同一学科的才女何泽慧结婚，夫妻两人在研究铀核三裂变中取得了突破性成果，被导师约里奥向国际科学界推荐，不少西方国家的报纸期刊刊登了此事，并称赞"他们发现了原子核新分裂法"。同年，法国科学院还向钱三强颁发了物理学奖。

　　在法国11年的勤奋学习，使钱三强获得了很高的奖赏，也使他赢得了留法中国人中学术水平最高的地位。虽然有这样优越的工作和生活条件，钱三强却想要回到中国。钱三强把自己要回国的打算告诉了导师约里奥，听了学生的要求，身为法国共产党员的约里奥满意地说："要是我，也会做出这样的决定。"钱三强又去向约里奥的夫人话别。约里奥-居里夫人语重心长地说："我俩经常讲，要为科学服务，科学要为人民服务，希望你把这两句话带回去吧！"导师的话，成为他一生的座右铭。1948年夏天，钱三强怀着激动的心情，回到战乱中的祖国。他回国不久就遇到1949年1月北平和平解放，他兴奋地骑着自行车赶到长安街汇入欢庆的人群，开国大典当天他还应邀登上了天安门。从新中国建立起，钱三强便全身心地投

入到原子能事业中。他在中国科学院先后担任了近代物理研究所(后改名为原子能研究所)的副所长、所长,并于1954年加入了中国共产党。钱三强是中国原子能事业的开拓者和奠基人之一,是中国"两弹一星"元勋。

除了钱三强外,中国放射化学家杨承宗也是约里奥-居里夫妇的学生。杨承宗(1911～2011,图4.6),出生于江苏省吴江县八坼镇,是中华人民共和国放射化学的奠基人,中国科学技术大学建校元勋、原副校长,中国科学技术大学放射化学和辐射化学系首任系主任。杨承宗1932年毕业于上海大同大学,1934～1946年,在北平研究院镭学研究所从事放射化学研究工作。1947～1951年,他在法国巴黎大学镭研究所跟随伊雷娜·约里奥-居里夫人从事放射化学研究,获博士学位。1951年秋回国,任中科院近代物理研究所(原子能所)放射化学研究室和放射性同位素应用研究室两个研究室主任。

图4.6 杨承宗

1946年杨承宗由法国巴黎大学教授伊雷娜·约里奥-居里夫人帮助,获法国国家科学研究中心经费资助,1947年初到巴黎居里实验室工作。时任法国原子能委员会委员的约里奥·居里夫人提出用化学离子交换法从大量载体中分离微量放射性元素的课题。杨承宗对常量载体物质的基本化学性质潜心研究,成功地用离子交换法分离出纯的锕233、锕227等放射性同位素。此方法受到玛丽·居里夫人的实验室高度重视。这个从大量杂质中分离微量物质的新方法,结合后人发现铀在稀硫酸溶液中可以形成阴离子的特殊性质,发展成现代全世界从矿石中提取铀工艺的常用原理。1951年,杨承宗通过巴黎大学博士论文答辩,论文题目为《离子交换分离放射性元素的研究》,论文考评为"很优"。1951年6月21日,杨承宗刚刚通过博士论文答辩,获得巴黎大学理学博士学位,就接到了钱三强欢迎他回国的信函。同时钱三强还托人给他带来了一笔钱,请他代购一些仪器设备。对此,杨承宗兴奋得夜不能寐。1945年抗战胜利后,钱三强曾向居里夫人的女儿伊雷娜·居里介绍过杨承宗的爱国事迹,伊雷娜·居里深受感动,欣然接受杨承宗到居里实验室学习和工作。在杨承宗踏上归国的征途之前,当时担任世界保卫和平委员会主席的弗雷德里克·约里奥-居里(居里夫人的女婿)特地约他进行了一次十分重要的谈话。约里奥-居里说:"你回去转告毛泽东,要反对原子弹,你们必须自己拥有原子弹。原子弹不是那么可怕,原子弹的原理也不是美国人发明的。你们也有自己的科学家,钱(三强)呀,你呀,钱的夫人(何泽慧)呀,汪(汪德昭)呀。"

杨承宗得到钱三强托人带来的美元,展开了"疯狂大采购",恨不得把回国要开展原子能研究所需要的仪器、图书统统买回去,为此不惜"挪用私款",将在法国的四五年中省吃俭用而积蓄的钱都拿了出来,也弥补了公款的不足。同时伊雷娜·约里奥-居里夫人还亲自制作 10 毫克含微量镭盐的标准源送给他,作为对中国人民开展核科学研究的支持。并且他在约里奥-居里夫妇的帮助下买到一台测量辐射用的 100 进位的计数器,这些都是原子能科学研究的利器,当时是不能随便购买得到的。1951 年 10 月,杨承宗带着十几箱资料和器材,历经曲折,从香港回国。回国后杨承宗把约里奥-居里要转告毛主席的口信转述给钱三强时,钱三强立即感到事关重大,郑重地对他说:"我要向毛主席和周总理汇报,这是非常机密的大事,我们对谁都不要说,哪怕是我们的妻子,也不要讲。"钱三强把约里奥-居里的话报告了党和国家领导人。后来,中央又专门派人找杨承宗核实了约里奥-居里的口信,并且再一次强调了这件事的保密性。杨承宗虽然是个心直口快的人,可是这件事他却一直守口如瓶。后来人们才知道,这个口信对新中国领导人下决心发展自己的核武器起了非常重要的积极作用。直到 30 多年之后,杨承宗才向原子能研究所的领导谈到了这件事。1988 年 10 月,二机部老部长刘杰才正式公布了当年约里奥-居里请杨承宗向毛主席传话的事。钱三强的夫人、著名科学家何泽慧听说后惊讶地说:"啊!这个三强,真会保密,连我都不告诉。"那时的近代物理所核物理人才不少,但精于放射化学的唯有杨承宗一人。近代物理所于 1952 年 10 月制订了第一个五年计划,明确了以原子能核物理研究工作为中心,充分发展放射化学,为原子能应用指出了方向。其中,放射化学部分的规划就是由杨承宗主持制订的。面对西方国家的封锁,杨承宗亲自编写放射化学方面的教材,在所里开设"放射化学"和"铀化学"等专业课程,为那些从来没有接触过放射化学的大学毕业生系统讲授放射化学专业理论知识和实验技能;后来又在核工业部技术局、北京大学和清华大学授课,精心培育了我国第一代放射化学骨干。他亲自主持设计并筹建起新中国第一个放射化学实验室,该实验室所在的建筑被称做放射化学小楼,是当时国内唯一能进行放射化学操作的实验室。1961 年春,杨承宗奉二机部的命令到北京铀研究所任业务副所长,带领该所的科技人员成功从我国含铀只有万分之几的铀矿石中制备出含杂质不超过万分之几的高纯度铀。在中国第一批铀水冶厂还没有建成的情况下,杨承宗先生在所内因陋就简,自己动手建成一套生产性实验装置。经过两年多的日夜苦战,他们纯化处理了上百吨各地土法冶炼出来的重铀酸铵,生产出了符合原子弹需要的纯铀化合物 2.5 吨,为中国第一颗原子弹的成功试爆提前 3 个月准备好铀原料。此后他们又自力更生,建成一个铀水冶实验厂,两年内纯化处理上百吨原料,生产出足量的纯铀化合物,杨承宗先生解决了研制原子弹的原料问题。

在"文化大革命"中,1969 年底,中国科学技术大学迁出北京,杨承宗的研究事业被迫中断,搬迁到安徽省合肥市。1979 年他任中国科学技术大学副校长,1980 年他倡办合肥联合大学,兼任合肥联大的校长。由于种种原因,在"两弹一星"元勋的评选中遗漏了他,在国家嘉奖的"两弹一星"元勋中也没有他,这是很遗憾的。对于荣誉得失,他的心情是平静的:"事情做出来就好,别的什么都不要去想。"然而,历史不会忘记,杨承宗被公认为是没有勋章的功臣。张劲夫为他题词:新中国放射化学奠基人。二机部原部长刘杰为他题词:杨承宗传约里奥-居里忠言,为培养放射化学奠基,为发展核弹原料胜利攻关,并为核事业培养了众多英才骨干,功德无量。杨承宗的功劳,用王方定院士的话说:"先生为我国核燃料化学的建立、发展和培养人才所付出的辛勤劳动、所做出的卓越贡献,无论怎样评价,都不为高。"他的人格,用李虎侯教授的话说:"先生心态之淡泊而明志,不要说在当今社会,就算是历史上的先贤也属难能可贵。"2010 年 9 月,人们为杨承宗隆重举行了百岁华诞庆贺会,温家宝总理亲笔写来贺信。百岁老人一生所持的是宽容大度、默默奉献的君子风范,他说:"我一生只做了两件事,一是为原子弹炼出了所需要的铀,二是在中国科大办了一个专业。"2011 年 5 月 27 日,102 岁的杨承宗先生驾鹤西归,离开了他钟爱一生的放射化学事业,他对我国核科技事业的发展和高素质人才的造就做出了许多开拓性、创新性的贡献,这些已牢牢铭记在共和国的史册上。他的淡泊名利和爱国情操,也为我国青年一代科技工作者树立了榜样。

约里奥-居里夫妇的女儿曾在 1956 年来中国访问过,他们的儿子也在 1981 年来过中国,了却了他们外祖母的愿望。

六、α,β,γ 三种射线的发现

居里夫妇曾发现,镭发出的射线有两种。1898 年,出生于新西兰、在剑桥大学卡文迪许实验室工作的青年物理学家卢瑟福(E. Rutherford,1871～1937)开始投入放射性的研究。他用强磁铁使铀射线偏转,发现射线分为方向相反的两股,这表明至少包含有两种不同的射线:一种非常容易被吸收,称为 α 射线;另一种具有较强的穿透力,称为 β 射线。1900 年法国人维拉德(P. Villard,1860～1934)观察到,镭除了上面两种射线之外,还存在着第三种射线,它不受磁场的影响,与 X 射线非常类似。在此之前,卢瑟福已于 1898 年发现一种比 α 和 β 射线穿透力更大的射线存在,也就是维拉德 1900 年所确认的这种射线。后来卢瑟福把它称为 γ 射线,并于 1914 年确定了它是一种波长比 X 射线更短的电磁波。贝克勒尔 1899 年发现 β 射线在磁场中偏转的方向与阴极射线相同,居里夫人证明它是负电荷,1900 年贝克勒尔测定了它的荷质比,确认 β 射线就是电子流。为了揭示 α 射线的本质,卢瑟福做了多年的努力。1902 年,他用强磁场使射线发生偏转,证明了它是带正电荷的粒子流,这种粒子被称为 α 粒子。1906 年他测定了 α 粒子的荷质比,证明它的数量级与氢或氦离子相同,但当时的实验精度还不能分辨出它带一个还是两个

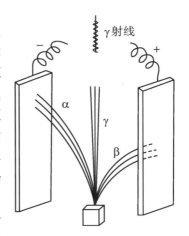

图 4.7　镭能发出三种射线

电荷。1907年卢瑟福到英国曼彻斯特大学任教授后,和年轻的德国物理学家盖革(H. Geiger,1882～1945)一起工作,利用他发明的计数管和克鲁克斯创造的闪烁计数法,计数了一克镭一秒钟内放出的α粒子数目,测量计算出了每个α粒子带有两个单位电荷。卢瑟福推测出α粒子是带有两个正电荷的氦离子。卢瑟福又和合作者拍摄了α粒子的光谱线,证明它和氦的光谱线一样,由此判定,α粒子是氦离子。

七、电子的发现

1858年"阴极射线"被发现,它是由什么组成的? 一直众说纷纭,并引起了一场英、法、德科学家的大争论。德国一些物理学家认为阴极射线是一种电磁波;英国、法国一些物理学家认为阴极射线是带负电的粒子流。问题一直争论而得不到公认。直到1897年,英国物理学家汤姆孙(J. J. Thomson,1870～1942)走上了科学实验的舞台,他用不同的方法测定了阴极射线粒子的荷质比,证明它们是一种更基本的粒子,从而导致了电子的发现,以至真相大白。氢离子的荷质比(e/m)是9 649.4,氢离子的相对质量近为1。而对于阴极射线的荷质比的测定,物理学家苏斯特在1890年最先用磁场偏转阴极射线的方法测得阴极射线的荷质比是氢离子的500倍,虽然不太精确,但却指明了方向。1897年汤姆孙才知道苏斯特的工作,从此开始了一系列对阴极射线荷质比的测量实验。汤姆孙的实验是采用磁场偏转法,分几步进行的,实验原理图如图4.8所示,左边是一个阴极射线管,电子束由阴极的小孔射出,向右运动进入磁场,磁场方向由纸内指向纸外,电子束被偏转向上,打在玻璃管壁上,激发出荧光。根据荧光点的位置可以算出电子束的曲率半径 p,玻璃管右端装有一对同心开孔圆筒,内筒接静电计,用以测量收集到的电量。实验

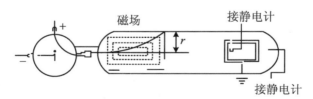

图4.8 汤姆孙测量阴极射线荷质比示意图

进行到一定阶段,将一个接有电流表的热电偶插入内筒,由此测量电子的能量。实验分三步进行:第一步测量电量,此时不加磁场和热电偶,以便让电子直接打在内筒上,取一时间间隔(如2秒),读出静电计的指示数值,得到电量 $Q=ne$(n 表示这段时间内到达内筒的电子数);第二步将热电偶插入内筒,使之正好挡住它的窗口,经同样时间(2秒)后读电流计,得到温升值,根据热电偶比热换算出它所获得的热量;第三步是测量电子在磁场中轨迹的曲率半径。根据所获得的数据,计算出电子的荷质比 e/m 在 1×10^7～3.1×10^7 之间,电子速度在 2.3×10^4～4.4×10^4 千米/秒之间。汤姆孙的第一个实验测得的电子的荷质比近似等于氢离子的荷质比的

1 000～3 000 倍。鉴于这种情况,他猜测有两种可能:一种是电子的电荷是氢离子电荷的数千倍;另一种是电子的质量只是氢离子质量的几千分之一。他无法肯定哪种猜测正确。然而,汤姆孙觉得这次实验误差太大。为了提高精度,他改用电场和磁场平衡的方法进行第二次实验。测出的电子的荷质比是氢离子的近 2 000 倍,现在的数值是 1 830 倍。汤姆孙也很快通过实验认识到电子荷质比大的原因不是它所带电量大,而是它的质量小,只有氢离子的 1/2 000。他用不同的金属材料做阴极,所测得的荷质比相差甚微。他由此判断,不论什么样的阴极材料所发射的带电粒子都是一样的,与元素材料无关。这可能是组成各类元素原子的一种更深层次的粒子,他把这种微粒命名为电子。

汤姆孙发现电子以后,为了进一步确证电子的存在,他广泛研究了各种现象,其中包括光电效应和爱迪生效应,花费了大量精力,做了很多精辟的实验,取得了令人叹服的成果。后来他被科学界公认为"电子的发现者",并获得了 1906 年的诺贝尔物理学奖。

物理学的三大发现,打开了原子的大门,原子不再是不可分割的最小微粒了,元素的原子里有电子,把人们的认识引向了微观世界,也把化学引到了电子时代,现代化学才真正开始了。

思　考　题

1. 19 世纪末物理学的哪三大发现说明原子是可以分割的?

2. 玛丽·居里即居里夫人在哪一年,因什么成果获得诺贝尔奖?

3. 玛丽·居里有哪两位中国学生? 约里奥-居里夫妇为中国培养了哪两位博士?

4. 电子是由哪位科学家,在哪一年发现的?

第二节　原子结构模型及其发展

电子发现以后,人们普遍认识到电子是原子的组成部分,但通常情况下原子是呈电中性的,这表明原子中还有与电子电荷等量的带正电荷的组成部分。所以,研究原子的结构首先要解决原子中正负电荷怎样分布的问题。从 1901 年起,各国科学家提出各种不同的原子结构模型。

一、汤姆孙的原子结构模型

第一个比较有影响的原子模型,是电子的发现者 J. J. 汤姆孙(1856～1940,图

4.9)于 1904 年提出的"电子浸浮在均匀正电球"中的模型。他设想,原子中正电荷以均匀的密度连续地分布在整个原子中,电子则在正电荷与负电荷间的吸引力以及电子与电子间的斥力的共同作用下浮游在球内。这种模型被俗称为"葡萄干布丁模型"(图 4.10)。汤姆孙还认为,不超过某一数目的电子将对称地组成一个稳定的环或球壳;当电子的数目超过一定值时,多余电子就组成新的壳层,随着电子的增多将造成结构上的周期性。因此他设想,元素性质的周期变化或许可用这种电子分布的壳层结构做出解释。汤姆孙的原子模型很快地被他的学生卢瑟福否定,因为它不能解释 α 射线的大角度散射现象。

图 4.9 汤姆孙

电子

图 4.10 葡萄干布丁模型

二、卢瑟福的原子结构模型

卢瑟福(E. Rutherford,1871～1937,图 4.11)1871 年 8 月 30 日出生于新西兰的纳尔逊,毕业于新西兰大学和英国剑桥大学。他是 J.J.汤姆孙的学生。

图 4.11 卢瑟福

卢瑟福从 1904 年到 1906 年 6 月,做了很多 α 射线通过不同厚度的空气、云母片和金属箔(如铝箔)的实验。他发现,大部分 α 粒子都可以穿透很薄的金属箔,这些粒子在金属箔中"如入无人之境",可以"大摇大摆"地通过(图 4.12)。这一现象说明,固体原子并不是密不可入的,排列并不紧密,内部有许多空隙,所以 α 粒子可以穿过金属箔而不改变方向。实验中也发现,有少数 α 粒子穿过金属箔时,好像被什么东西撞了一下,因而行动轨迹发生了一定角度的偏转,还有个别的 α 粒子,好像正面打在坚硬的东西上,完全被反弹回来。根据以上 α 粒子散射实验现象,卢瑟福设想,原子内部一定有一个带正电荷的坚硬的核,α 粒子碰到核上就会被反弹回来,碰偏了就会改变方向,发生一定角度的偏转,而原子核占据的空间很小,所以大部分 α 粒子还是能穿透过去的。他根据这一假定计算出原子核半径约为 3×10^{-12} 厘米,而原子的半径约为 1.6×10^{-8} 厘米。原子核很小,其直径约为原子直径的万分之一至十万分之一,核外是很大的空间,带负电荷的、质量比核轻得多的电子在这个空间里运动。

1911 年,卢瑟福受"大宇宙与小宇宙相似"的启发,把太阳系和原子结构进行类比,提出了一个原子结构模型。他认为,原子像一个小太阳系,每个原子都有一个极小的核,核的直径在 10^{-12} 厘米左右,这个核几乎集中了原子的全部质量,并带有正电荷,原子核外的电子沿着一定的轨道绕核旋转,在一般情况下,原子呈电中性。卢瑟福的原子结构模型也称为行星式原子结构模型(图 4.13)。卢瑟福发现了原子核以后,进一步用各种金属做 α 粒子散射靶子实验,发现不同的金属对 α 粒子的散射能力不同,散射能力越强,证明该金属原子核带的正电荷越多,因而斥力就越大。1913 年,卢瑟福的学生和助手莫斯莱,在卢瑟福指导下,证明了各种不同元素原子核所带的电荷数正好等于它们的原子序数。

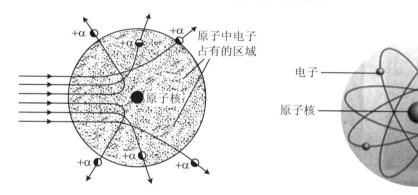

图 4.12 α粒子的散射示意图   图 4.13 行星式原子结构模型

但是,这个看来完美的模型却有着自身难以克服的严重困难,因为根据经典麦克斯韦电磁理论,做加速运动的带电粒子会辐射出电磁波,也就是放出能量。在卢瑟福模型中,电子绕原子核转,显然在做加速运动,电子不断放射出电磁辐射,会导致电子一点点地失去能量,不得不逐渐缩小运行半径,直到最终"坠毁"在原子核上为止,整个过程花费不过一眨眼的工夫,如果原子坍缩而毁于一旦,那么原子就不存在,但事实上,原子是稳定的,并不辐射电磁波。这是卢瑟福模型无法解释的。

三、玻尔原子结构模型

卢瑟福模型无法解释原子能够稳定存在的原因,也不能说明氢光谱为什么是分立的线状光谱。为了解释氢原子线状光谱这一事实,玻尔在卢瑟福行星模型的基础上提出了核外电子分层排布的原子结构模型。

图 4.14　玻尔

玻尔(Niels Bohr,1885～1962,图 4.14)出生在哥本哈根的一个教授家庭,1911 年获哥本哈根大学博士学位。1912 年 3～7 月他曾在卢瑟福的实验室进修过,在这期间孕育了他的原子结构理论。玻尔首先把普朗克的量子假说推广到原子内部的能量上,来解决卢瑟福原子模型在稳定性方面的困难,假定原子只能通过分立的能量子来改变它的能量,即原子只能处在分立的定态之中,而且最低的定态就是原子的正常态。接着他在友人汉森的启发下从光谱线的组合定律达到定态跃迁的概念,他在 1913 年 7 月、9 月和 11 月发表了长篇论文《论原子构造和分子构造》。

玻尔原子结构模型(图 4.15)的基本观点是:① 原子中的电子在具有确定半径的圆周轨道上绕原子核运动,不辐射能量。② 在不同轨道上运动的电子具有不同的能量,轨道离核越远,电子能量越高,并且能量是量子化的,也就是说,电子的容许轨道是不连续的。③ 当电子从一个高能级轨道跃迁到另一个低能级轨道时,才会以光辐射形式放出能量;相反,如果电子从低能级轨道激发到另一个高能级轨道时要吸收能量。放出或吸收的能量,恰好等于两个轨道之间的能量差。如果辐射或吸收的能量以光的形式表现并被记录下来,就形成了光谱。玻尔对卢瑟福的原子模型进行了修改和补充,但仍然像卢瑟福一样,把轨道理解为确定的路线,只不过对路线作了限制,认为电子的轨道不是任意的,而是在特定位置的。玻尔认为核外电子是分层的,

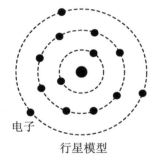

电子

行星模型

图 4.15　行星模型

从内到外依次叫 K 层、L 层、M 层、N 层等,他还通过计算得出各层轨道上能最多容纳的电子数,依次是 2、8、18、32 等等。玻尔还排出一张新的元素周期表,比以前的周期表安排得更合理,还预言了 72 号元素的性质。玻尔在 1937 年来过中国访问,他的儿子于 1962 年、1973 年两次来中国做访问和学术交流。

玻尔原子结构模型成功解释了氢原子光谱不连续的特点,成功的关键是抓住了微观世界的量子性。经典力学与量子论结合在一起,不可避免地存在一系列困难。根据经典电动力学,做加速运动的电子会辐射出电磁波,致使能量不断损失,而玻尔模型无法解释为什么处于定态中的电子不发出电磁辐射。玻尔模型对跃迁的过程描写也含糊,因此玻尔模型提出后并不被物理学界所欢迎,还遭到了包括卢瑟福、薛定谔等在内的诸多物理学家的质疑。此外,玻尔模型无法揭示氢原子光谱的强度和精细结构,也无法解释稍微复杂一些的氦原子以及更复杂原子的光谱。因此,玻尔在领取 1922 年诺贝尔物理学奖时称:"这一理论还是十分初步的,许多

基本问题还待解决。"

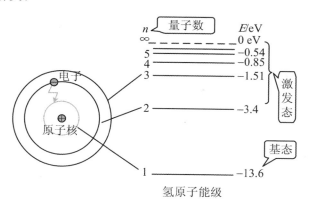

图 4.16　玻尔原子结构模型

四、建立在量子力学基础上的原子结构模型

1. 物理学天空的两朵乌云

物理学发展到 19 世纪末期,可以说是已达到相当完美、相当成熟的程度。一切物理现象似乎都能够从相应的理论中得到满意的回答。以经典力学、经典电磁场理论和经典统计力学为三大支柱的经典物理学理论大厦已经建成,并且基础牢固,在这种形势下,难怪一些物理学家会感到陶醉,感到物理学已大功告成,因而断言往后难有作为了。

在这万里晴空的物理学天空中,突然出现了"两朵乌云",终于酿成了一场大风暴,掀翻了经典物理学的大厦。一朵乌云是迈克耳孙-莫雷实验与"以太"说破灭。人们知道,水波的传播要有水作媒介,声波的传播要有空气作媒介,它们离开了介质都不能传播。太阳光穿过真空可以传到地球上。光波为什么能通过真空传播到地球上?它的传播介质是什么?物理学家给光找了个不存在的传播媒介——"以太"。最早提出"以太"的是古希腊哲学家亚里士多德。他认为下界由火、水、土、气四元素组成,上界是第五元素"以太",太阳与地球之间充满"以太"。1887 年,迈克耳孙(1852~1931)与美国化学家、物理学家莫雷(1838~1923)合作,在克利夫兰进行了一个著名的实验——"迈克耳孙-莫雷实验",即"以太漂移"实验。实验结果证明,不论地球运动的方向同光的入射方向一致或相反,测出的光速都是相同的、不变的,在地球与设想的"以太"之间没有相对运动。因而,实验结果否定了"以太"的存在。另一朵乌云是黑体辐射与"紫外灾难"(图 4.17)。在同样的温度下,不同物体的发光亮度和颜色(波长)不同,颜色深的物体吸收辐射的本领比较强,比如煤炭对电磁波的吸收率可达到 80% 左右。所谓"黑体",是指能够全部吸收外来的辐射而毫无任何反射和透射、吸收率是 100% 的理想物体。真正的黑体并不存在,但是,一个表面开有一个小孔的空腔,则可以看做是一个近似的黑体,因为通过小孔进入空腔的辐射,在腔里经过多次反射和吸收以后,不会再从小孔透出来。一个物体如果能吸收某种波长的光,那么把它加热的时候,它就能发射出这种波长的光,黑体能吸收各种波长的光,加热就能发射出各种不同波长的光,因此它的辐射能力最强。

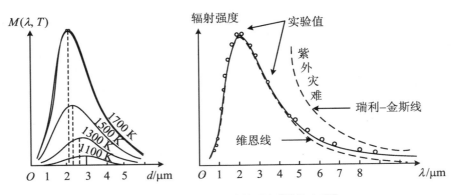

图 4.17　黑体辐射实验结果与"紫外灾难"

19 世纪末,卢梅尔(Otto Richard Lummer,1860～1925)等人通过著名的实验——黑体辐射实验,发现黑体辐射的能量不是连续的,按波长的分布仅与黑体的温度有关。从经典物理学的角度看来,这个实验的结果是不可思议的,怎样解释黑体辐射实验的结果呢? 当时,人们都从经典物理学出发寻找实验的规律,但前提和出发点不正确,自然都导致了失败的结果。例如,德国物理学家维恩建立起黑体辐射能量按波长分布的公式,但这个公式只在波长比较短、温度比较低的时候才和实验事实符合。英国物理学家瑞利和物理学家、天文学家金斯认为能量是一种连续变化的物理量,从而建立起在波长比较长、温度比较高的时候和实验事实比较符合的黑体辐射公式,但是,从瑞利-金斯公式推出,在短波区(紫外光区)随着波长的变短,辐射强度可以无止境地增加,这和实验结果相差十万八千里,是根本不可能的。所以这个失败被埃伦菲斯特称为"紫外灾难"。它的失败无可怀疑地表明经典物理学理论在黑体辐射问题上的失败,这也是整个经典物理学的"灾难"。

2. 旧量子论

马克斯·普朗克 (Max Planck,1858～1947)是德国柏林大学教授。1895 年前后,他开始研究黑体辐射问题,企图把维恩公式和瑞利-金斯公式统一起来,驱散"紫外灾难"这朵乌云。普朗克根据黑体辐射的精确实验资料,应用经典力学认为能量是连续的概念来处理,没有成功,也没有推出一个统一的公式。于是他异想天开,放弃能量是连续的经典概念,假定能量是不连续的,而是存在一个最小能量单位 E,任何能量都只能以 E 的整数倍一份一份地放出。普朗克把这种能量的最小单位 E 叫做能量子或量子。他还进一步指出,能量子大小是与它的频率成正比的,$E=h\nu$,h 是普朗克常数。普朗克引进能量子,终于在理论上导出能完满解释黑体辐射现象的公式。1900 年 12 月 14 日,普朗克在柏林的物理学会上发表了题为《论正常光谱的能量分布定律的理论》的论文,首先提出了"量子论"和著名的普朗克公式。这一天被认为是量子物理学的诞生之日。

光电效应是物理学中一个重要而神奇的现象。在光的照射下,某些物质内部的电子会被光子激发出来而形成电流,即光生电。光电现象由德国物理学家赫兹于 1887 年发现,正确的解释由爱因斯坦给出,他通过大量的实验总结出光电效应规律:

(1)每一种金属产生光电效应都存在一个极限频率,即照射光的频率不能低于某一临界值。相应的波长称做极限波长(或称红限波长),当入射光的频率低于极限频率时,无论多强的光都无法使电子逸出。

(2)光电效应中产生的光电子的速度与光的频率有关,而与光强无关。

(3)光电效应具有瞬时性。只要光的频率高于金属的极限频率,光的亮度无论强弱,光电子的产生都是瞬时的,即几乎在光照到金属时就立即产生光电流。响应时间不超过 10^{-9} 秒。

(4)入射光的强度只影响光电流的强弱,即只影响在单位时间内由单位面积上逸出的光电子数目。在光颜色不变的情况下,入射光越强,光电流越大,即一定颜色的光,入射光越强,一定时间内发射的电子数目越多。

实验结果与经典理论有矛盾:在光电效应中,要释放光电子显然需要有足够的能量,根据经典电磁理论,光是电磁波,电磁波的能量决定于它的强度,即只与电磁波的振幅有关,而与电磁波的频率无关。而实验规律中的第一、第二两条显然用经典理论无法解释。第三条也不能解释,因为根据经典理论,对很弱的光要想使电子获得足够的能量逸出,必须有一个能量积累的过程而不可能瞬时产生光电子。所有这些实际上已经暴露出了经典理论的缺陷,要想解释光电效应必须突破经典理论。

1905 年,爱因斯坦(Albert Einstein,1879～1955,图 4.18)把普朗克的量子化概念进一步推广。他指出:不仅黑体和辐射场的能量交换是量子化的,而且光也是由不连续的光量子组成的,每一个光量子的能量与辐射场频率之间满足公式 $\varepsilon = h\nu$,即它的能量只与光量子的频率有关,而与强度(振幅)无关。根据爱因斯坦的光量子理论,射向金属表面的光,实质上就是具有能量 $\varepsilon = h\nu$ 的光子流。如果照射光的频率过低,即光子流中每个光子能量较小,那么当它照射到金属表面时,电子吸收了这一光子,它所增加的 $\varepsilon = h\nu$ 的能量仍然小于电子脱离金属表面所需的逸出功,电子就不能脱离金属

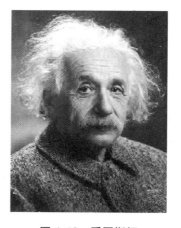

图 4.18 爱因斯坦

表面,因而不能产生光电效应。如果照射光的频率高到能使电子吸收后其能量足以克服逸出功而脱离金属表面,就会产生光电效应。此时逸出电子的动能、光子能量和逸出功之间的关系可以表示成

　　光子能量 ＝ 逸出一个电子所需的能量(逸出功)＋被发射的电子的动能

　　1913 年,玻尔在卢瑟福有核原子模型的基础上建立起量子理论,史称旧量子论。旧量子论包括普朗克的量子假说、爱因斯坦的光量子理论和玻尔的原子结构理论。

3. 量子力学的建立

　　路易·维克多·德布罗意(L. de Broglie,1892～1987)出生于法国塞纳河畔的迪耶普(Dieppe),是法国一个贵族家庭的次子。他的哥哥(M. 德布罗意)是一位实验物理学家,是 X 射线方面的专家,拥有设备精良的私人实验室。从他哥哥那里德布罗意了解到普朗克和爱因斯坦关于量子方面的工作,这引起了他对物理学的极大兴趣,经过一番思想斗争之后,德布罗意终于放弃了研究法国历史的计划,选择了物理学的研究道路,并且希望通过物理学研究获得博士学位。

　　1924 年法国青年物理学家德布罗意在光的波粒二象性的启发下,想到:自然界在许多方面都是明显地对称的,既然光具有波粒二象性,那么实物粒子也应该具有波粒二象性。他假设:一切微观粒子,包括电子、质子、中子等,都具有波粒二象性。于是他把光子的动量与波长关系式 $p=h/\lambda$ 推广到一切微粒。具有质量 m 和速度 v 的运动微粒,其波动性的波长为

$$\lambda = \frac{h}{p} = \frac{h}{mv}$$

这就是德布罗意公式。用该公式可以计算出运动微粒的波长。德布罗意于 1929 年获得了诺贝尔物理学奖。

　　1927 年美国物理学家戴维孙(C. J. Davisson,1881～1958)和革末(L. H. Germer,1896～1971)用加速后的电子投射到晶体上进行电子衍射实验,发现了衍射图像,证实了电子的波动性。同年,汤姆孙(G. P. Thomson,1892～1975)做了电子衍射实验。他将电子束穿过金属片(多晶膜),在感光片上产生圆环衍射图,和 X 光通过多晶膜产生的衍射图样极其相似,也证实了电子的波动性。G. P. 汤姆孙是英国著名物理学家、电子的发现者 J. J. 汤姆孙的儿子。

　　物质波不是我们宏观概念中的波,它是一种什么样的波呢? 微观粒子的波动的图像如何呢? 德布罗意物质波提出后,不少人提出各种解释。有人认为,就像冲浪运动员那样,骑在浪上随波运动。直到 1926 年,德国物理学家玻恩(Max Born,1882～1970)才说明物质波是一种概率波,物质波在某一地方的强度和粒子在这个地方出现的概率成正比,概率用通俗的话说就是机会多少,粒子波动性并不是说粒子真的像通常的波那样弥散在空间,它是一种特殊的概率波,这种波的振幅的平方就是粒子在空间某个位置出现的概率密度,概率密度越大,出现的机会就越多。概

率密度大的地方就是我们传统认为的轨道。

由于微观粒子具有波粒二象性,这给物理学家提出了一个新课题:描述宏观物体运动,有牛顿定律、经典方程;现在要描述微观粒子运动规律就必须要有新的定律、新的方程,新定律必须能同时描述微粒的运动和波的传播。

1925 年,德国著名的理论物理学家、哲学家、量子力学的创始人之一维尔纳·卡尔·海森伯(W. Heisenberg,1901～1976,图 4.19),使用一种叫“矩阵”的数学工具来描述微观粒子的运动规律。他把微粒的动量 p 和位置坐标 q 排成矩阵,进行计算,得出了与实验数据非常一致的结果。矩阵计算有一个重要的性质:矩阵 A 乘以矩阵 B,不等于矩阵 B 乘以矩阵 A。1925 年 7 月海森伯的研究结果发表后,引起了德国物理学家玻恩的高度重视。玻恩与另一位德国物理学家约尔当(P. Jordan,1902～1980)共同合作对矩阵力学原理进行了进一步的研究。1925 年

图 4.19　海森伯

9 月,他俩一起发表了《论量子力学》一文,将海森伯的思想发展成为量子力学的一种系统理论。11 月,海森伯在玻恩和约尔当的协作下,发表《关于运动学和力学关系的量子论的重新解释》的论文,创立了量子力学中的一种形式体系——矩阵力学。从此,人们找到了原子结构的自然规律。爱因斯坦评价道:“海森伯下了一个巨大的量子蛋。”

图 4.20　薛定谔

1926 年,奥地利物理学家、量子力学奠基人之一埃尔温·薛定谔(E. Schrödinger,1887～1961,图 4.20),从另一个角度来描述微粒的运动规律。如果海森伯考虑粒子性多一些,那么薛定谔就从物质波动性上动脑筋,直截了当地用数学方法提出一个新的波动方程。注意,薛定谔波动方程不是理论上推导出来的,它是类比驻波方程提出的假设。驻波是局限在一定运动空间的波动,而电子也局限在原子中。不能证明薛定谔波动方程的正确性,只能用实验来检验它的正确性。薛定谔引进一个波函数的概念,设描述微观粒子状态的波函数为 $\Psi(r,t)$,质量为 m 的微观粒子在势场 $V(r,t)$ 中运动的薛定谔方程为

$$i\hbar \frac{\partial}{\partial t}\Psi(r,t) = \hat{H}\Psi(r,t)$$

在给定初始条件和边界条件以及波函数所满足的单值、有限、连续的条件下,可解出波函数 $\Psi(r,t)$。由此可计算微粒的分布概率和任何可能实验的平均值(期

望值)。当势函数 V 不依赖于时间 t 时,粒子具有确定的能量,粒子的状态称为定态。定态时的波函数可写成式中的 $\Psi(r)$,称为定态波函数,定态薛定谔方程为

$$i\hbar \frac{d}{dt} \mid \psi \rangle = E \mid \psi \rangle$$

这一方程在数学上称为本征方程,式中 E 为本征值,是定态能量,$\Psi(r)$ 又称为属于本征值 E 的本征函数。薛定谔方程在数学上属于二阶偏微分方程,这个方程可以确定波函数的变化规律,即微粒运动状态基本规律。用薛定谔方程来处理电子,得出了与实验数据相符的结果。薛定谔的理论叫波动力学。

1926 年 3 月,薛定谔发现波动力学和矩阵力学在数学上是等价的,它们是量子力学的两种形式,可以通过数学变换,将一个理论转换到另一个理论。由于薛定谔方程的波函数具有简洁明白、容易教学的优点,现代量子力学中,都以薛定谔方程作为基础。

狄拉克(P. A. M. Dirac,1892~1884),于 1926 年 9 月在福勒的建议之下,前往位于哥本哈根的尼尔斯·玻尔研究所作了一段时间的研究。在哥本哈根的这段期间,狄拉克持续进行量子力学的研究,发现了涵盖波动力学与矩阵力学的广义理论。这个方法与经典哈密顿力学中的正则变换相类似,允许使用不同组的变量。此外,为了处理连续的变量,狄拉克引入了新的数学工具——矢量函数。狄拉克建立了矢量方程,即狄拉克方程。利用这个方程研究氢原子能级分布时,考虑有自旋角动量的电子做高速运动时的相对论性效应,可给出氢原子能级的精细结构,与实验符合得很好。从这个方程还可自动导出电子的自旋量子数应为 1/2。狄拉克方程在理论上有重大进展。

经过海森伯、薛定谔、狄拉克等人的努力,新的量子力学理论建立起来了,促进了物理和化学的发展,从而产生了量子化学。

4. 量子力学基础上的原子结构模型

量子力学建立后,科学家用它来研究原子结构。1927 年,德国物理学家海特勒(W. Heitler,1904~1981)与伦敦(F. London,1900~1954)用量子力学理论和方法处理氢原子,科学而精确地解释了氢原子的结构与性质。后来他们又用量子力学的理论和方法,成功地解释了其他元素原子的结构与性质,还成功地说明了化学元素周期表的微观本质。如何用一种形象直观的图形来描述原子结构,科学家们煞费苦心,最后想出一种比较形象的表达法,用"云"来代替"轨道",专门为电子运动的描述创造一个新名词"电子云"。图 4.21 是氢原子结构图,电子像一团云雾包围着原子核,电子在离核比较近的空间出现的概率大。

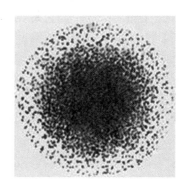

图 4.21　在通常状况下氢原子电子云示意图

不过,这只是一种形象的比喻,而不是电子真的分散成了"云"。实际上,氢原子中只有一个电子绕核运转,形成的"云"的各点只是表示这个电子在不同瞬间出现的位置,图上小黑点的疏密只说明电子出现的概率多少,不能错误地认为一个小黑点就代表一个电子。

量子力学使一些传统的概念发生了根本变化,如轨道,经典力学中轨道是一个运动物体所遵循的固定路线,但在量子力学中,则是一个统计值,指电子在原子核周围出现的概率。由于轨道概念使人们能够更容易想象出原子的样子,科学家明知道原子里的电子并没有固定的轨道,却还是愿意保留"轨道"这个名词,量子力学中的所谓"轨道",不是玻尔原子模型中确定的路线,只是电子云的简化。你可以这样想,通过电子云密集的地方,也就是概率密度最大的地方画一条线,把这条线看做"轨道"。因此现在所说的轨道已经不是玻尔所说的经典轨道含义了。

原子里的电子云或"轨道"虽然复杂,但却井然有序,是有运动规律的。电子运动与其他物体运动一样,有运动状态。宏观物体的运动状态是用一些物理量来表示和描述的,同理,电子运动状态也需要用一些物理量来表示和描述,这些物理量就是量子数。通过求解量子力学方程,得出四个量子数,用这四个量子数来描述电子在原子里的运动状态。具体地说,四个量子数如下:

第一个是主量子数 n,取值 $1,2,3,\cdots$,具有相同主量子数的电子,近乎在同样的空间范围内运动,能量近似,可视为在一个电子层中。电子层从内到外分为第一层、第二层、第三层等等,也用 K、L、M、N、O、P 表示等等。

第二个是副量子数 l,又叫角量子数,其值只能小于 n,取值 $0,1,2,3,\cdots,n-1$,它确定电子云的形状。它可以看成亚层,一个电子层可能有几个亚层,用符号 s、p、d 等表示。s 表示球形,p 表示哑铃,d 表示四瓣梅花形,等等。

第三个是磁量子数 m,决定"轨道"在空间的伸展方向,说明谱线在磁场方向发生分裂的原因。

第四个是自旋量子数 m_s,说明电子自旋有顺时针与逆时针两个不同方向。

当四个量子数都确定时,电子的运动状态也就确定了,电子在核外的一种运动状态,通常称为一个原子轨道。同一个"轨道"上不能有四个量子数完全相同的两个电子(图 4.22)。根据实验与计算证明,核外电子排布遵循下面三条规则:泡利不相容原理、能量最低原理、洪特定则。泡利(W. E. Pauli,1900~1958)是奥地利物理学家,洪特(Friedrich Hund,1896~1997)是德国物理学家。

根据量子力学的计算,人们对原子里的电子运动状态和分布规律总算弄明白了,但如何把它们表示出来呢? 以前物理学家和化学家都喜欢用模型或图像,但这一次对于复杂的原子,模型或图像都无能为力了。科学家们又想出两种方法:一种表示法叫"轨道表示法",每一个轨道用一个小格子表示,格子中用向上向下箭头表示自旋相反的电子,这样很方便地把原子核外电子分布情况表示出来。元素 P 与 Si 的"轨道表示法"如下:

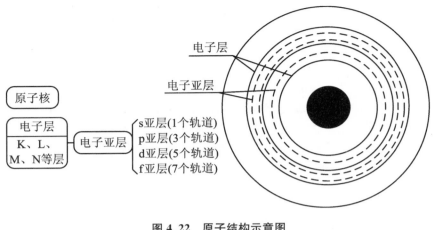

图 4.22　原子结构示意图

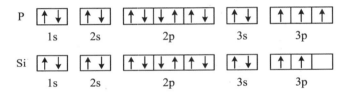

　　轨道表示法要一个一个画小格子,有点麻烦。人们又想用字母代替小格子的方法,排列规则同轨道表示法,这样的表示法叫"电子排布式"。例如,16 号元素硫(S)的核外电子排布式为 $1s^2 2s^2 2p^6 3s^2 3p^4$,31 号元素镓(Ga)的核外电子排布式为 $1s^2 2s^2 2p^6 3s^2 3p^6 3d^{10} 4s^2 4p^1$。

　　在量子力学基础上建立的原子结构理论,揭示了原子核外电子层结构的秘密,决定元素的主要性质正是原子核外电子的排布与活动情况,而对元素性质影响最直接的又是那些处在最外层上的高能电子。正是随着原子序数或核电荷数的递增,原子核外电子层出现周期性变化,才使元素性质随原子序数递增呈现周期性变化,核外电子排布的周期变化才是元素周期律的本质所在。

　　从道尔顿的科学原子学说到现代原子结构理论,原子结构历史经历了五个阶段,如图 4.23 所示。

思　考　题

　　1. 哪位科学家,用什么实验证实了原子中原子核很小,其直径只有原子直径的万分之一?

　　2. 旧量子论解释了哪些重要的实验现象?

　　3. 旧量子论中的原子轨道与量子力学中的原子轨道含义有什么不同? 明明原子中不存在固定的轨道(运动轨迹),为什么人们还喜欢保留"轨道"这个名词?

4.哪三位科学家对量子力学的建立做出了重要的贡献?

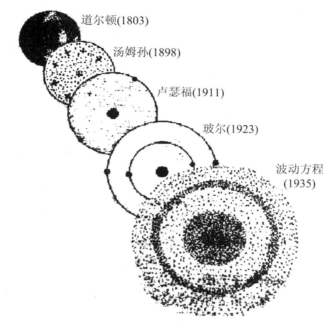

图 4.23 原子结构历史的五个阶段

第三节 化学键理论及其发展

化学的根本任务是研究物质的化学变化,关键是要弄清楚原子是如何结合成分子的。现代原子结构理论的建立,为研究分子的结构和化学键理论铺平了道路。现代化学就是在原子结构理论基础上发展起来的。

原子为什么能结合成分子?古代人们用"爱"来说明。13世纪德国的炼金家马格纳特(1206~1282)提出"化学亲和力"概念。近代化学时期,玻意耳与牛顿用万有引力解释化学亲和力,后来英国的化学家弗兰克兰(1825~1899)与德国有机化学家凯库勒(1829~1896)等提出了原子化合价学说,原子通过化学键结合成分子。化学键有离子键与共价键两种,物质分子的性质决定于组成它的原子本性、数量和化学结构。化学键的本质是什么?19世纪末发现电子之后,特别是建立原子的电子层结构模型之后,化学家与物理学家开始认识到,要说清楚化学反应和物质结构,必须求助于电子,即核外电子,尤其是最外层电子,电子成了化学舞台上的主角,用核外电子运动才能探讨化学键的本质。

一、化学键电子理论

1913 年,卢瑟福的学生莱莫斯发现了原子序数,确定原子核外电子数等于原子序数即核电荷数,随后玻尔提出原子结构模型,指出核外电子是分层排布的,从内到外依次叫 K 层、L 层、M 层、N 层、O 层、P 层等。他还通过计算得出各层轨道上能容纳的最大电子数,依次是 2、8、18、32 等等。人们根据玻尔原子模型把各种原子的结构示意图画出来,进行比较和研究,发现了一些规律。比如几种惰性气体,氦的核电荷数是 2,核外只有 1 个电子层,电子数是 2;氖的核电荷数是 10,核外有 2 个电子层,电子数分别是 2、8;氩的核电荷是 18,核外有 3 个电子层,电子数分别是 2、8、8;氪的核电荷是 36,核外有 4 个电子层,电子数分别是 2、8、18、8;氙的核电荷数是 54,核外有 5 个电子层,电子数分别是 2、8、18、18、8。原子的核外最外层都排了 8 个电子(氦例外),这些元素的性质是不活泼的,很难发生化学反应,称为"惰性",并且它们都是气体,都是"单身一个",即单原子分子。敏感的化学家从惰性气体的原子结构中得到启发,是否一切原子使自己的最外电子层达到 8 个电子就稳定了呢? 如果是这样,那些最外层电子不是 8 个的原子,它们参加反应,是否正是为了通过与其他原子接触来达到自己最外电子层具有 8 个电子的目的呢? 看来这是揭示化学键本质的出路。

1. 离子键的电子理论

1916 年,美国化学家柯塞尔(Kossel,1888~1956)提出关于化合价的电子理论,他认为:一个原子要形成稳定的结构,最外电子层上电子少于 8 个的原子,都有要使最外电子层达到 8 个电子的要求,它们或是从别的原子夺得少数电子,或是失掉自己最外层电子,使自己的次外层暴露出来成为最外层。例如,钠原子(Na)与氯原子(Cl)反应生成氯化钠(NaCl),原子 Na 的最外层(第三层,M 层)上只有一个电子,失去这个电子,形成正离子 Na^+,让第二层(第二层,L 层)暴露出来成为最外层,具有 8 个电子,与惰性元素原子外层结构相同。那么原子 Cl 的最外层(第三层,M 层)上已有 7 个电子了,很容易从外界获得一个电子,形成负离子 Cl^-,使得最外层上电子达到 8 个,与惰性气体元素原子外层结构相同。在一定条件下,钠原子与氯原子相遇时,彼此满足对方要求,一个失去电子,一个得到电子,两全其美,彼此满足,正离子 Na^+ 与负离子 Cl^- 靠静电吸引力生成 NaCl。这个反应可以用图 4.24 表示,也可以用电子式表示:

$$Na \cdot + \cdot \overset{\cdot\cdot}{\underset{\cdot\cdot}{Cl}} : \longrightarrow Na^+ \left[: \overset{\cdot\cdot}{\underset{\cdot\cdot}{Cl}} : \right]^-$$

元素符号周围的。与·只表示各自的最外层电子,并不表示电子有两种。

正离子与负离子靠静电吸引结合形成的化合物叫离子型化合物,例如 KCl、$CaCl_2$、Na_2S、MgS 等,这种正负离子之间靠静电吸引而形成的化学键叫离子键,也叫电价键。柯塞尔完满地解释了离子化合物,但该理论不能解释非离子化合物与气体。

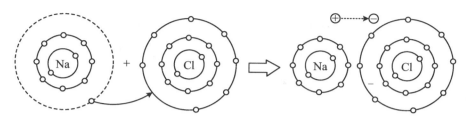

图 4.24　钠原子和氯原子结合

2. 共价键的电子理论

1916 年，为了解释非离子型化合物和气体的分子结构，美国的物理化学家路易斯(1875～1946)提出共价键的电子理论。这个理论认为两个(或多个)原子可以采用共用一对或多对电子对方式，来满足各自最外层有 8 个电子的稳定结构，从而生成稳定的分子。这样形成的化学键叫共价键。例如，两个氯原子形成氯气分子。两个氯原子的最外电子层上各有 7 个电子，只差一个电子就能形成稳定电子层结构。各自都想把对方的一个电子夺过来，但两边力量大小一样，夺不过来，无奈之下双方"妥协"，每个氯原子各出一个电子组成"电子对"，让双方共用，这样双方都达到最外层 8 个电子的稳定结构，于是双方"亲亲热热"地结合成一个新"家庭"，形成氯分子。该过程可以用电子式表示出来：

$$\ddot{\underset{..}{\text{Cl}}}\,.\;+\;°\ddot{\underset{..}{\text{Cl}}}:\;\longrightarrow\;:\ddot{\underset{..}{\text{Cl}}}\;:\ddot{\underset{..}{\text{Cl}}}:$$

又如氧分子的结构图，如图 4.25 所示。再如一个氢原子和一个氯原子形成氯化氢分子。氢原子和氯原子共用一个电子对，形成氯化氢分子。该过程用电子式表示如下：

$$\text{H}°\;+\;\cdot\ddot{\underset{..}{\text{Cl}}}:\;\longrightarrow\;\text{H}:\ddot{\underset{..}{\text{Cl}}}:$$

注意，氯化氢分子中共价键与氯气分子中共价键有所不同，氯气分子中，共用电子对在两个氯原子中间，而氯化氢分子中，共用电子对偏向氯原子，因为氯原子对电子对的吸引力大于氢原子对电子对的吸引力，这样电子对离氯原子近一点，离氢原子远一点。因此，把氯气分子中的共价键叫非极性共价键，氯化氢分子中的共价键叫极性共价键，氯化氢分子叫极性分子。再例如二氧化碳分子的形成，一个碳原子 C 最外层有 4 个电子，要得到 4 个电子才能满足稳定结构，一个氧原子的最外层有 6 个电子，它希望得到 2 个电子来达到稳定结构，这样碳原子把 4 个电子都拿出来共用，两个氧原子各共用 2 个电子对，组成 4 个

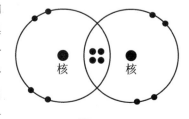

图 4.25

电子对,反应过程用电子式表示如下:

$$\ddot{\overset{..}{O}}\colon + \overset{\times}{\underset{\times}{C}}\overset{\times}{\times} + \colon\!\overset{..}{O} \longrightarrow \ddot{\overset{..}{O}}\colon\overset{\times}{\underset{\times}{C}}\overset{\times}{\times}\colon\!\overset{..}{O}$$

由于氧原子与碳原子对电子对的吸引力大小不一样,电子对偏向氧原子一边,因此 C 与 O 之间形成极性共价键。在二氧化碳分子中,两个极性共价键方向相反,并且极性大小相等而相互抵消,因此 CO_2 分子是非极性分子。

过去,表示原子之间价键的短线($H\!-\!H,H\!-\!Cl,O\!=\!O,N\!\equiv\!N,O\!=\!C\!=\!O$),实质上就是一个电子对,这时化学家才恍然大悟,原来原子之间的短线只是表面现象,背后隐藏着的是电子对。这个理论由于与化学家的传统思维方式相符合,很快就被大家接受了。

化学键电子理论指出,原子之间的作用力即化学键分为两类:离子键和共价键。离子键是依靠正负离子之间静电力形成的,共价键是通过两个原子共用一对或多对电子形成的。这个理论以外层填满 8 个电子为基础,所以又叫做八隅律。

化学键电子理论虽然取得了一些成功,但也遇到许多不能解决的矛盾,特别是共价键的电子理论。例如,其一,同性电荷应该相互排斥,而两个电子都带负电荷,怎么能配成对? 其二,有些化合物的最外层电子超过 8 个,为什么仍然相当稳定? 如五氯化磷 PCl_5,P 最外层有 5 个电子,与 5 个氯原子共用 5 个电子对,最外层电子达到 10 个了。

这个理论只把电子看成静止不动的带负电荷的粒子,是建立在玻尔那个半量子化、半经典的原子结构模型基础上的,它的局限性是由历史条件决定的,这些缺点和弱点只有在量子力学产生以后才能克服。

二、量子化学关于化学键的理论

1927 年,德国化学家海特勒(W. H. Heitler,1904~1981)和伦敦(F. London,1900~1954)用量子力学基本原理讨论氢分子结构问题,说明了两个氢原子能够结合成一个稳定的氢分子的原因,并且利用近似计算方法,算出了其结合能。由此,人们认识到可以用量子力学原理讨论分子结构问题,从而逐渐形成了量子化学这一学科。量子化学的任务是利用量子力学原理,通过求解薛定谔波动方程,得出原子和分子里电子的运动、核的运动以及它们相互作用的微观图像,阐明化学键的本质以及光谱图像的本质,预测分子的稳定性和反应的活性,从而进行分子设计。

1. 量子化学关于离子键的理论

前面介绍了离子键是美国的化学家柯塞尔于 1916 年在玻尔原子结构模型基础上提出来的,认为原子之间由于电子转移形成正负离子,正负离子之间通过静电吸引形成离子化合物,这一点是正确的,量子化学也认为这是符合实际的。量子化学对原子得失电子变成离子时,核外电子层结构会发生变化作了说明。

原子变成负离子时电子层结构基本不改变。例如 16 号元素硫原子 S,其电子层结构式是 $1s^2 2s^2 2p^6 3s^2 3p^4$,最外层有 6 个电子,得到 2 个电子变成负离子 S^{2-},2 个电子填充到 3p 轨道上,电子层结构为 $1s^2 2s^2 2p^6 3s^2 3p^6$。但当原子变成正离子时,电子层结构有的不改变,有的就会改变。例如 20 号元素钙原子 Ca,其电子层结构是 $1s^2 2s^2 2p^6 3s^2 3p^6 4s^2$,最外层失去 2 个电子变成正离子 Ca^{2+},电子层结构为 $1s^2 2s^2 2p^6 3s^2 3p^6$,基本没有改变。再如 33 号元素砷原子 As,其电子层结构是 $1s^2 2s^2 2p^6 3s^2 3p^6 4s^2 3d^{10} 4p^3$,注意,这里的 4s 亚层能量低于 3d 轨道。原子轨道的能级高低的计算,我国化学家徐光宪先生总结出的规则为:能级高低以 $n+0.7l$ 值来确定,n 是主量子数,l 是副量子数,计算值越大,能级越高。例如 4s 和 3d 两个轨道,对于 4s,$n+0.7l=4+0.7\times 0=4$,对于 3d,$n+0.7l=3+0.7\times 2=4.4$,所以 4s 能级低于 3d 能级,这样,4s 比 3d 先填充电子。当 As 原子失去 5 个电子变成 As^{5+} 时,先失去 4p 轨道上 3 个电子,接着不是失去 3d 轨道(亚层)上 2 个电子,而是失去 4s 轨道上 2 个电子。砷离子 As^{5+} 的电子层结构为 $1s^2 2s^2 2p^6 3s^2 3p^6 3d^{10}$。为什么? 这是因为复杂原子变成离子时电子层能级发生改变,离子轨道的能级高低计算,徐光宪先生的规则为:能级高低以 $n+0.4l$ 值来确定。这样,对于 4s,$n+0.4l=4+0.4\times 0=4$,对于 3d,$n+0.4l=3+0.4\times 2=3.8$,4s 能级高于 3d 能级,所以失去的是 4s 上 2 个电子。由于复杂原子变成离子时电子层结构发生变化,原子失去电子的顺次是:np 先于 ns,ns 先于 $(n-1)d$,$(n-1)d$ 先于 $(n-2)f$。也可以这样理解:4s 是最外层电子,3d 是次外层电子,最外层电子先失去。

徐光宪(1920~2015,图 4.26),浙江绍兴上虞人,物理化学家、无机化学家、教育家,2008 年度"国家最高科学技术奖"获得者,被誉为"中国稀土之父""稀土界的袁隆平"。徐光宪长期从事物理化学和无机化学的教学和研究,涉及量子化学、化学键理论、配位化学、萃取化学、核燃料化学和稀土化学等领域,基于对稀土化学、配位化学和物质结构等基本规律的深刻认识,发现了稀土溶剂萃取体系具有"恒定混合萃取比"的基本规律,在 20 世纪 70 年代建立了具有普适性的串级萃取理论,可以"一步放大",直接应用于生产实际,引导稀土分离技术的全面革新,促进了中国从稀土资源大国向高纯稀土生产大国的飞跃。在物质结构理论中,根据光谱实验数据,对基态多电子原子轨道的能级高低提出一种定量的计算公式,即 $n+0.7l$ 值愈大,轨道能级愈高;对于离子,公式为 $n+0.4l$。这称为徐光宪规则。

图 4.26 徐光宪

2. 量子化学关于共价键的理论

海特勒和伦敦用量子力学基本原理,通过计算说明两个氢原子形成共价键而生成氢分子,从而提出共价键的理论,也叫电子配对理论。这个理论认为:① 两个原子各具有未成对的单电子,并且只要这两个单电子自旋方向相反,就能配对,当两个原子接近时,两原子轨道重叠,使电子云密集于两核之间,系统能量降低,形成稳定的共价键。自旋方向相同的两个单电子,不能配对成键(图 4.27)。② 成键时两个相邻原子轨道(电子云)重叠得愈多,两核间电子云愈密集,形成的共价键就愈牢固,这称为原子轨道最大重叠原理(图 4.28)。因此共价键具有方向性。③ 自旋方向相反的单电子配对形成共价键后,就不能再和其他原子中的单电子配对,所以每个原子所能形成共价键的数目取决于该原子中的单电子数目。这就是共价键的饱和性。

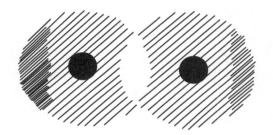

图 4.27　两个电子的电子云排斥　　　**图 4.28　两个电子的电子云重叠**

量子化学中共价键的理论比路易斯的共价键电子理论要深入得多,不是把电子看成静止的小球,电子有运动状态,有波动性,有自旋,不是随便两个电子就能配对的,只有自旋方向相反的电子才可以配对成键。这样就很好地解释了共价键的饱和性和方向性,路易斯的理论是不能解释的。另外,现代的共价键理论没有“八隅律”限制,像 BF_3 和 PCl_5 都是稳定存在的物质分子。

BF_3 中 B 原子最外层有 6 个电子,呈三角形(图 4.29)。

PCl_5 中 P 原子最外层有 10 个电子,呈三角双锥形。

图 4.29

3. σ 键和 π 键

共价键的本质是两个原子各有自旋方向相反的单个电子,两个原子相互接近电子云发生重叠而形成共价键,量子化学中轨道是在电子云里电子出现概率最大的地方所画得的一条线,我们把单个原子里的电子轨道常常叫做原子轨道。在共价键里,两个电子的电子云重叠在一起,形成了一个新的电子云,在这新电子云里电子出现概率最大的地方画一条线,代表一个新的轨道。这个新轨道由两个原子轨道组成,叫做分子轨道。新组成的分子轨道有两种:一种叫 σ 轨道,一种叫 π 轨道,也分别叫做 σ 键和 π 键。不同点是它们成键时电子云重叠的方式不同。

σ键(图4.30)由两个原子轨道沿对称轴方向以"头碰头"方式重叠形成共价键,σ键强,稳定性好。σ键有三种形成方式:① 两个s电子云沿键轴方向"头碰头"形成;② 两个p_x电子云沿键轴方向"头碰头"形成;③ 一个s电子云与一个p_x电子云沿键轴方向"头碰头"形成。

π键(图4.31)由同方向的两个p电子云以"肩并肩"方式重叠形成共价键,重叠后电子云形状像π,因此称之为π键,π键比σ键要弱一些。π键总是与σ键共存在一个分子中。

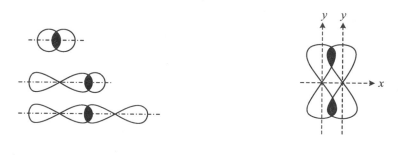

图4.30　σ键　　　　　　　　　　　　　图4.31　π键

4. 杂化轨道理论

现代价键理论在解释共价键形成的原因和方式上取得了很大的成就,但还有一些事实不好解释。例如,甲烷分子CH_4为什么是正四面体形状,四个键角都是$109°28'$?现代原子结构理论指出,核外电子在一般状态下总是处于一种较为稳定的状态,即基态。而在某些外力作用下,有些电子可以吸收一定能量跳到另一个较高能级上,处于激发态。例如碳原子,电子层结构为$1s^2 2s^2 3p^2$,受到激发时,2s上一个电子会跳到2p轨道上(图4.32)。

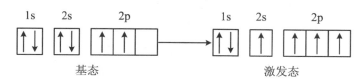

图4.32　碳原子激发

这时就有4个自旋方向相同的未成对电子,可以形成4个共价键。按共价键理论,它们与4个氢原子形成的4个共价键不是完全相同的,三个键角应该是$125°14'$。但这个推断与事实不符,实验测得甲烷分子中4个C—H是等同的,键角是$109°28'$。

为了解决这个矛盾,1931年,美国的化学家莱纳斯·鲍林(L. Pauling,1901~1994)等人提出了杂化轨道理论。虽然它实质上仍属于现代价键理论,但是它在成键能力、分子的空间构型等方面丰富和发展了现代价键理论。

杂化轨道理论从电子具有波动性、波可以叠加的观点出发,认为原子中的电子处于不同的轨道上。如果这些轨道能量比较相近的话,在外力影响下,这些轨道可以叠加混合,组成新的轨道,这种新轨道就叫杂化轨道。新组成的杂化轨道与原来的轨道比较,能量和方向都发生了改变,变得更有利于形成稳固的共价键。用杂化轨道理论来分析甲烷分子的结构:基态碳原子的最外层电子构型为 $2s^2 2p_x^1 2p_y^1$。在与氢原子反应时,$2s$ 上的一个电子被激发到 $2p_z$ 轨道上,碳原子激发态最外电子层结构是 $2s^1 2p_x^1 2p_y^1 2p_z^1$,参与化学结合。当然,电子从 $2s$ 激发到 $2p$ 上需要能量,但由于可多生成两个共价键,放出的能量可用于补偿。在成键之前,激发态碳原子的四个单电子分占的轨道 $2s$、$2p_x$、$2p_y$、$2p_z$ 会互相"混杂",组合成四个新的完全等价的杂化轨道。此杂化轨道由一个 s 轨道和三个 p 轨道杂化构成,故称为 sp^3 杂化轨道。每一个杂化轨道中含有 $1/4$ 的 s 轨道和 $3/4$ 的 p 轨道成分,所以杂化后的轨道呈一头大、一头小的形状(图 4.33(a)),其方向指向正四面体的四个顶角,能量也不同于原来的原子轨道。形成的四个 sp^3 杂化轨道(图 4.33(b))与四个氢原子的 $1s$ 原子轨道重叠,形成四个等同的 σ 键,从而生成 CH_4 分子。实验证明 CH_4 分子呈正四面体形,键角是 $109°28'$(图 4.34)。

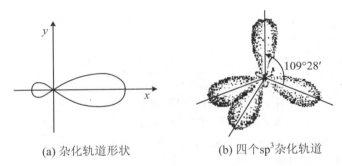

(a) 杂化轨道形状   (b) 四个sp^3杂化轨道

图 4.33   杂化轨道

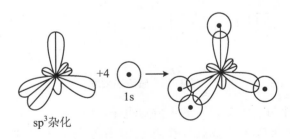

图 4.34   甲烷分子形成示意图

CH_4、CCl_4 中的碳原子轨道都发生 sp^3 杂化,是"等性杂化",四个杂化轨道上的电子是由碳原子与四个氢原子分别提供的,如氨分子(NH_3)中的原子 N、水分子(H_2O)中的 O 原子,也是 sp^3 杂化,而原子 N 中的一个杂化轨道上两个电子是由原子 N 单独提供的;原子 O 中的两个杂化轨道上 4 个电子都是由原子 O 单独提供的,这样叫做"不等性杂化",分子的形状就不是正四面体形,分子 NH_3 呈三角锥形,水分子 H_2O 呈三角形。除了 sp^3 杂化外,还有 sp^2 杂化,如气态氟化硼（BF_3）中的硼原子 B 就是 sp^2 杂化,分子呈正三角形;还有 sp 杂化,在氯化铍（$BeCl_2$）中 Be 原子是 sp 杂化,分子呈直线形。除了这些,还有 sp^3d 杂化(如 PCl_5 分子)、sp^3d^2 杂化、dsp^3 杂化、d^2sp^3 杂化等等。

5. 分子轨道理论

共价键的价键理论是在经典的化学键理论基础上发展起来的,比较简明、直观,又经过杂化轨道理论的补充,进一步得到丰富和发展,解释了不少分子结构的实验事实,取得了很大成就。但也不是尽善尽美的,如对氧分子的顺磁性就解释不了。什么是顺磁性? 我们知道,小磁针会指向磁力线方向,即顺着磁场方向,就叫顺磁性。如果一个分子里有未配对的单电子,分子就有顺磁性,像小磁针一样在磁场中转动。实验证明氧分子具有顺磁性。可是按价键理论,氧分子里没有未配对的单电子,如图 4.35 的轨道式所示。实验和理论发生了矛盾,这个矛盾只有用分子轨道理论才能解释。

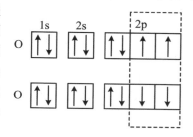

图 4.35 氧分子轨道

分子轨道理论是 1932 年前后,由美国化学家莫立根（R. S. Mulliken）和德国化学家洪特（F. Hund）提出的。我们在前面讲 σ 键和 π 键时,说到共价键形成过程中,原子轨道经过新的组合形成新的轨道,形成两种键:σ 键和 π 键。这个新轨道就叫分子轨道。分子轨道理论认为,形成化学键的电子应该在整个分子区域里运动,属于整个分子的,而不再属于某个原子的,电子在一定的分子轨道上运动。电子分布在分子轨道上也遵守能量最低原理、泡利不相容原理和洪特定则。

原子轨道组成分子轨道遵守下列原则:① 对称性原则。对称性相同的两个原子轨道相加组成的分子轨道,两核间电子出现的概率密度增大,其能量较原来的原子轨道能量低,称为成键分子轨道,用 σ、π 等表示;而对称性相同的两个原子轨道相减组成的分子轨道,两核间电子出现的概率密度减少,其能量较原来的原子轨道能量高,称为反键分子轨道,用 σ^*、π^* 等表示。② 能量相近原则。只有能量相近的原子轨道才能组成分子轨道。③ 轨道最大重叠原则。成键时原子轨道重叠越多,形成的分子轨道越稳定。在一般情况下,原子轨道组成分子轨道时,轨道的数目不变,也就是说,组成的分子轨道数目等于参加组成的原子轨道数。

图 4.36 表示两个 s 轨道组成两个分子轨道的情况。

成键分子轨道 σ_s 像一个橄榄,反键分子轨道 σ_s^* 像两个鸡蛋。

由此可知,两个 s 轨道组成 σ_s 与 σ_s^* 两个分子轨道;每个原子的三个 p 轨道参加组合,组成 6 个分子轨道,其中 p_x—p_x 组成一对 σ_{p_x} 与 $\sigma_{p_x}^*$ 分子轨道（图 4.37）,p_y—p_y 组成一对 π_{p_y} 与 $\pi_{p_y}^*$ 分子轨道（图 4.38）,p_z—p_z 组成一对 π_{p_z} 与 $\pi_{p_z}^*$ 分子轨道。

为了具体表示原子轨道组成分子轨道和电子填入情况,人们设计出简单图形,用一条水平短线代表一个轨道,用箭头表示电子,箭头方向表示电子自旋方向,纵坐标表示能量(E)。例如,两个氢原子结合成氢分子(图 4.39)。

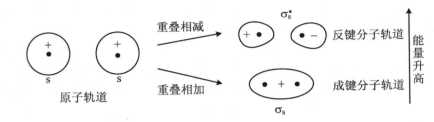

图 4.36　两个 s 轨道组成分子轨道的情况

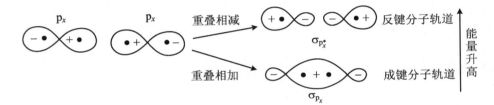

图 4.37　两个 p_x 原子轨道组成 σ_{p_x} 和 $\sigma_{p_x}^*$ 两个分子轨道的情况

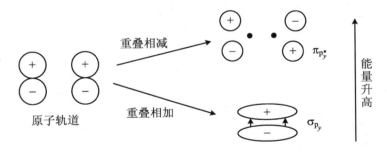

图 4.38　两个 p_y 轨道组成轨道的情况

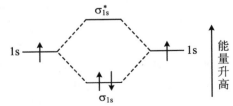

图 4.39　两个氢原子结合成氢分子

　　下面用分子轨道理论解释氧分子顺磁性。图 4.40 是两个氧原子结合生成氧分子过程中原子轨道与分子轨道的能量关系图。因为氧原子的电子比较多,除了内层两个 1s 电子外,最外层有 6 个电子,2s 上有 2 个,2p 上有 4 个。从图上可以看出,两个 1s 轨道组成一对 σ_{1s} 与 σ_{1s}^* 两个分子轨道,两个 2s 轨道组成一对 σ_{2s} 与 σ_{2s}^* 两个分子轨道,有 8 个电子分别占满这些分子轨道。两个氧原子一共有 16 个电子,剩下的 8 个电子中,又有 6 个去占领能量稍高的轨道 σ_{2p_x}、π_{2p_y} 和 π_{2p_z} 三个成键轨道,还剩下 2 个电子分别占领能量又高一点的反键轨道 $\pi_{2p_y}^*$ 和 $\pi_{2p_z}^*$。根据洪特定则,这两个电子分别在两个分子轨道上,并且自旋方向相同。

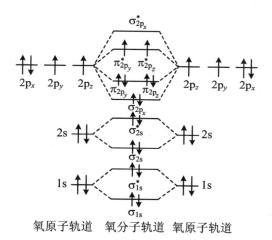

图 4.40　两个氧原子结合成氧分子

　　从图上可以明显看出,氧分子中有两个未配对的单电子,分别在 $\pi_{2p_y}^*$ 和 $\pi_{2p_z}^*$ 轨道上,因此氧分子有顺磁性。除此以外,分子轨道理论还能解释氮分子(图 4.41)比氧分子更加稳定的原因,还能解释一氧化碳分子(图 4.42)中 C 与 O 之间是三键而不是二键的长期的疑团。

　　分子轨道理论在讨论有机化合物中,又补充了离域 π 键,又称大 π 键。分子轨道理论是现代化学发展起来的一种比较完美的价键理论,目前还在继续发展中。

6. 络合物的化学键理论

　　19 世纪中叶人们发现一些化合物,如 $AgCl \cdot 2NH_3$ 和 $CuSO_4 \cdot 4NH_3$,AgCl 固体溶于氨水,$CuSO_4$ 溶液加入氨水后颜色变成深蓝色,由此可以得到这两种化合物。令人奇怪的是在这些化合物形成过程中,既没有电子转移形成离子键,也没有出现新的电子对形成共价键,这种化合物开始被称为"分子化合物",显然当时的化学键理论都解释不了。1799 年法国化学家塔萨厄尔详细研究过"分子化合物",他往三氯化钴溶液中加入氨水,先生成氢氧化钴沉淀;当加入过量氨水时,氢氧化钴沉淀又溶解了。此溶液放置后,能析出一种橙黄色的晶体,这种晶体组成是 $CoCl_3$

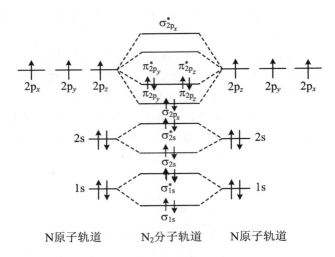

图 4.41　氮原子结合成氮气

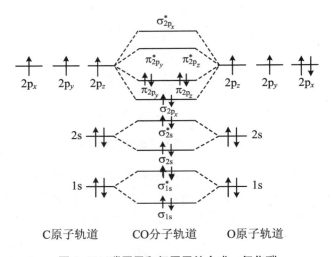

图 4.42　碳原子和氧原子结合成一氧化碳

·6NH₃。最初,塔萨厄尔认为这种化合物是三氯化钴与氨形成的价合物,但是,把它加热到 150 ℃时,并没有氨气放出;用稀硫酸把这种橙黄色晶体溶解,也没有发现有硫酸铵生成。按照一般的化学反应规律,当含氨的化合物加热到 150 ℃时,就应该有氨气放出;如果向含氨的化合物中加入稀硫酸,就会发生中和反应生成硫酸铵。但是塔萨厄尔制得的 CoCl₃·6NH₃ 化合物的性质出现了反常现象,其中氨好像特别稳定。更令人费解的是,在这个化合物中,Co、Cl、N 的化合价都已饱和,那么 CoCl₃ 与 NH₃ 之间以什么力结合在一起呢？ A. W. 霍夫曼首先提出了"铵盐理论",试图解释上述化合物性质,但没有成功;瑞典化学家勃朗斯特兰根据有机化学中碳形成碳链结构,提出氨也可以形成氨链,想来解释上述化合物性质,但也没有成功。

1893 年,瑞士化学家维尔纳(Alfred Werner, 1866~1919,图 4.43)根据大量实验事实,提出了一个配位理论。他把上述化合物叫配位化合物(简称配合物)或络合物。他认为一些金属原子有两种化合价:一种是主价;一种是副价。例如配合物 $CuSO_4 \cdot 4NH_3$ 中,Cu 的主价是 2,副价是 4,Cu 的主价使铜与硫酸根生成 $CuSO_4$,而 Cu 的副价又使铜与 4 个氨分子结合成配合物 $CuSO_4 \cdot 4NH_3$。他还主张把配合物分成"内界"与"外界":内界由"中心原子"或"中心离子"和周围紧密结合的"配位体"组成,用方括号〔 〕括起来。所谓配位体,就是和中心原子或中心离子相结合的分子或离子,所谓配位数就是作为配位体的分子或离子的数目。例如

图 4.43 维尔纳

铜氨配合物 $[Cu(NH_3)_4]SO_4$,内界是 $[Cu(NH_3)_4]^{2+}$,Cu^{2+} 是中心离子,NH_3 是配位体,配位数是 4。维尔纳的配位键理论能够较好地解释配合物的许多性质,正确提出了配位数的概念,但由于当时还没有揭示出原子结构和化学键的本质,因此他还不能说明副价的含义。由于维尔纳在研究配位键理论上的贡献,他获得了 1913 年诺贝尔化学奖。

1919 年,英国化学家西奇维克(1873~1952)根据路易斯的共价键理论,引进了"配位键"的概念,他认为配位体(用 L 表示)的特点是至少有一个孤电子对,而中心离子(用 M 表示)的特点是有空着的价电子轨道,M 与 L 的结合方式是 L 提供孤电子对,与 M 共有,形成共价键,这种共价键叫配位键,用 $L{\rightarrow}M$ 表示。

图 4.44 鲍林

1939 年,美国化学家鲍林(Linus Carl Pauling,1901~1994,图 4.44)发展了配位键理论,把量子化学的价键理论应用到配合物上,形成了现代配合物价键理论。其要点如下:① 配合物的中心离子 M 和配位体 L 之间,靠配位体提供孤电子对形成配位键,表示成 $L{\rightarrow}M$。该键的本质是共价键。② 配位键形成条件是:配位体至少有一个孤电子对,中心离子必须有空着的价电子轨道。配位数就是和中心离子相结合的配位体数目。③ 在形成配合物时,中心离子的空轨道必须先进行杂化,形成杂化轨道。一个杂化轨道接受配位体一个孤电子对形成一个配位键。④ 络离子空间结构、配位数、稳定性,都决定于杂化轨道类型。

配合物价键理论只是一个定性的理论,不能说明配合物的光谱特性。为了弥

补这一不足，人们又发展出一种新的配位场理论。早在 1929 年，化学家贝特（Hans Bethe，1906～2005）提出晶体场理论，该理论把中心离子和周围配位体的作用看做像离子晶体中的正负离子之间的作用，是纯粹的静电作用。中心离子在晶体场（叫配位体场）作用下发生 d 轨道分裂，使络离子更稳定。他很好地解释了 $[Ti(H_2O)_6]^{3+}$ 离子的光谱特性。晶体场理论认为中心离子与配位体之间的作用只是纯粹的静电作用，没有共价键的成分，这与实验结果不完全符合。1952 年，英国化学家欧格尔（Orgell，1927～1998）把晶体场理论与分子轨道理论结合起来，把 d 轨道分裂的原因，看成是静电作用和生成共价键分子轨道的综合作用结果，这就是配位场理论。配位场理论很好地解释了络离子形成的原因，对于络离子的空间构型、可见光谱的特性等也作了令人满意的说明，是一个很成功的理论。另外注意，配位键不是只有配合物中才有，其他化合物中也可能有，例如氧化叔胺中就有，其结构式为

$$\begin{array}{c} R \\ | \\ R{-}N \longrightarrow O \\ | \\ R \end{array}$$

其中 R 是烷基，氮原子与氧原子之间是配位键。

　　另外，一氧化碳分子（CO），用价键理论解释如下：原子 C 与原子 O 之间有三个共价键，一个是 $2p_x$ 与 $2p_x$ 之间形成的 σ 键，一个是 $2p_y$ 与 $2p_y$ 之间形成的 π 键，这两个共价键都是由原子 C 和原子 O 各出一个电子组成的，还有一个共价键是 $2p_z$ 与 $2p_z$ 之间形成的，键上两个电子是由原子 O 单独提供的，形成的是配位键：

$$C \stackrel{\equiv}{=} O$$

思　考　题

　　1. 共价键的电子理论是由哪位科学家提出的？在这个理论基础上，经典化合价表示中短线（如 H—H）的本质是什么？

　　2. 为了解释甲烷（CH_4）的正四面体结构，哪位化学家提出了什么理论？

　　3. 分子轨道理论是如何解释氧分子具有顺磁性的？又如何解释氮分子比氧分子更加稳定的原因？

　　4. 一氧化碳分子中原子 C 与原子 O 之间是双键还是三键？为什么？

第四节　几个重要的化学成果

　　化学进入现代化学时期，由于世界各国化学家的辛勤努力，刻苦研究，不断创

造发明,取得了一个又一个的新成果。下面介绍几个与日常生活相关的重要成果。

一、合成氨

氨是重要的无机化工产品之一,在国民经济中占有重要地位。除氨水可直接作为肥料外,农业上使用的氮肥,例如尿素、硝酸铵、碳酸氢铵、磷酸铵、氯化铵以及各种含氮复合肥,都是以氨为原料生产出来的。另外,由氨制得的硝酸是生产炸药的主要原料,因此氨又是国防、军事上必需的物品。目前世界每年合成氨产量超过1亿吨,其中约有80%的氨用来生产化肥,20%作为其他化工产品的原料。

自从1809年在南美洲的智利发现了硝酸钠矿床之后,智利硝石很快就成为当时世界上含氮肥料的主要来源。据估计,在1850~1900年,全世界无机氮肥有70%来自智利硝石。但是,矿产资源是有限的,这就迫使人们去思考:如何把大气中游离态的氮用人工的方法转变成可被植物吸收的化合态氮,即人工固氮?这是令人鼓舞的有关国计民生的重大课题,特别是如何利用空气中氮和水中的氢,直接合成氨是19世纪化学家一直想解决的焦点问题。直到20世纪初,1909年,德国化学家哈伯才取得了突破性进展,成功地建造了每小时能产生80克氨的装置,从而使人们看到了解决这一问题的曙光,开创了人工合成氨的历史。

合成氨的化学反应式如下:

$$N_2 + 3H_2 = 2NH_3$$

利用氮、氢为原料合成氨的工业化生产是一个较难的课题,从第一次实验室研制到工业化投产,约经历了150年的时间。1795年,有人试图在常压下进行氨合成,但没有成功。后来,又有人在50标准大气压下试验,但也失败了。1900年,法国化学家勒夏特列(Henri Louis Le Chatelier,1850~1936)在研究化学平衡移动的基础上,通过理论计算,认为N_2和H_2在高压下可以直接化合生成氨。他想用实验来验证,但在实验过程中发生了爆炸,他没有调查清楚事故发生的原因,就觉得这个实验有危险,放弃了这项研究工作。后来查明实验失败的原因是他所用氮氢混合气体中含有O_2,H_2和O_2而发生了爆炸反应。稍后,德国著名的化学家能斯特通过理论计算,认为直接合成氨是不能实现的。后来才发现,他在计算时误用一个热力学数据,以致得出错误的结论。

在合成氨研究屡屡受挫的情况下,德国化学家哈伯进行了一系列实验,来探索合成氨的条件。在实验中他所取得的某些数据与能斯特采用的数据有所不同,他不盲从能斯特权威,而是依靠实验来检验,终于证实了能斯特的计算有错误。在一位来自英国的学生洛森诺的协助下,哈伯成功地设计出一套适合于高压的实验装置和合成氨的工艺流程。这个流程是:在炽热的焦炭上方吹入水蒸气,获得几乎等体积的一氧化碳和氢气的混合气体,其中的一氧化碳在催化剂的作用下,进一步与水蒸气反应,得到二氧化碳和氢气,然后将混合气体在较高压力下溶于水,二氧化碳被水吸收,就可以制得较纯净的氢气。同样将水蒸气与适量的空气混合通过红热的炭,空气中的氧和碳反应生成一氧化碳和二氧化碳,同样一氧化碳可以变换成二氧化碳后被水吸收除掉,就可以从空气得到了所需要的氮气。氮气和氢气的混合气体就可以在高温高压及催化剂的作用下合成氨。但什么样的高温和高压条件最佳呢? 用什么样的催化剂最好呢? 在物理化学研究领域中有很好基础的哈伯决心攻克这个难题,哈伯经过不断的实验和计算,终于在 1909 年取得了鼓舞人心的成果,在 600 ℃的高温、200 标准大气压和锇为催化剂的条件下,能得到产率约为8%的合成氨。8%的转化率是比较低的,会影响生产的经济效益,那怎么办? 哈伯认为若能使反应气体在高压下循环使用,并从循环中不断地把生成的氨分离出来,就可以提高原料的利用率,提高经济效益,这个生产工艺流程就是可行的。于是又设计了原料气的循环使用工艺流程,这就是合成氨的哈伯法。

走出实验室,进行工业化生产,仍将要付出艰辛的劳动。哈伯将他设计的工艺流程申请了专利后,把它交给了德国当时最大的化工企业——巴登苯胺和纯碱制造公司,这个公司原先计划采用电弧法生产氧化氮,然后再生产氨。两者相比较,公司立即取消了原先的计划,组织了以化工专家博施(Carl Bosch,1874～1947)为首的工程技术人员将哈伯的设计付诸实施。通过试验,他们认识到锇虽然是非常好的催化剂,但难于加工,因为它与空气接触时易转变为挥发性的四氧化锇,另外这种稀有金属在世界上的储量极少。哈伯建议的第二种催化剂是铀,铀不仅很贵,而且对痕量的氧和水都很敏感,也不行。为了寻找高效稳定的催化剂,工程师们在两年间中进行了多达 6 500 次的实验,测试了 2 500 种不同的配方,最后选定了含氧化钾、氧化镁等为助催化剂的铁催化剂。同时要开发研制出耐高压的设备,当时能受得住 200 标准大气压的材料是低碳钢,但氢气会对低碳钢进行脱碳腐蚀。博施想了许多办法,最后在低碳钢的反应管子里加上一层熟铁来作衬里,熟铁虽然强度弱,却不怕氢气腐蚀,这样总算解决了难题。哈伯的合成氨的设想终于在 1913 年得以实现,一个日产 30 吨的合成氨工厂建成并投产。人们称这种合成氨方法为"哈伯-博施法",这是具有世界意义的人工固氮技术的重大成就,也是化工生产实现高温、高压、催化反应的第一个里程碑。合成氨生产方法的创立,不仅开辟了固氮的途径,而且这一生产工艺对整个化学工艺的发展产生了重大的影响。由于合成氨工业生产的实现和对化学反应理论的研究成果,哈伯获得了 1918 年诺贝尔化学奖。

弗里茨·哈伯(Fritz Habe,1868～1934,图 4.45),德国化学家,1868 年 12 月9 日出生在德国西里西亚布雷斯劳(现为波兰的弗罗茨瓦夫)的一个犹太人家庭。父亲是知识丰富又善经营的犹太染料商人,家庭环境的熏陶使他从小就和化学有缘。哈伯天资聪颖,好学好问好动手,小小年纪就掌握了不少化学知识,他先后到柏林、海德堡、苏黎世求学,做过著名化学家霍夫曼和本生的学生。大学毕业后在耶拿大学一度从事有机化学研究,撰写过轰动化学界的论文,19 岁就破格被德国皇家工业大学授予博士学位。1896 年在卡尔斯鲁厄工业大学当讲师;1900 年哈伯研究领域从有机化学转向物理化学，研究电化学反应，并与波兰籍学生克累西门维茨一起发明和制造出酸度计；1901 年哈伯和美丽贤惠的克拉克小组结为伉俪；1906 年起哈伯任物理化学和电化学教授；1911 年改任在柏林近郊的威廉物理化学及电化学研究所所长，同时兼任柏林大学教授。

图 4.45　哈伯

　　1914 年第一次世界大战爆发，民族沙文主义所煽起的盲目爱国热情将哈伯深深地卷入战争的漩涡。哈伯参与设计的多家合成氨工厂已在德国建成，当时德国垄断了合成氨技术，这也促成了德皇威廉二世的开战决心，威廉认为只要能源源不断地生产出氨和硝酸，德国的粮食和炸药供应就有保证，再全力阻挠敌国获得智利硝石，就可以限制对方，德国就能获胜。哈伯的成功也给平民百姓带来了灾难、战争和死亡，这大概是他料想不到的。大战中哈伯承担了战争所需的材料的供应和研制工作，特别在研制战争毒气方面，他曾错误地认为，毒气进攻乃是一种结束战争、缩短战争时间的好办法，从而担任了大战中德国施行毒气战的科学负责人。根据哈伯的建议，1915 年 1 月德军把装盛氯气的钢瓶放在阵地前沿试验施放氯气，借助风力把氯气吹向敌阵。第一次野外试验获得了成功，于是在 1915 年 4 月 22 日德军发动伊普雷战役中，在 6 千米宽的前沿阵地上，5 分钟内德军施放了 180 吨氯气，约一人高的黄绿色毒气借着风势沿地面冲向英法军阵地（氯气密度较空气大，故沉在下层，沿着地面移动，进入战壕后会滞留下来）。这股毒浪使英法军人感到鼻腔、咽喉刺痛，随后有些人窒息而死。这样英法士兵被吓得惊慌失措，四散奔逃。据估计，英法军队约有 15 000 人中毒。这是军事史上第一次大规模使用杀伤性毒剂的现代化学战争，此后，交战双方都使用毒气，并且毒气的品种也增多。毒气造成了很大的伤亡，在欧洲遭到各国人民的一致谴责，科学家们更是指责这种不人道的行径。鉴于这一点，1918 年英、法等国科学家理所当然地反对授予哈伯诺贝尔化学奖，哈伯也因此在思想上受到很大的震动。战争结束后，他害怕被当作战犯而逃到乡下约半年。

　　1919 年第一次世界大战以德国失败而告终。战后的一段时间里，哈伯曾设计了一种从海水中提取黄金的方案，希望能借此来支付协约国要求的战争赔款，遗憾的是海水中的含金量远比当时人们想象的要少得多，他的努力只能付诸东流。此后，通过对战争的反省，他把全部精力都投入到科学研究中。在他卓有成效的领导下，威廉物理化学研究所成为世界上化学研究的学术中心之一。根据多年科研工作的经验,他特别注意为同事们创造一个毫无偏见并能独立进行研究的环境,在研究中他又强调理论研究和应用研究相结合,从而使他的研究所成为一流的科研单位,培养出很多高水平的研究人员。为了改变大战中他给人们留下的不光彩印象,他积极致力于加强各国科研机构的联系和各国科学家的友好往来,他的实验室里有将近一半成员来自世界各国。友好的接待、热情的指导,不仅使他得到了科学界的谅解,同时使他的威望日益提高。然而,不久悲剧再次降落在他身上。1933 年希特勒篡夺了德国的政权,建立了法西斯统治后,开始推行以消灭"犹太科学"为己任的所谓"雅利安科学"的闹剧。尽管哈伯是著名的科学家,但因为他是犹太人,也和其他犹太人一样遭到残酷的迫害,法西斯当局命令在科学和教育部门中解雇一切犹太人。弗里茨·哈伯被改名为"Jew 哈伯",即犹太人哈伯,他所领导的威廉物理化学研究所也被改组。哈伯于 1933 年 4 月 30 日庄严地声明:"40 多年来,我一直是以知识和品德为标准去选择我的合作者,而不是考虑他们的国籍和民族,在我的余生,要我改变我认为如此完好的方法,则是我无法做到的。"随后,哈伯被迫离开了祖国,流落他乡。首先他应英国剑桥大学的邀请,到鲍伯实验室工作。4 个月后,以色列的希夫研究所聘任他到那里领导物理化学的研究工作,但是在去希夫研究所的途中,哈伯的心脏病发作,于 1934 年 1 月 29 日在瑞士逝世。

二、侯氏制碱法(联氨法)

许多工业部门,尤其是纺织、肥皂、造纸、玻璃、火药等行业都需要大量碱。古代从草木灰中提取碱液,近代从盐湖水中取得天然碱,但这些方法是远远不能满足工业需求的。为此,1775 年法国科学院用 10 万法郎的悬赏来征求可工业化的制碱方法。1788 年,法国医生勒布兰提出了以氯化钠为原料的制碱法,经过四年的努力,建成了一套完整的生产流程。该方法包括以下阶段:首先使原料氯化钠与浓硫酸在高温下的反应得到中间产物硫酸钠,然后硫酸钠与木炭和碳酸钙反应得到碳酸钠。各步骤反应的化学方程式如下:

$$2NaCl + H_2SO_4 = Na_2SO_4 + 2HCl\uparrow$$
$$Na_2SO_4 + 2C = Na_2S + 2CO_2\uparrow$$
$$Na_2S + CaCO_3 = Na_2CO_3 + CaS$$

勒布兰制碱方法主要是固相反应,高温操作,存在许多缺陷:生产不能连续,劳动强度大,煤耗量大,产品质量也不高。工厂生产的氯化氢气体没有利用,排在空气中,危害工人健康,污染环境;硫化钙也是固体废弃物,长期堆积,臭气冲天。许多化学家想改革这种方法,到了 1862 年,比利时化学家索尔维(Ernest Solvay,1838~1922,图 4.46)才实现了氨碱法的工业化。由于这种新方法可以连续生产,产量大,产品质量高,废物

图 4.46　索尔维

也容易处理,很快取代了勒布兰制碱法。

　　掌握索尔维制碱法的资本家为了独享此项技术成果,他们采取了严密的保密措施,使外人对此新技术一无所知。一些技术专家想探索此项技术的秘密,但都没有成功,不料,后来这一秘密竟被一个中国人摸索出来了,这个人就是侯德榜。

　　侯德榜(1890~1974,图 4.47),出生于福建闽侯农村。少年时他学习十分刻苦,就是伏在水车上双脚不停地车水时,仍能捧着书本认真读。后来在姑母的资助下,他只身来到福州英华书院和闽皖路矿学堂学习,毕业后曾在津浦铁路符离集车站做过工程练习生,1911 年考入清华留美预备学校,经过三年的努力,他以 10 门功课 1 000 分的优异成绩被保送到美国留学。在美国八年中,他先后在麻省理工学院、柏拉图学院、哥伦比亚大学攻读化学工程专业,1921 年取得博士学位。

　　在国外留学时,他时刻怀念祖国,惦记着处于水深火热中的苦难同胞。1921 年,在纽约他遇到了赴美考察的陈调甫先生,陈先生受爱国实业家范旭东(1883~1945)的委托,为在中国兴办碱业特地到美国来物色人才。范旭东被称为"中国民族化学工业之父",是毛泽东主席称不能忘记的四个人之一。当陈调甫先生介绍帝国主义国家不仅对我国采取技术封锁,而且利用我国缺碱而卡我国民族工业的脖子的情况时,具有强烈爱国心的侯德榜马上表示,"可以放弃在美国的舒适生活,立即返回祖国,用自己的知识报效祖国"。1921 年 10 月,侯德榜回国后,出任范旭东创办的永利碱业公司的技师长(即总工程师)。要创业首先需要实干的精神,他脱下了白衬衫西

图 4.47　侯德榜

服,换上了蓝布工作服和胶鞋,身先士卒,同工人们一起操作,哪里出现问题,他就出现在哪里,经常干得浑身汗臭。他这种埋头苦干的作风赢得了工人们,甚至外国技师的赞赏和钦佩。

　　索尔维制碱法的原理很简单:先把氨气通入食盐水,然后向氨盐水中通入二氧化碳,生产出溶解度较小的碳酸氢钠;再将碳酸氢钠过滤出来,经焙烧后就能得到纯净洁白的碳酸钠(纯碱)。但是具体的生产工艺却被外国公司所垄断,所以侯德榜要掌握此法制碱,得完全靠自己进行摸索,要克服工艺设计、材料选择、设备的挑选和安装等一个又一个难关。经过了紧张而又辛苦的几个寒暑的奋战,侯德榜终于掌握了索尔维制碱法的各项技术要领。1924 年 8 月 13 日,永利碱厂正式投产,正当大家兴高采烈地等待雪白的纯碱从烘烧干燥炉中出来时,出现在眼前的却是暗红色的纯碱。怎么回事? 这无形给大家泼了一盆冷水。作为总工程师的侯德榜冷静地去寻找事故的原因,经过分析他发现纯碱变成暗红色是由于铁锈污染所致。

随后他们以少量硫化钠和铁塔接触,使铁塔内表面结成一层硫化铁保护膜,再出来后就是白色的纯碱。日产 180 吨纯碱的永利碱厂终于矗立在中国大地上。1926年,永利碱厂生产的"红三角"牌纯碱在美国费城举办的万国博览会上荣获了金质奖章。

侯德榜摸索出索尔维制碱法的奥秘,本可以高价出售其专利而大发其财,但是和范旭东一样,侯德榜主张把这一奥秘公布于众,让世界各国人民共享这一科技成果,使工业落后的国家不被人控制,也能生产出纯碱。为此侯德榜继续努力工作,把制碱法的全部技术和自己的实践经验用英文撰写了《纯碱制造》(*Manufacture of Soda*)一书,1933 年在美国纽约出版,该书把许多人梦寐以求的制碱法秘密公布于众,在世界学术界和工业界产生了深远影响,一个有骨气的中国人披露了索尔维制碱法的奥秘。

"三酸二碱"是化学工业的基本原料,仅能生产纯碱显然是不行的。在永利碱厂投入正常运行后,永利公司计划在南京筹建永利硫酸铵厂,这个厂可以同时生产氨、硫酸、硝酸和硫酸铵,建厂的重担自然又落在侯德榜的肩上。1937 年初,在侯德榜、范旭东及全厂员工的努力下,硫酸铵厂首次试车成功,侯德榜的又一事业成功了。

1937 年,日本侵华的战火烧向上海、南京。位于南京的硫酸铵厂是亚洲一流的化工厂,令日本侵略者垂涎三尺,日本侵略者看到永利公司的军事价值,年产一万吨硝酸,可以制造几万吨烈性炸药。他们派人企图收买范旭东和侯德榜,但范旭东、侯德榜明确地表示:"宁肯给工厂开追悼会,也决不与侵略者合作。"日本侵略者收买不成就加大压力威胁,甚至派飞机对碱厂进行狂轰滥炸。在战火逼近的情况下,侯德榜当机立断,布置技术骨干和老工人转移,把重要机件设备拆运西迁,迁移到大后方去。1938 年,侯德榜率西迁的全部员工在四川岷江岸边的五通桥建设永利川西化工厂。制碱的主要原料食盐,在川西只能来源于深井中的盐卤浓缩,而盐卤浓度低,所以食盐的成本很高,加上索尔维法的食盐转化率不高,这就进一步提高了制碱的成本,经济效益差。如果继续采用索尔维制碱法,生产就难以维持。

侯德榜经过调查,决定改进索尔维制碱法。他总结了索尔维法的优缺点,认为该方法的主要缺点在于,两种原料组分只利用了一半,即食盐($NaCl$)中的钠和石灰($CaCO_3$)中的碳酸根结合成的纯碱(Na_2CO_3),另一半组分食盐中的氯和石灰中的钙结合成了 $CaCl_2$,却没有利用。针对这个生产中的缺陷,侯德榜创造性地设计了联合制碱新工艺,这个新工艺把氨厂和碱厂建在一起,联合生产。由氨厂提供碱厂需要的液氨和二氧化碳,碱厂在母液里加入食盐使氯化铵结晶出来,作为化工产品或化肥,食盐溶液又可以循环使用。为了实现这一设计,在 1941~1943 年抗日战争的艰苦环境中,在侯德榜的严格指导下,经过了 500 多次循环实验,分析了2 000 多个样品后,才把工艺流程确定下来。这个新工艺使食盐利用率从 70% 一下子提高到 96%,也使原来无用的氯化钙转化成化肥氯化铵,解决了氯化钙占地毁田、污染环境的难题。该方法把世界制碱技术水平推向了一个新高度,赢得了国际化工界的极高评价。1943 年,中国化学工程师学会一致同意将这一新的联合制碱法命名为"侯氏联合制碱法"。侯氏联合制碱法的化学反应是

$$NH_3 + H_2O + CO_2 = NH_4HCO_3$$

$$NH_4HCO_3 + NaCl = NH_4Cl + NaHCO_3 \downarrow$$

$$2NaHCO_3 \xrightarrow{\triangle} Na_2CO_3 + H_2O + CO_2$$

即

$$NaCl(饱和) + NH_3 + H_2O + CO_2 = NH_4Cl + NaHCO_3 \downarrow$$

$$2NaHCO_3 \xrightarrow{\triangle} Na_2CO_3 + H_2O + CO_2 \uparrow$$

第一步:氨气与水和二氧化碳反应生成碳酸氢铵;第二步:碳酸氢铵与氯化钠反应生成氯化铵和碳酸氢钠沉淀,碳酸氢钠之所以沉淀是因为它的溶解度较小。又根据 NH_4Cl 在常温时的溶解度比 $NaCl$ 大,而在低温下却比 $NaCl$ 小的原理,在 5～10 ℃时,使 NH_4Cl 单独结晶析出,作为氮肥。该方法与合成氨厂联合,使合成氨的原料气中 CO 转化成 CO_2,革除了过去用 $CaCO_3$ 制 CO_2 这一工序。侯氏制碱法的最大特点是,在索尔维法的滤液中加入食盐固体,并在 30～40 ℃下往滤液通入氨气和二氧化碳气体,使它达到饱和,然后冷却到 10 ℃以下,结晶出氯化铵,其母液重新使用。

新中国即将成立的 1949 年初,侯德榜还在印度指导工作,1949 年 4 月南京解放。当他得到友人转来的周恩来给他的信后,他立即克服种种阻挠,于 1949 年 7 月回到了气象更新的祖国,作为科学家代表参加了全国政治协商会议。从此他开始投入到恢复、发展新中国化学工业的崭新工作中。他担任过化学工业部副部长,为了祖国的化工事业,他走遍大江南北、长城内外。侯德榜先生对科学的态度一贯是严肃认真的,在研究联合制碱的过程中,要求每个试验都得做 30 多遍才行。开始时有些人不理解,认为这是浪费时间和耗费精力,多此一举。后来的事实证明,多数试验进行了 20 多次以后,数据才稳定下来,这样得到的数据才是可靠的。

侯德榜先生像一名辛勤的园丁,为我国化学工业的发展培养了一批又一批的技术骨干。他常常以"勤能补拙"来勉励青年人,他认为外国人能做到的,中国人也能做到。"难道黄头发绿眼睛的人能搞出来,我们黑头发黑眼睛的人就办不到吗?"这是他的名言。

侯德榜先生一生事业有成,还有一个原因:家有爱妻张淑春做他的坚强后盾。与他患难与共的妻子,是来自福建农村的一位农家妇女,不管侯德榜地位如何升迁,他们都是恩恩爱爱、相敬如宾,50 多年不变。1958 年 1 月,侯德榜先生正率领中国化工代表团访问日本时,爱妻病逝,他悲痛欲绝,晚年时常思念爱妻。1963 年,因生活需要人照顾,有人劝他续弦,他写下了三首情深意切的悼亡诗,以诗明志,誓不再娶:

> 十七来家结褵时,金婚七十已逾期。
>
> 唯将白发守空房,报答半生死别离。
>
> 婚后离家几十年,死时见面也无缘。
>
> 誓于晚岁勤研究,答谢平生贤内助。
>
> 秉性刚强意志坚,一人做事一人肩。
>
> 丈夫儿女勤防护,慈母贤妻两自兼。

1974 年 8 月 26 日,侯德榜先生因病与世长辞,享年 84 岁。1990 年 8 月在北京举行纪念侯德榜 100 周年诞辰大会,缅怀这位中国化学工业的奠基人。

三、现代有机合成之父伍德沃德

伍德沃德(Robert Burns Woodward,1917~1979,图 4.48),1917 年 4 月 10 日出生于美国马萨诸塞州的波士顿。从小喜读书,善思考,学习成绩优异。1933 年夏,只有 16 岁的伍德沃德就以优异的成绩考入美国著名大学麻省理工学院。在全

图 4.48　伍德沃德

班学生中,他是年龄最小的一个,素有"神童"之称。学校为了培养他,为他一人单独安排了许多课程。他聪颖过人,只用了三年时间就学完了大学的全部课程,并以出色的成绩获得了学士学位。伍德沃德获学士学位后,直接攻取博士学位,只用了一年的时间,就学完了博士生的所有课程,通过论文答辩获博士学位。从学士到博士,普通人往往需要六年左右的时间,而伍德沃德只用了一年,这在他同龄人中是最快的。获博士学位以后,伍德沃德在哈佛大学执教,1950 年被聘为教授。他教学极为严谨,且有很强的吸引力,特别重视化学演示实验,着重训练学生的实验技巧,他培养出来的学生,许多人成了化学界的知名人士,其中包括获得 1981 年诺贝尔化学奖的波兰裔美国化学家霍夫曼(R. Hoffmann,1937~)。伍德沃德在化学上的出色成就,使他名扬全球。1963 年,瑞士人集资办了一所化学研究所,此研究所就以伍德沃德的名字命名,并聘请他担任了第一任所长。

伍德沃德是 20 世纪在有机合成化学实验和理论上,取得划时代成果的有机化学家,他以极其精巧的技术,合成了胆甾醇、皮质酮、士的宁、利舍平、叶绿素等多种复杂有机化合物。据不完全统计,他合成的各种极难合成的复杂有机化合物超过 24 种,所以他被称为"现代有机合成之父"。伍德沃德还探明了金霉素、土霉素(图 4.49)、河豚素等复杂有机物的结构与功能,以及核酸与蛋白质的合成问题,发现了

以他的名字命名的伍德沃德有机反应和伍德沃德有机试剂。他在有机化学合成、结构分析、理论说明等多个领域都有独到的见解和杰出的贡献,他还独立地提出二茂铁的夹心结构(图 4.50),这一结构与英国化学家威尔金森(G. Wilkinson)、菲舍尔(E. O. Fischer)的研究结果完全一致。

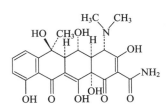

图 4.49 土霉素的化学式

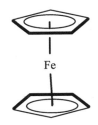

图 4.50 二茂铁结构

1965 年,伍德沃德因在有机合成方面的杰出贡献而荣获诺贝尔化学奖。获奖后,他并没有因为功成名就而停止工作,而是向着更艰巨更复杂的有机化学合成方向前进。他组织了 14 个国家的 110 位化学家,协同攻关,探索维生素 B_{12} 的人工合成问题。在他以前,这种极为重要的药物只能从动物的内脏中提炼,所以价格极为昂贵,且供不应求。维生素 B_{12} 的结构(图 4.51)极为复杂,伍德沃德经研究发现,它有 181 个原子,在空间呈魔毡状分布,性质极为脆弱,受强酸、强碱、高温的作用都会分解,这就给人工合成造成极大的困难。伍德沃德设计了一个拼接式合成方案,即先合成维生素 B_{12} 的各个局部,然后再把它们拼接起来。这种方法后来成了合成有机大分子的普遍方法。在合成维生素 B_{12} 过程中,不仅存在一个创新的合成技术的问题,还有一个传统化学理论不能解释的有机理论问题。为此,伍德沃德参照了日本化学家福井谦一提出的"前沿轨道理论",和他的学生兼助手霍夫曼一起,

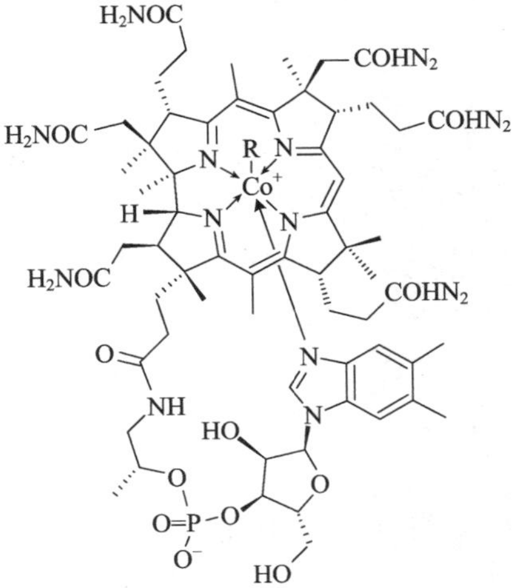

图 4.51 维生素 B_{12} 的结构

提出了分子轨道对称守恒原理。该原理指出,反应物分子外层轨道对称一致时,反应就易进行,这叫"对称性允许";反应物分子外层轨道对称性不一致时,反应就不易进行,这叫"对称性禁阻"。分子轨道理论的创立,使霍夫曼和福井谦一共同获得了 1981 年诺贝尔化学奖。因为 1981 年伍德沃德已去世 2 年,而诺贝尔奖又不授给已去世的科学家,所以学术界认为,如果伍德沃德还健在的话,他必是获奖人之一,那样,他将成为少数两次获得诺贝尔奖的科学家之一。伍德沃德合成维生素 B_{12} 时,共做了近千个复杂的有机合成实验,历时 11 年,终于在他谢世前完成了复杂的维生素 B_{12} 的合成工作。

在有机合成过程中,伍德沃德以惊人的毅力夜以继日地工作。例如在合成士的宁、奎宁碱等复杂物质时,需要长时间的守护、观察和记录,那时,伍德沃德每天只睡 4 小时,其他时间均在实验室工作。伍德沃德谦虚和善,不计名利,善于与人合作,一旦出了成果,发表论文时,总喜欢把合作者的名字署在前边,他自己有时干脆不署名。对他的这一高尚品质,学术界和他共过事的人都交口称赞。伍德沃德对化学教育尽心竭力,他一生共培养研究生、进修生 500 多人,他的学生已遍布世界各地。伍德沃德在总结他的工作时说:"之所以能取得一些成绩,是因为有幸和世界上众多能干又热心的化学家合作。"1979 年 6 月 8 日,伍德沃德因积劳成疾,与世长辞,终年 62 岁。

四、福井谦一的前沿轨道理论

福井谦一(1918～1998,图 4.52)出生于日本奈良市,他的父亲福井亮吉不愿意在落后、闭塞的乡村里继续生活下去,于是全家迁往大阪府的岸里。当时的岸里还保留着自然的田园风光。福井谦一就经常留恋于大自然的风光中,于是产生了探索大自然奥秘的遐想。每逢暑假他就乘火车回到他的出生地——奈良的外婆家,欣赏大自然的风光,感受大自然的情趣。

他在中小学时期没有获得过什么值得夸耀的成绩,虽然他并不是不认真学习的孩子,但令他更感兴趣的是到大自然中去游玩,而他的父母采取不干涉主义,也从不过问他的学习成绩,但只要对孩子学习有好处的事,便会默默地去做。他们为孩子购买大量的文学和科普类的少儿读物,但从不强迫孩子去读书,而是让孩子凭着自己的爱好和兴趣去自觉地读书,使读书成为一种乐趣和享受。在福井谦一的记忆中,父母从未对他说过"要好好学习"之类的话,也几乎没有问过"学校教了什么?""成绩怎么样?"他倒是记得经常在考试的前一天

图 4.52　福井谦一

晚上,父亲特意和他下了一盘围棋。而《国家地理》和《昆虫记》这两本书将福井谦一热爱大自然的朴素感情逐渐上升到了探求科学奥秘的高度,对他的一生产生了重要的影响。中学时期的福井谦一讨厌化学,因为他讨厌死记硬背,在上第一节化学课前,由于他不认真地背熟答案,老师对他的回答丝毫不赞赏。从此,他对背化学成分、公式和元素周期表就更没兴趣了,并对整个化学课都很厌烦。中学快毕业时,京都大学工学院工业化学系副教授喜多源益听说他数学和德语比较好时,向他推荐学习化学专业,这原本令他讨厌的化学,使他日后成为一名世界著名化学家。

1938 年,他进入了京都大学工学院工业化学系学习,但是他对本专业并不热心,相反倒是经常跑去理学院听物理课,并对当时物理学的前沿理论量子力学产生了浓厚的兴趣,在图书馆借阅了大量这方面的书籍。这在当时一般人看来似乎是有点"不务正业",然而这恰恰为他日后从事化学理论研究打下了坚实的基础。直到大学的最后一年,他遇上了新宫春男副教授,才体会到了化学实验的乐趣,逐渐真正喜欢上了化学,并确定了用物理学的量子力学说明化学反应过程作为研究目标。1951 年,他开始了用量子力学理论说明化学反应原理的第一篇论文的构思和撰写工作,这篇论文在美国物理学会的《化学物理学》杂志 1952 年 4 月号上发表,日本国内有些人不以为然,直到 60 年代以后,他所创立的"前沿轨道理论"受到欧美许多著名科学家的高度评价后,他才逐渐得到日本化学界的承认。此后,他继续进行研究,使"前沿轨道理论"逐渐完善。由于此项研究成果,1981 年福井谦一获得了诺贝尔化学奖。

前沿轨道理论是福井谦一赖以成名的理论,该理论将分子周围分布的电子云根据能量细分为不同能级的分子轨道。福井认为有的电子占据的能量最高的分子轨道(即最高占据轨道,HOMO)和没有被电子占据的能量最低的分子轨道(即最低未占据轨道,LUMO)是决定一个体系发生化学反应的关键,其他能量的分子轨道对于化学反应虽然有影响,但是影响很小,可以暂时忽略,HOMO 和 LUMO 便是所谓前沿轨道。福井提出,通过计算参与反应的各粒子的分子轨道,获得前沿轨道的能量、波函数相位、重叠程度等信息,便可以相当满意地解释各种化学反应行为。对于一些经典理论无法解释的行为,应用前沿轨道理论可以给出令人满意的解释。前沿轨道理论简单、直观、有效,因而在化学反应、生物大分子反应过程、催化机理等研究方面有着广泛的应用。前沿轨道理论是将复杂、抽象的量子化学公式转化为简单直观的近似理论。通过他提出的理论,传统的化学家可以不经过抽象的公式推导和计算,直接使用量子化学的理论指导实验,为他们打开了理论化学神秘的大门。为此福井专门编写了《图解量子化学》一书,这部书是非理论化学专业工作者了解量子化学的经典读物。1951 年福井谦一提出这一理论时,并未引起人们的注意,1959 年伍德沃德和霍夫曼首先肯定这一理论的价值,并用它来研究周环反应的立体化学选择定则,进一步把它发展成为分子轨道对称守恒原理,不仅解释了以前化学反应中的一些不能解释的现象,而且能预测许多化学反应能否进行,

维生素 B_{12} 的合成就是在前沿轨道理论和分子轨道对称守恒原理指导下成功的例子。

五、世界上第一次用人工方法合成结晶牛胰岛素

人和动物胰脏内有一种呈岛形分布的细胞,分泌出一种叫胰岛素的激素,具有降低血糖和调节体内糖代谢的功能。胰岛素是一种蛋白质,蛋白质是生物体的主要功能物质,生命活动主要通过蛋白质来体现。1889 年,德国的敏柯夫斯基首次发现了胰脏和糖尿病的关联后,就不断有人研究胰脏的"神秘内分泌物质"。1921年,加拿大的弗雷德里克·班廷等首次成功提取到了胰岛素,并成功地应用于临床治疗,因而获得了 1923 年诺贝尔医学奖。1948 年,英国生物化学家桑格就选择了一种分子量小,但具有蛋白质全部结构特征的牛胰岛素作为实验的典型材料进行研究,于 1952 年搞清了牛胰岛素的 A 链和 B 链上所有氨基酸的排列次序以及这两个链的结合方式,次年,他宣布破译出了牛胰岛素的全部结构。这是人类第一次搞清了一种重要蛋白质分子的全部结构,桑格也因此荣获 1958 年诺贝尔化学奖。

牛胰岛素是一种蛋白质分子,它由 A,B 两条肽链,共 17 种 51 个氨基酸组成。A 链含有 21 个氨基酸,B 链含有 30 个氨基酸,2 条多肽链间由 2 个二硫键(二硫键是由两个—SH 连接而成的)连接,在 A 链上也形成 1 个二硫键。

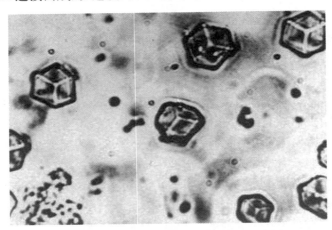

图 4.53　人工方法合成结晶牛胰岛素

人工合成胰岛素,是一项复杂而艰巨的工作。在 20 世纪 50 年代末,世界权威杂志《自然》曾发表评论文章,认为人工合成胰岛素还有待于遥远的将来。1958 年12 月底,我国人工合成胰岛素课题正式启动,中国科学院上海生物化学研究所、中国科学院上海有机化学研究所和北京大学生物系三个单位联合,以钮经义为首,由龚岳亭、邹承鲁、杜雨花、季爱雪、邢其毅、汪猷、徐杰诚等人共同组成一个协作组,在前人对胰岛素结构和肽链合成方法研究的基础上,开始探索用化学方法合成胰岛素。经过周密研究,他们确立了合成牛胰岛素的程序,合成工作分三步来完成:第一步,先把天然胰岛素拆成两条链,再把它们重新合成为胰岛素,并于 1959 年突

破了这一难题,重新合成的胰岛素是同原来活力相同、形状一样的结晶;第二步,用人工合成的 B 链同天然的 A 链相连接,这种牛胰岛素的半合成在 1964 年获得成功;第三步,把经过检验的半合成的 A 链与 B 链相结合。研究小组经过 6 年多坚持不懈的努力,终于在 1965 年 9 月 17 日,在世界上首次用人工方法合成了结晶牛胰岛素。原国家科委先后两次组织著名科学家进行科学鉴定,经过严格鉴定,它的结构、生物活力、物理化学性质、结晶形状都和天然的牛胰岛素完全一样。随后,1965 年 11 月,这一重要科学研究成果首先以简报形式发表在《科学通报》杂志上,1966 年 3 月 30 日,全文发表。我国首次人工合成了结晶牛胰岛素,在当时这一领域的研究处于世界领先地位。这项成果获 1982 年国家自然科学一等奖。

自 1966 年 3 月"人工全合成结晶牛胰岛素"的研究工作在《科学通报》杂志上对外发表后,许多国家的电视台和报纸先后作了报道,各国科学家纷纷来信表示祝贺。诺贝尔奖获得者、英国剑桥大学教授托德来信为这一伟大的工作向研究者致以最热忱的祝贺。人工牛胰岛素的合成,标志着人类在认识生命、探索生命奥秘的征途中迈出了关键性的一步,促进了生命科学的发展,开辟了人工合成蛋白质的时代。1966 年 8 月 1 日在华沙召开的欧洲生物化学联合会第 3 次会议上,中国人工合成胰岛素成了会议的中心话题。英国分子生物学家、诺贝尔奖获得者、胰岛素一级结构的阐明者桑格(F. Sanger)博士特别兴奋,他说:"中国合成了胰岛素,也解除了我思想上的一个负担。"原来,当时有人对他 1955 年提出的胰岛素一级结构的部分顺序表示怀疑。

钮经义(1920~1995),江苏兴化人,中国生物化学家,铜仁一中校友,中国科学院院士。钮经义 1920 年 12 月 26 日生于江苏兴化,1937 年抗日战争爆发,他和一些同学历尽艰辛,辗转至贵州铜仁进入新组建的国立三中就读。1938 年高中毕业后被保送入昆明西南联合大学化学系学习,1942 年毕业。1948 年赴美留学,1953年获美国德克萨斯大学哲学博士学位。历任中国科学院上海生物化学研究所研究员、室主任,中科院生物学部委员等职。擅长有机合成、蛋白质结构分析与多肽合成。应用部分肼解和酶解的方法解决了烟草花叶病毒蛋白亚基 C 端排列中存在的问题,1958 年起开展了人工合成胰岛素研究,对制订合成方案,直至胰岛素 B 链的合成做出了贡献,是中国人工合成牛胰岛素的主要成员,在半合成和全合成中做出了重要贡献,并因此获得 1979 年诺贝尔化学奖提名,1982 年获得国家自然科学奖一等奖,1983 年获得国家发明奖二等奖,1980 年当选为中国科学院院士(学部委员)。

1978 年 9 月,杨振宁向邓小平提出他准备提名人工合成胰岛素的中国科学家为诺贝尔奖候选人。

图 4.54　钮经义

与此同时,中国科学院上海生物化学研究所所长王应睐收到瑞典皇家科学院诺贝尔化学奖委员会主席 B. 乌尔姆斯特洛姆等 6 位教授的来信,要他在 1979 年 1 月 31 日前推荐 1979 年度诺贝尔化学奖候选人。中国科学院推荐作为诺贝尔奖的候选人,并不像某些人说的那样,我们报了二百多人,把研究所扫地的、做饭的、刷厕所的全报上去了。1978 年 12 月 11 日至 13 日,钱三强组成了 17 人的评选委员会,采用无记名投票方式,初步推选出四人:钮经义(生物化学研究所)、邹承鲁(原生物化学研究所,1970 年调入北京生物物理研究所)、季爱雪(女,北京大学化学系)和汪猷(有机化学研究所),最后推选上海生物化学研究所钮经义作为诺贝尔化学奖 1979 年度候选人。但是,1979 年诺贝尔化学奖的得主为美国人维提希,钮经义未能获选,自然令人惋惜。

中国科学家没有因人工合成胰岛素获得诺贝尔化学奖,不过也没有其他国家科学家因为合成胰岛素而获奖,因为诺贝尔奖有一个要求,即必须是完全创新的成果。为什么胰岛素这么一个复杂的东西合成了没有获诺贝尔奖? 因为合成所用的方法都是大家知道的,没有创新的方法也就无缘诺贝尔奖了。

六、屠呦呦与高效抗疟新药——青蒿素

屠呦呦(图 4.55),女,1930 年 12 月 30 日生,药学家,中国中医研究院终身研究员兼首席研究员,青蒿素研究开发中心主任。屠呦呦是第一位获得诺贝尔科学奖的中国本土科学家、第一位获得诺贝尔生理学或医学奖的华人科学家。

1969 年,中国中医研究院接受抗疟药研究任务,屠呦呦领导课题组从系统收集整理历代医籍、本草、民间方药入手,在收集 2 000 余方药基础上,编写了 640 种药物为主的《抗疟单验方集》,对其中的 200 多种中药开展实验研究,历经 380 多次失败,1971 年发现中药青蒿乙醚提取物的中性部分对疟原虫有 100% 抑制率。

图 4.55　屠呦呦

1971 年,从该有效部分中分离得到抗疟有效单体,命名为青蒿素。青蒿素为一种具有"高效、速效、低毒"优点的新结构类型抗疟药,对各型疟疾特别是抗性疟有特效。1973 年,为确证青蒿素结构中的羰基,合成了双氢青蒿素,又经构效关系研究,明确在青蒿素结构中过氧是主要抗疟活性基团,在保留过氧的前提下,羰基还原为羟基可以增效,为国内外开展青蒿素衍生物研究打开了局面。在北医有关部门支持下,已将双氢青蒿素用于治疗红斑狼疮和光敏性疾病。1981 年 10 月,在北京召开了由世界卫生组织等主办的国际青蒿素会议上,屠呦呦以首席发言人的身份作《青蒿

素的化学研究》的报告,获得了高度评价,认为"青蒿素的发现不仅增加一个抗疟新药,更重要的意义还在于发现这一新化合物的独特化学结构,它将为合成设计新药指出方向"。

2011 年 9 月,青蒿素研究成果获拉斯克临床医学奖。获奖理由是"因为发现青蒿素——一种用于治疗疟疾的药物,挽救了全球特别是发展中国家的数百万人的生命"。

2015 年 10 月 5 日,瑞典卡罗林斯卡医学院在斯德哥尔摩宣布,中国女药学家、中国中医科学院中药研究所首席研究员屠呦呦、威廉·坎贝尔和大村智获 2015 年诺贝尔生理学或医学奖。这是中国科学家因为在中国本土进行的科学研究而首次获诺贝尔科学奖,是中国医学界迄今为止获得的最高奖项。理由是她发现了青蒿素,这种药品可以有效降低疟疾患者的死亡率。2015 年 12 月 7 日下午,2015 年诺贝尔生理学或医学奖得主、中国科学家屠呦呦在瑞典卡罗林斯卡医学院用中文发表《青蒿素的发现:传统中医献给世界的礼物》的主题演讲。

2016 年 3 月,屠呦呦获影响世界华人终身成就奖。2017 年 1 月 9 日,国务院授予屠呦呦研究员 2016 年度国家最高科学技术奖。这是国家最高科学技术奖首次授予女性科学家。

思 考 题

1. 合成氨的工艺流程实现有什么重要历史意义? 第一次世界大战中哈伯指导德军使用了什么毒气进行了化学战?

2. 侯德榜联合制碱法中为什么要加入大量食盐? 哪一位化学家是毛泽东主席称不能忘记的四个人之一?

3. 维生素 B_{12} 是由哪位化学家人工合成出来的?

4. 中国用人工方法合成了结晶牛胰岛素,为什么没有在 1979 年获得诺贝尔化学奖?

5. 第一位获得诺贝尔科学奖项的中国本土科学家是谁?

第五节　现代化学的特点和代表性分支学科

现代化学的发展,到现在已有 100 多年的历史了,虽然这个历史发展时期尚未完结,但是它的理论、方法、实验技术和应用等方面,都已发生了深刻的变化。研究现代化学发展的历史过程,可以加深我们对现代化学的认识。

一、现代化学的特点

现代化学内容丰富,深入到各个领域,有五个鲜明的特点。

1. 发展速度更快

新的成果无论在数量上,还是在水平上,都不断给人以新鲜的感觉,化学研究从宏观进入微观,需要研究的问题更多,各种学科与化学相互渗透形成大量新学科,因此各种研究结果层出不穷。

2. 宏观和微观共同研究

原子结构理论、化学键的价键理论、分子轨道理论和配位场理论,是现代化学的重要基础理论。借助于激光技术和分子束技术,微观反应动力学研究已深入到态-态反应的层次。

3. 化学的数学化程度高

数学在化学中应用逐渐增多,应用范围日趋扩大。线性代数、矩阵、群论与群表示、图论等在化学中应用越来越广泛。

4. 实验水平空前提高

各种实验手段成为探索化学奥秘的犀利武器,大量多功能、高精度实验仪器进入实验室。

5. 新的分支学科大量增加

在传统学科深入研究的基础上,许多学科之间相互交叉和渗透,形成许多新的分支学科。

二、现代化学的代表性分支学科

除了 19 世纪形成的无机化学、有机化学、分析化学、物理化学外,现代化学还形成了许多不同层次上的新兴分支学科。下面简单介绍一些主要分支学科。

1. 放射化学

放射化学主要研究放射性核素的制备、分离、纯化、鉴定,探求它们在极低浓度时的化学状态、核转变的性质和行为,以及放射性核素在各学科领域中的应用。放射化学是研究放射性物质,以及与原子核转变过程相关的化学问题的化学分支学科。

放射化学是 1898 年居里夫妇创立的一门新学科。"放射化学"这一名称是由卡麦隆在 1910 年提出的,他指出放射化学的任务是研究放射性元素及其衰变产物的化学性质,这一定义反映了放射化学发展初期的研究对象和内容。现代放射化学主要研究天然放射性元素和人工放射性元素的化学性质和核性质及其提取制备、纯化它们的化学过程和工艺,重点是作为核燃料的铀、钍、钚和超铀元素及裂片元素;研究原子核的性质、结构、核反应和核衰变的规律;研究放射性物质的分离、分析以及核技术在分析化学中的应用;研究放射性核素及其标记化合物和辐射源的制备及其在工业、农业、科学研究、医学等领域中的应用。重点是为用反应堆和加速器生产各种放射性核素和辐射源。

放射化学在中国的发展始于 1924 年,居里夫人的中国学生郑大章,从巴黎镭研究所居里实验室为祖国第一次带回了放射化学,在当时的国立北平研究院建立了中国的镭学研究所。郑大章等人研究镁及铀系元素的放射性,取得了一批成果。1949 年中华人民共和国成立,中国的放射化学获得了巨大的发展。1951 年约里奥-居里夫妇的学生杨承宗,回国后专门从事放射化学工作。从 50 年代开始,随着核能事业的发展,放射化学作为一门基础学科得到了相应的发展。几十年来,特别是围绕核燃料的生产和回收、放射性核素的制备和应用、锕系元素化学、核化学、放射性废物的处理及其综合利用、放射分析化学以及辐射化学等领域都取得了丰硕成果。1964 年 10 月原子弹和 1967 年 6 月氢弹的试爆成功,反映了中国放射化学与核科学技术达到了较高的水平。

2. 高分子化学

高分子化学是化学的一个分支学科,是在 20 世纪 30 年代才建立起来的一个较年轻的学科。高分子化学是研究高分子化合物的合成、化学反应、物理化学、物理加工成型、应用等方面的一门综合性学科。高分子的结构特点是:分子内有非常多的原子,并以化学键相连接,因而分子量很大;高分子可分为人工合成的高分子和天然高分子。自然界中的动植物就是以高分子为主要成分而构成的,人类的主要食物如淀粉、蛋白质等,也都是高分子。目前主要有光电磁功能高分子、高分子液晶显示技术、分子器件、高分子药物、控制药物释放材料、医疗诊断材料、人体组织修复材料和代用品、微小机械材料和各种敏感检测材料等。

1920 年,德国化学家施陶丁格(Hermann Staudinger,1881～1965)指出长链分子是由单体小分子组合形成的。1922 年,他又进一步提出高分子是由长链大分子构成的。但当时这一观点并没有得到广泛认同,甚至受到一些化学权威的激烈抨击,直到 20 世纪 30 年代初,众多实验结果均证实了施陶丁格的观点。1932 年,施陶丁格出版了《高分子有机化合物》一书,成为高分子化学这门学科正式诞生的标志。30 年代末,美国化学家卡罗瑟斯(Wallace Hume Carothers,1896～1937)发现可用缩聚方法合成高分子化合物,使其成为广泛应用的新材料。此后,高分子合成技术为工农业、交通运输、医疗卫生、军事技术以及人们衣食住行各方面提供了多种性能优异的材料。高分子化学近年来飞速发展,它不仅帮助人类更深刻地认识自然界各种高分子化合物的结构、特性和变化规律,而且还有力地推动了高分子合成技术的进步。

3. 生物无机化学

生物无机化学又称无机生物化学和生物配位化学,是生物化学和无机化学之间的交叉学科,涉及无机化学、生物化学、医学等多种学科的交叉领域,主要研究生物体内存在的各种元素,尤其是微量金属元素与体内有机配体所形成的配位化合物的组成、结构、形状、转化，以及在一系列重要生命活动中的作用。生物体内存在钠、钾、钙、镁、铁、铜、钼、锰、钴、锌等十几种元素，它们能与体内存在的糖、脂肪、蛋白质、核酸等大分子配体和氨基酸、多肽、核苷酸、有机酸根、O_2、Cl^- 等小分子配体形成化合物，主要是配位化合物。

　　生物无机化学的诞生和发展差不多经历了半个世纪，而作为一个独立学科的建立，却是 1969 年的事情。众所周知，这个学科是在无机化学和生物学的相互交叉、渗透中发展起来的一门边缘学科，它的基本任务是从现象学上以及从分子、原子水平上研究金属与生物配体之间的相互作用，而对这种相互作用的阐明有赖于无机化学和生物学两门学科水平的高度发展。由于应用理论化学方法和近代物理实验方法研究物质（包括生物分子）的结构、构象和分子能级的飞速进展，揭示生命过程中的生物无机化学行为成为可能，生物无机化学正是这个时候作为一门独立学科应运而生的。

　　中国较早就有一些不同学科的研究者在生物矿化等方面开展工作，但生物无机化学作为一门学科的出现，应以 1984 年全国第一次生物无机化学会议（在武汉）的召开为标志。总之，从 80 年代初，中国从事不同学科的化学家顺应国际上这一新学科的发展，不少人纷纷转到生物无机化学这块园地耕耘。

4. 金属有机化学

　　金属有机化学和有机金属化学是同一概念的不同说法，Organometallic Chemistry 直译为有机金属化学，中文习惯称为金属有机化学。20 世纪 50 年初，是金属有机化学的开端。

　　纵观金属有机化学发展史，其特点是很有趣的，有趣在于其具有多样性和意外性，因此有人说，金属有机化学的历史是一部充满意外发现的历史。最早的金属有机化合物是 1827 年由丹麦药剂师 Zeise 用乙醇和氯铂酸盐反应合成的。金属与烷基直接键合的化合物是 1849 年由弗兰克兰（E. Frankland，1825～1899）在偶然的机会中合成的，他设计的是一个获取乙基游离基的实验，实验中误将 C_4H_{10} 当成了乙基游离基，意外获得二乙基锌的惊人发现。所以人们称这个实验为"收获最多的失败"。1890 年 Mond 发现了羰基镍的合成方法；1900 年格林尼亚（Grignard）发现了 Grignard 试剂（因此获得 1912 年诺贝尔化学奖）。但是，金属有机化学飞速发展的契机仍是 1951 年 Pauson 和 Miller 合成的著名"夹心饼干"——二茂铁，以及 1953 年齐格勒（Ziegler）与纳塔（Natta）发现的齐格勒-纳塔（Ziegler-Natta）催化剂。这种有机金属催化剂，由四氯化钛与三乙基铝 $[TiCl_4—Al(C_2H_5)_3]$ 组成，适用于常压催化乙烯聚合，所得聚乙烯具有立体规则性好、密度高、结晶度高等特点。由于这个成功研究，他们获得了 1963 年诺贝尔化学奖。

　　注意，金属有机化合物是金属与有机基团以金属与碳直接成键而成的化合物，因而，金属与碳之间若有氧、硫、氮等原子相隔，不管该金属化合物多么像有机化合物，也不能称为金属有机化合物。

5. 金属原子簇化学

金属原子簇化学是当前化学中最饶有趣味而又极其活跃的领域之一,首先由弗兰克·阿尔伯特·科顿(F. A. Cotton)于 1966 年提出,对于研究生命科学、材料科学、有机金属化学等领域都有很重要的意义。卢嘉锡将 cluster 译为"原子簇",将 cluster compound 译为"原子簇化合物"。原子簇有多种定义,比较全面的是由徐光宪、江元生等人提出的定义:凡以三个或三个以上原子直接键合构成的多面体或笼为核心,连接外围原子或基团而形成的结构单元称原子簇。

我国化学家卢嘉锡的工作涉及物理化学、结构化学、核化学和材料化学等多个学科领域,在结构化学研究工作中有杰出贡献,曾提出固氮酶活性中心的结构模型,从事结构与性能的关系研究等,对中国原子簇化学的发展起了重要推动作用。1978 年,卢嘉锡在中国化学会年会上发表了《原子簇化合物的结构化学》的论文,他在化学模拟生物固氮和过渡金属原子簇化合物研究方面取得了令人钦佩的成就。

卢嘉锡(1915～2001,图 4.56),福建厦门人,原籍台湾省台南市,祖籍福建省龙岩市坎市镇浮山村 ,物理化学家、教育家、社会活动家和科技组织领导者。1934 年,卢嘉锡毕业于厦门大学化学系;1939 年,获英国伦敦大学学院哲学博士学位;1955 年,当选为中国科学院学部委员(院士);1981 年 5 月,出任中国科学院院长;1993 年 3 月,当选为第八届全国人大常委会副委员长。

图 4.56　卢嘉锡

6. 天然有机合成

该学科主要研究甾族化合物以及抗生素的人工合成,它代表了当代有机合成的水平。

甾族化合物具有环戊烷并氢化菲(称为甾核或甾体)的环系结构。在 C_{13} 和 C_{10} 上各有一个角甲基,C_{17} 上有一个侧链或含氧基团。甾族分子的四个环处于一均等平面,甾族环系可以是完全饱和的,或在不同位置含有不同数目的双键。某些甾族的 A 环和 B 环含有一个、两个或三个双键(芳环)。甾族化合物失去角甲基或环缩小时,称为降甾族化合物;角甲基换为乙基或环扩大时,称为高甾族化合物;甾环裂开时,称为开环甾族化合物。构成甾族骨架的原子除碳原子外,还有其他原子的,称为杂环甾族化合物,如氮杂、氧杂、硫杂、硅杂、磷杂、硒杂和碲杂甾族化合物。

甾族化合物有极为重要的生理活性,例如激素、维生素、毒素、生物碱等一些重要的药物,甾族化合物的研究直接促进构象问题、分子轨道守恒、生物合成等重大理论问题的发展。甾族化合物的全合成,就是指从元素或非甾族化合物经一系列化学反应或微生物转化,建造甾族环系,引入角甲基,在不同位置引入特定构型的官能团。多年来,从天然资源所能提供的甾族化合物不能满足人们的需要,从而极大地促进了甾族的部分合成和全合成。

7. 生物化学

生物化学是运用化学的理论和方法研究生命物质的学科,其任务主要是了解生物的化学组成、结构及生命过程中各种化学变化。从早期对生物总体组成的研究,进展到对各种组织和细胞成分的精确分析。目前正在运用诸如光谱分析、同位素标记、X射线衍射、电子显微镜以及其他物理学、化学技术,对重要的生物大分子(如蛋白质、核酸等)进行分析,以期说明这些生物大分子的多种多样的功能与它们特定的结构关系。

生物化学(biochemistry)这一名词的出现大约在19世纪末20世纪初,但它的起源可追溯得更远,其早期的历史是生理学和化学的早期历史的一部分。

生物化学主要研究生物体分子结构与功能、物质代谢与调节以及遗传信息传递的分子基础与调控规律。研究的内容有:生物的化学组成、生物的代谢调节控制、生物大分子的结构与功能、酶学研究、生物膜和生物力研究、激素与维生素研究、生命起源与进化等等。

8. 结构化学

结构化学是在原子-分子水平上研究物质分子构型与组成的相互关系,以及结构和各种运动的相互影响的化学分支学科,它又是阐述物质的微观结构与其宏观性能的相互关系的基础学科。结构化学不但与其他化学学科联系密切,而且与生物科学、地质科学、材料科学和医药学等学科的研究相互关联、相互配合、相互促进。结构化学是一门直接应用多种现代实验手段测定分子静态、动态结构和性能的实验科学。它不仅要从各种已知的化学物质的分子构型和运动特征中归纳出物质结构的规律性,还要从理论上说明为什么原子会结合成为分子,为什么原子按一定的量的关系结合成为数目众多的分子,以及在分子中原子相互结合的各种作用力方式和分子中原子相对位置的立体化学特征。

结构化学的产生与有机物分子组成的研究密切相关,在有机化学发展的初期,人们总结出许多系列有机物分子中碳原子呈四面体化合价的规律,为解释有机物组成的多样性,人们提出了碳链结构及碳链的键饱和性理论,随后的有机物同分异构现象、有机官能团结构和旋光异构现象等的研究,也为早期的结构化学研究提供了有力的实验证据,促使化学家从立体构型的角度去理解物质的化学组成和化学性质,并从中总结出一些有关物质化学结构的规律性,为现代的结构化学的产生打下了基础。

现代实验物理方法的发展和应用,为结构化学提供了各种测定物质微观结构的实验方法,量子力学理论的建立和应用又为描述分子中电子和原子核运动状态提供了理论基础。有关原子结构特别是原子中电子壳层的结构以及内力、外力引起运动变化的理论，确立了原子间相互作用力的本质，也就是从理论上阐明了化学键的本质，使人们对已提出的离子键、共价键和配位键加深了理解，有关杂化轨道的概念也为众多化合物的空间构型做出了合理的阐明甚至预测。原子中电子轨道空间取向的特征也为共轭体系（如苯环、丁二烯等）的结构以及它们的特殊化学性质做出了较好的解释。

9. 量子化学

量子化学（quantum chemistry）是理论化学的一个分支学科，是应用量子力学的基本原理和方法研究化学问题的一门基础学科。研究范围包括稳定和不稳定分子的结构、性能及结构与性能之间的关系，分子与分子之间的相互碰撞和相互反应等问题。

1927 年海特勒和伦敦用量子力学基本原理讨论氢分子结构问题，说明了两个氢原子能够结合成一个稳定的氢分子的原因，并且利用近似的计算方法，算出其结合能。由此，人们认识到可以用量子力学原理讨论分子结构问题，从而逐渐形成了量子化学这一分支学科。

量子化学可分基础研究和应用研究两大类：基础研究主要是寻求量子化学中的自身规律，建立量子化学的多体方法和计算方法等，多体方法包括化学键理论、密度矩阵理论和传播子理论，以及多级微扰理论、群论和图论在量子化学中的应用等；应用研究则是利用量子化学方法处理化学问题，用量子化学的结果解释化学现象。量子化学的研究结果在其他化学分支学科的应用，导致了量子化学对这些学科的渗透，并建立了一些边缘学科，主要有量子有机化学、量子无机化学、量子生物和药物化学，以及表面吸附和催化中的量子理论、分子间相互作用的量子化学理论和分子反应动力学的量子理论等。

其他化学许多分支学科也在使用量子化学的概念、方法和结论。例如，分子轨道的概念已得到普遍应用。绝对反应速率理论和分子轨道对称守恒原理，都是量子化学应用到化学反应动力学所取得的成就。今后，量子化学在其他化学分支学科的研究方面将发挥更大的作用，如催化与表面化学、原子簇化学、分子动态学、生物与药物大分子化学等方面。

10. 化学动力学

化学动力学是研究化学反应过程的速率和反应机理的物理化学分支学科，它的研究对象是物质性质随时间变化的非平衡的动态体系。它的主要内容包括分子反应动力学、催化动力学、基元反应动力学、宏观动力学、表观动力学等，也可分为有机反应动力学及无机反应动力学。化学动力学往往是化工生产过程中的决定性因素。

化学动力学的研究方法有：① 唯象动力学研究方法，也称经典化学动力学研究方法。② 分子反应动力学研究方法，在 20 世纪 60 年代，对化学反应进行分子水平的实验研究还难以做到,经典化学动力学实验方法不能制备单一量子态的反应物,也不能检测由单次反应碰撞所产生的初生态产物,而现在,分子束(即分子散射),特别是交叉分子束方法对研究化学元反应动力学的应用,使在实验上研究单次反应碰撞成为可能。分子束实验已经获得了许多经典化学动力学无法取得的关于化学元反应的微观信息,分子反应动力学是现代化学动力学的一个前沿阵地。它应用现代物理化学的先进分析方法,在原子、分子的层次上研究不同状态下和不同分子体系中单分子的基元化学反应的动态结构、反应过程和反应机理,从分子的微观层次出发研究基元反应过程的速率和机理,着重于从分子的内部运动和分子因碰撞而引起的相互作用来观察化学基元过程的动态学行为。中科院大连化学物理研究所分子反应动力学国家重点实验室在这方面研究有突出的贡献。

11. 材料化学

材料化学是一门新兴的交叉学科,属于现代材料科学、化学和化工领域的重要分支,是发展众多高科技领域的基础和先导。在新材料的发现和合成、纳米材料制备和修饰工艺的发展以及表征方法的革新等领域,材料化学做出了独到贡献。材料化学在原子和分子水准上设计新材料的战略意义有着广阔的应用前景。

材料化学主要的研究范畴并不是材料的化学性质(尽管从字面上可以这么理解),而是材料在制备、使用过程中涉及的化学过程、材料性质的测量,比如陶瓷材料在烧结过程中的变化(也就是怎么才能烧出想要的陶瓷)、金属材料在使用过程中的腐蚀现象(怎样防止生锈)、冶金过程中条件的控制对产品的影响(怎么才能炼出优质钢材)等等。

中国的材料化学的研究是从化学工程、机械工程(其中研究金属材料的专业)等专业中与材料的化学行为相关的研究方向当中细分出来的。1978 年,浙江大学首先成立了材料科学与工程系,这是我国高校中成立最早的材料系之一。1990 年7 月,全国高等学校理科教育座谈会上提出了把多数理科毕业生培养成应用型人才的教育方针;1992 年 3 月又颁布了材料化学专业的基本培养规格和教学基本要求,有利于将多数理科化学毕业生培养成应用型人才,这一重大改革对促进材料化学教育的发展起到了巨大的推动作用。

12. 环境化学

环境化学是研究化学物质在环境中迁移、转化、降解等规律,以及化学物质在环境中的作用的学科,是环境科学中的重要分支学科之一。

环境化学主要应用化学的基本原理和方法,研究大气、水、土壤等环境介质中化学物质的特性、存在状态、化学转化过程及其变化规律、化学行为与化学效应的科学。研究的内容主要有:① 运用现代科学技术对化学物质在环境中的发生、分布、理化性质、存在状态(或形态)及其滞留与迁移过程中的变化等进行化学表征,阐明化学物质的化学特性与环境效应的关系;② 运用化学动态学、化学动力学和化学热力学等原理研究化学物质在环境中(包括界面上)的化学反应、转化过程以及消除的途径,阐明化学物质的反应机制及源与汇的关系;③ 研究应用化学的原理与技术控制污染源,减少污染排放,进行污染预防,"三废"综合利用,合理使用资源,实现清洁生产,促进经济建设与环境保护持续地协调发展。

依据环境介质的不同,可划分为大气、水和土壤的环境化学等,现分别称之为大气环境化学、水环境化学和土壤环境化学。从研究内容可分为环境分析化学、环境污染化学和污染控制化学等。

参 考 文 献

［1］ 袁翰青. 中国化学史论文集［M］. 北京：生活·读书·新知三联书店,1956.

［2］ 《化学发展简史》编写组. 化学发展简史［M］. 北京：科学出版社,1980.

［3］ 柏廷顿. 化学简史［M］. 胡作玄,译. 北京：商务印书馆,1979.

［4］ 赵匡华. 107 种元素的发现［M］. 北京：北京出版社,1983.

［5］ 赵匡华. 中国炼丹术的丹药观和药性观［J］. 化学通报,1983(7).

［6］ 毕岩. 炼丹术的教训［J］. 化学通报,1974(6).

［7］ 自然科学研究所. 中国古代科学成就［M］. 北京：中国青年出版社,1978.

［8］ 司马迁. 史记［M］. 郑州：中州古籍出版社,1994.

［9］ 华中工学院编写组. 化学的发展始终存在着唯物论与唯心论的激烈斗争［J］. 化学通报,
1974(3).

［10］ 郭沫若. 李白与杜甫［M］. 北京：人民文学出版社,1971.

［11］ 金观涛,樊洪业,刘青峰. 历史上的科学技术结构：试论十七世纪之后中国科学落后于西
方的原因［J］. 自然辩证法通讯,1982(5):7.

［12］ 孟乃昌. 火药的发明［J］. 中学化学教学参考,1984(3).

［13］ 凌永乐. 化学元素周期表的形成和发展［M］. 北京：科学出版社,1979.

［14］ 王德胜. 化学史歌［M］. 太原：山西教育出版社,1997.

［15］ 刘劲生. 玻意耳和《怀疑派化学家》［J］. 化学教育,1982(2).

［16］ 孟乃昌. 中国近代氧气发现之谜［J］. 自然科学史研究,1984,3(1).

［17］ 袁翰清. 舍勒小传［J］. 化学教育,1983(1).

［18］ 袁翰清. 普利斯特里小传［J］. 化学教育,1983(2).

［19］ 侬盛. 创造思维与氧化学说：浅析拉瓦锡的思维特点［J］. 自学,1983(11).

［20］ 袁翰清. 推翻燃素说的学者：拉瓦锡［J］. 化学教育,1983(5).

［21］ 盛根玉. 近代化学之父：道尔顿［J］. 自然杂志,1983(11).

［22］ 韦尔·里查兹. 自然界原子观发展年表［J］. 科学史译丛,1984(1).

［23］ 袁翰清. 阿佛加德罗小传［J］. 化学教育,1983(6).

［24］ 胡瑶村. 卡尔斯鲁瓦国际化学会议：原子-分子学说发展的一个重要阶段［J］. 化学通报,
1980(8).

［25］ 金维克. 109 号元素发现记［J］. 自然杂志,1983(8).

［26］ 华明达. 稳定稳素［M］. 北京：科学出版社,1980.

［27］ 西奥多·本菲. 从生命力到结构式［J］. 科学史译丛,1983(4).

［28］ 平宁. 李比希：振兴法国工业的巨擘［J］. 自然辩证法通讯,1983(3).

［29］ 陈学民,周文森. 卓越的美国化学家和物理学家：欧文·朗缪尔［J］. 化学通报,1983(3).

［30］ 卡·马诺洛夫. 名化学家小传：上、下册［M］. 丘琴,潘吉星,蒋洪举,等译. 北京：科学普及
出版社,1979.

[31] 凌永乐. 化学元素与周期律的发展[M]. 北京:科学出版社,1979.

[32] 刑润川,宋正海. 从元素周期律的发现看天才论的破灭[J]. 化学通报,1974(1).

[33] 《化学思想史》编辑组. 化学思想史[M]. 长沙:湖南教育出版社,1986.

[34] 袁翰清,应礼文. 化学重要史实[M]. 北京:人民教育出版社,1989.

[35] 汪朝阳,肖信. 化学史人文教程[M]. 北京:科学出版社,2010.

[36] 张家治. 化学史教程[M]. 太原:山西人民出版社,1987.

[37] 郭保章. 中国现代化学史略[M]. 南宁:广西教育出版社,1995.

[38] 周益明,姚天扬,朱仁. 中国化学史概论[M]. 南京:南京大学出版社,2004.

[39] 张嘉同. 化学写生画[M]. 太原:山西教育出版社,1997.

[40] 许斌. 周期表之谜[M]. 太原:山西教育出版社,1997.